石油教材出版基金资助项目

石油高等院校特色规划教材

修 井 工 程

(第二版·富媒体)

韩国庆　檀朝东　安永生　编著
　　　王木乐　主审

石油工业出版社

内 容 提 要

本书是按照石油高等院校石油工程专业的教学需要编写的,系统介绍了油气井修井过程中的基本工艺、设备工具、技术措施、施工程序等方面的知识。全书共九章,主要包括井的基础知识、修井设备与修井工具、常规井下作业、常规修井作业、井下事故处理、封堵作业、套管修复与侧钻、特殊情况下的修井作业以及修井工艺新进展等内容。为方便读者更好地学习和掌握主要知识点,本书加入了丰富的富媒体资源,每章后附有复习思考题。

本书可作为石油高等院校石油工程专业教材及相关工程技术人员的参考用书。

图书在版编目(CIP)数据

修井工程:富媒体/韩国庆,檀朝东,安永生编著.
—2版—北京:石油工业出版社,2018.12(2023.9重印)
石油高等院校特色规划教材
ISBN 978 – 7 – 5183 – 1613 – 7

Ⅰ.①修… Ⅱ.①韩… ②檀… ③安… Ⅲ.①修井—高等学校—教材 Ⅳ.①TE358

中国版本图书馆 CIP 数据核字(2018)第 265272 号

出版发行:石油工业出版社
(北京市朝阳区安华里2区1号楼 100011)
网　　址:www.petropub.com
编辑部:(010)64523693
图书营销中心:(010)64523633
经　　销:全国新华书店
排　　版:北京密东文创科技有限公司
印　　刷:北京中石油彩色印刷有限责任公司

2018年12月第2版　2023年9月第3次印刷
787毫米×1092毫米 开本:1/16 印张:13
字数:326千字
定价:32.00元
(如发现印装质量问题,我社图书营销中心负责调换)
版权所有,翻印必究

第二版前言

为加强石油工程专业学生的工程技术知识与能力,许多石油高校开设了"修井工程"课程。在石油教材出版基金的资助下,2013年本书第一版由石油工业出版社正式出版,受到广大读者的欢迎。

近年来修井技术发展很快,不断有新工艺、新工具应用于现场。为适应新形势、新技术的发展与知识更新,第二版教材在保留第一版教材结构和框架的基础上,对部分内容进行了更新和补充:

第一章增加了封隔器分类方法,更新了封隔器的型号编制方法;

第三章修改了二次替喷的施工步骤;

第四章增加了"清垢"一节,增加了检泵的概念描述和吸水指示曲线的介绍;

第六章修改了流体电阻法的测试步骤、修改了井温法找水测井步骤,增加了井温法找水测井曲线实例,增加了氧活化中子水流法找水、氧活化中子水流法找窜;

第七章修改了套管开窗定向侧钻工艺技术施工流程;

第八章增加了"稠油热采井大修工艺"。

为了保证教材文字表达的准确性和标准性,纠正了部分不妥用词以及不清晰的语句表述,更正了部分示意图中的错误,调整了教材中结构内容不合理的地方,更新了每章的复习思考题。

为了能更生动地展示书中内容,使读者更加直接、清晰、全面地学习,增强阅读体验,新增了丰富的富媒体资源,通过文字描述与示意图、二维彩图、三维动图、实物图以及视频相结合的展现方式来辅助读者学习。

本教材由中国石油大学(北京)石油工程学院的部分教师集体编写而成,其中第二、四、五章由韩国庆编写,第一、三、六章由檀朝东编写,第七、八、九章由安永生编写。全书由韩国庆统稿,并由王木乐进行了全面审查。在编写过程中杨兵、王杰、赵阔和尤诚程等研究生在资料收集、文字整理、图片绘制等方面付出了辛勤劳动,中石油测井公司天津分公司的姚望、徐喜,中海油能源发展股份有限公司工程技术分公司的高磊提供了部分富媒体内容。

在本书的编写及修改过程中,得到中国石油大学(北京)许多师生的帮助,在此一并表示感谢。

由于编著者水平有限,书中不足和错误之处在所难免,敬请读者批评指正。

编著者
2018 年 10 月

第一版前言

随着油田开发时间的不断延长,油水井在自喷、抽油或注水注气过程中随时会发生故障,造成油井的减产或停产,此时,只有通过修井作业来排除故障,更换井下设备,调整油井参数,才能恢复油井的正常生产。

修井包括井下作业和油水井大修,井下作业是为维持和改善油、气、水井正常生产能力所采取的各种井下技术措施的统称。而大修是利用一定的工具,采用一定的措施处理油水井事故,恢复油水井正常生产的作业过程。修井作业工艺的发展是伴随着油田开发时间的延长、采油工艺的发展而发展的。修井工艺原本为采油工艺的一部分,由于工艺的需要,修井作业有时要改变井身结构,如钻、磨、固等工序,又吸取了部分钻井工艺技术及参数,实际上,修井工艺技术在钻井工艺和采油工艺的基础上,已经发展为一门独立的工艺技术。

本教材在参考相关文献、结合大量修井作业的实践经验的基础上,全面、详细地阐述了石油生产、作业、增产措施等的管柱、工艺、工序、地面设备和井下工具等相关原理和操作方法。通过本教材的学习,可使石油类专业的学生逐步了解修井的基本理论、工艺方法、增加对生产现场的感性认识,为以后从事专业工作和科学研究打下良好的基础。

本教材的章节编写是按照石油院校修井工程课程教学大纲要求以及修井工艺技术发展顺序与施工步骤要求,对设备工具、工艺技术与施工要求进行了归类、分析。本教材的编写吸取了许多专家的意见和中肯的建议,在此一并表示感谢!

本教材由中国石油大学(北京)石油工程系的部分教师集体编写而成,作为校内讲义已经使用5届,其中,第二、四、五、九章由韩国庆编写,第一、三、六章由檀朝东编写,第七、八章由汪益宁编写。韩国庆、檀朝东任主编并就最后定稿进行了统一修改,全书完稿后由王木乐高级工程师进行了全面审查。在编写过程中马淑勤、周颖娴、张明、王辉、陈增辉等研究生在文字整理、图片绘制等方面付出了辛勤劳动,在此表示感谢。

本教材的编写力求实用、规范、完整,但由于编者水平和客观条件所限,定有不妥之处,恳请读者批评指正。

编者

2013 年 5 月

目 录

第一章 井的基础知识 ……………………………………………………………… 1
 第一节 井身结构 …………………………………………………………………… 1
 第二节 井口装置 …………………………………………………………………… 2
 第三节 完井方式 …………………………………………………………………… 4
 第四节 封隔器和井下管柱 ………………………………………………………… 14
 复习思考题 …………………………………………………………………………… 32

第二章 修井设备与修井工具 ……………………………………………………… 33
 第一节 修井设备 …………………………………………………………………… 33
 第二节 修井工具 …………………………………………………………………… 41
 复习思考题 …………………………………………………………………………… 57

第三章 井下作业概述 ……………………………………………………………… 59
 第一节 作业前的准备 ……………………………………………………………… 59
 第二节 作业工序 …………………………………………………………………… 62
 第三节 井下作业安全要求 ………………………………………………………… 68
 复习思考题 …………………………………………………………………………… 72

第四章 常规修井作业 ……………………………………………………………… 73
 第一节 清蜡 ………………………………………………………………………… 73
 第二节 清垢 ………………………………………………………………………… 75
 第三节 油井检泵 …………………………………………………………………… 76
 第四节 注水井作业 ………………………………………………………………… 83
 复习思考题 …………………………………………………………………………… 89

第五章 井下事故处理 ……………………………………………………………… 90
 第一节 概述 ………………………………………………………………………… 90
 第二节 打捞 ………………………………………………………………………… 94
 第三节 解卡 ………………………………………………………………………… 98
 复习思考题 …………………………………………………………………………… 102

第六章 封堵作业 …………………………………………………………………… 103
 第一节 找水与堵水 ………………………………………………………………… 103
 第二节 找窜与封窜 ………………………………………………………………… 112
 第三节 水泥浆堵漏 ………………………………………………………………… 118
 复习思考题 …………………………………………………………………………… 119

第七章　套管修复与侧钻 ………………………………………………………………… 120
第一节　套管损坏的原因及判断 ……………………………………………………… 120
第二节　套管整形 ……………………………………………………………………… 128
第三节　套管补贴 ……………………………………………………………………… 130
第四节　套管更换 ……………………………………………………………………… 134
第五节　套管侧钻 ……………………………………………………………………… 136
第六节　侧钻水平井 …………………………………………………………………… 145
复习思考题 ……………………………………………………………………………… 148

第八章　特殊情况下的修井作业 ………………………………………………………… 150
第一节　高温高压深井修井工艺技术 ………………………………………………… 150
第二节　高含硫气井修井工艺与防护技术 …………………………………………… 155
第三节　超深井打捞工艺 ……………………………………………………………… 160
第四节　稠油热采井大修作业 ………………………………………………………… 162
第五节　水平井修井作业 ……………………………………………………………… 164
第六节　特殊规格井修井工艺技术 …………………………………………………… 173
复习思考题 ……………………………………………………………………………… 181

第九章　修井工艺新进展 ………………………………………………………………… 182
第一节　膨胀管技术 …………………………………………………………………… 182
第二节　连续油管技术 ………………………………………………………………… 189
复习思考题 ……………………………………………………………………………… 196

参考文献 …………………………………………………………………………………… 197

富媒体资源目录

序号	名称	页码
1	彩图 1-56	28
2	彩图 2-1	33
3	彩图 2-2	33
4	彩图 2-3	35
5	彩图 2-28	46
6	视频 1	53
7	彩图 2-45	53
8	彩图 3-1	59
9	彩图 3-3	69
10	彩图 4-1	73
11	视频 2	75
12	视频 3	90
13	视频 4	99
14	视频 5	103
15	视频 6	103
16	彩图 6-6	106
17	彩图 6-8	107
18	彩图 7-1	121
19	视频 7	123
20	视频 8	123
21	视频 9	125
22	视频 10	125
23	视频 11	126
24	视频 12	195
25	视频 13	195

第一章
井的基础知识

第一节 井身结构

油田的开采是由"井"来实现的,而"井"则是由钻井来完成的。钻完井方式因油层岩性不同而不同,井身结构也不尽相同。修井作业正是针对不同井身结构而实施的综合修复措施。因此,了解井身结构,对修井工艺的实施和修复效果的不断提高有重要意义。

所谓井身结构,是在已钻成的裸眼井内下入直径不同、长短不等的几层套管,然后注入水泥浆封固环形空间,最终形成轴心线重合的一组套管与水泥环的组合,如图1-1所示。

一口井的井身结构包括以下几方面的内容:全井下入套管的层次、各层套管的直径及下入深度、各次开钻相应钻头直径和井深、各次固井水泥返高和各层套管鞋处地层的层次等。合理的井身结构,应该是既能够满足钻井和采油工艺的要求,又要符合节约钢材和水泥、降低钻井成本的原则。

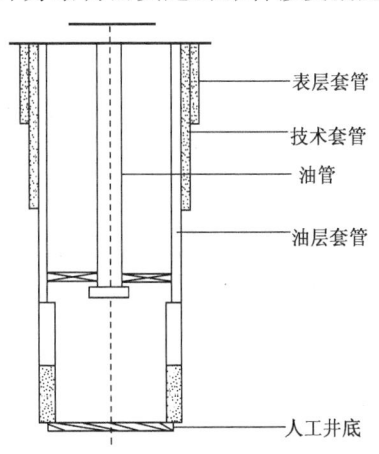

图1-1 井身结构示意图

一、套管的层次和下入深度

众所周知,地表层一般多为松软易塌的地层,为了防止井口的坍塌下陷并满足装井口防喷器的需要,每口井通常都要下表层套管,管外还必须用水泥封固。表层套管下入深度一般为几十米到几百米,这是由地表松软层和需要封固的浅水、气层深度决定的。

在生产井内,为了防止油、气、水层的互相窜通、相互干扰,或者是油、气中途流失,必须下入油层套管,固水泥,将油、气、水层封固隔开,以保证油井的正常生产。油层套管的下入深度是根据生产层位的深度和完井方法确定的,有的下到生产层的顶部,有的则下过生产层以下几十米。管外水泥返高一般要高于应封隔的油、气、水层50~100m。

表层套管和油层套管之间是否还要下技术套管,要看地层的情况复杂与否和钻井工人克服复杂情况钻进的技术水平。一般情况下,应尽量采取调整钻井液性能的办法应对复杂地层的钻进,而不下或少下技术套管。近年来,随着人们对地质情况的深入了解和钻井技术水平的提高,井身结构中套管层次正在逐步减少。

钻井实践证明,井下复杂情况主要和油层压力有关。如果在一口井内上下岩层的孔隙和压力差别都很大,难以用同一密度的压井液加以平衡时,必须要下技术套管将高、低压地层隔开,否则会引起井喷、井漏、井壁坍塌、卡钻等事故出现,给钻井工作造成很大的困难,甚至中途把井报废。因此,决不能单纯地为了节省钢材和水泥而盲目地精简技术套管。技术套管的下入深度,应以封住应该封的层段为原则。

二、套管、井眼(钻头)直径

套管层次和各层套管的下入深度确定之后,便可以根据开采要求和套管系列确定各层套管及其下入井段所需井眼(钻头)的直径大小。在确定各层套管和井眼直径时,首先应根据油井生产和井下作业等的要求,确定油层套管的直径,然后确定使油层套管能够顺利下入的井眼(钻头)直径。依次类推,从下而上逐次确定各层套管及其下入井段的井眼(钻头)直径。

套管直径按系列和规范不同有大有小,各油田用的油层套管也不完全一致,对于同一口井,下的套管也不止一层。为了保证套管的顺利下入,要求井眼和套管要有一定的直径差。因管子直径越大,刚度越大,下井就越困难,所以使用的套管直径越大,套管和井眼的直径差也应该越大些。

第二节 井口装置

地面井口装置是非常重要的采油设备。井口装置的重要作用是控制井的油、气流,完成测试、试油以及投产后的油、气正常生产。图1-2为井口装置装配图。

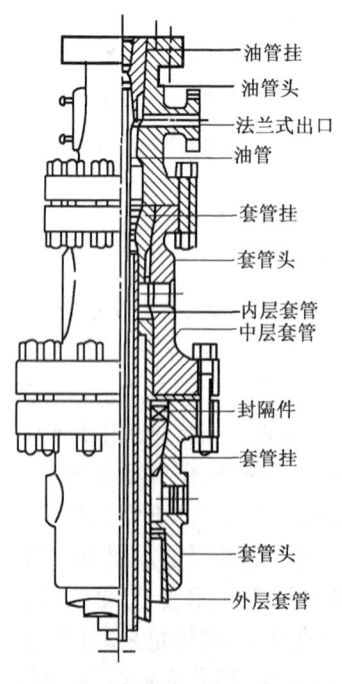

图 1-2 井口装置装配图

一、套管短节与套管头

套管短节与套管头连接安装在完井套管的最顶部,固井完成后,在地面安装套管短节,长度一般为 300～500mm 不等,之上连接专用法兰,合称套管头。图 1-3 为套管头结构示意图。

套管短节规格与完井套管一致,法兰有螺纹式与焊接式两种。套管头的主要作用是下与完井套管连接,上与地面四通、采油树连接,是重要的过渡部件。

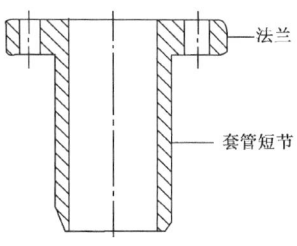

图 1-3 套管头结构示意图

二、四通与油管挂

四通是井口装置中的重要组成部件,上接采油树,下连套管头,采油、试油等工艺管柱连接坐在四通内的油管挂上,修井等作业时四通又与作业井口连接。四通常与油管挂合装,一般通称油管头。图 1-4 为四通与油管挂结构示意图,图 1-5 为四通实物图。

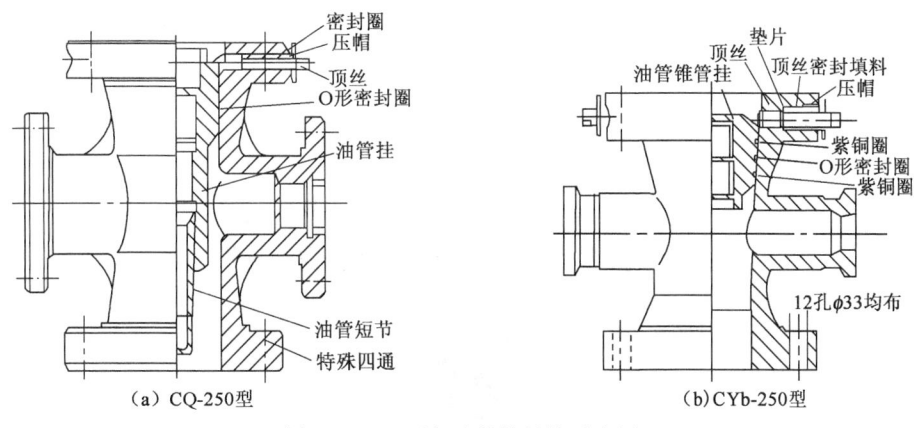

图 1-4 四通与油管挂结构示意图

图 1-5 四通实物图

三、采油(气)树

采油(气)树是由套管闸门、总闸门、生产闸门、清蜡闸门、油嘴套、三通、四通等组成的。采油(气)树安装在油管头上面,用以控制油气流动,进行安全、有计划的生产,并完成测试、压井、清蜡等工作。常用的采油树结构见图 1-6,图 1-7 为采油树井口装置实物图。

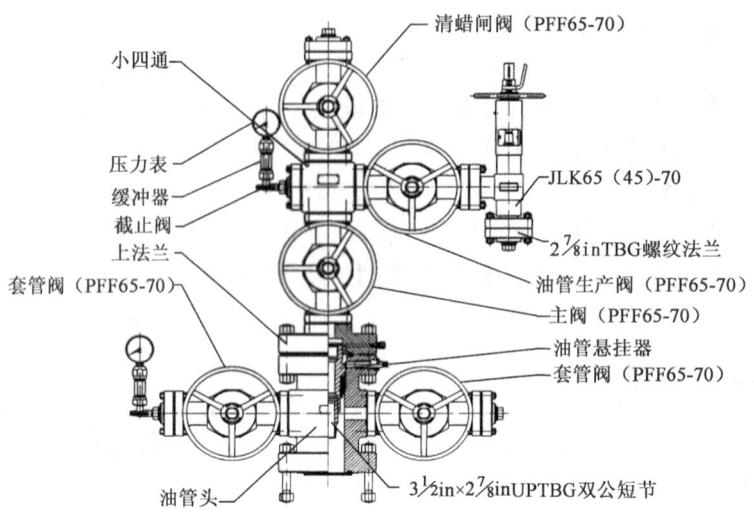

图 1-6 KQ65-70 采油树结构示意图

图 1-7 采油树井口装置实物图

第三节 完井方式

完井通常是针对油气层与井眼间的连通状况及其结构特点而言的。在实际的钻井完井工作中,在不同的油田、不同的区块对不同的油气层、不同类型的井所采取的完井方法是不同的。但是不论采用哪种完井方法,从采油的观点来看,都需要满足以下几个方面的要求:

(1) 能有效地连通油、气层与井眼,油、气流入井的阻力要小。

(2)能有效地封隔油、气、水层,防止相互窜扰,对同井开采不同性质的多油、气层能满足分层开采和分层管理的要求。

(3)能控制油、气层井壁坍塌和出砂的影响,保证油、气井长期稳定生产。

(4)能满足以后增产措施、修井以及改进采油工艺的要求。

(5)采用的完井方法要工艺简单,完井速度快、质量好、成本低。

目前国内外最常见的完井方式有套管或尾管射孔完井、割缝衬管完井、裸眼完井、裸眼或套管砾石充填完井等,由于现有的各种完井方式都有其各自的适用条件和局限性,现将各种完井方式分述如下。

一、射孔完井方式

射孔完井是国内外最为广泛和最常使用的一种完井方式,包括套管射孔完井和尾管射孔完井。

1. 套管射孔完井

套管射孔完井是指钻穿油层直至设计井深,然后下生产套管至油层底部"口袋",注水泥固井,最后射孔,射孔弹射穿生产套管、水泥环并穿透油层某一深度,建立起油流通道的完井方式,如图1-8所示。

套管射孔完井既可选择性地射开不同压力、不同物性的油层,以避免油层间干扰,又可避开夹层水、底水和气顶或避开夹层的坍塌,具备实施分层注、采和选择性压裂或酸化等分层作业的条件。砂岩或碳酸盐岩油层均可使用此方式完井。

2. 尾管射孔完井

尾管射孔完井是指在钻头钻至油层顶界,下技术套管注水泥固井,然后用小一级的钻头钻穿油层至设计井深,用钻具将尾管送下并悬挂和密封在技术套管尾部(尾管和技术套管的重合段一般不应小于50m),再对尾管注水泥固井,射孔完井,如图1-9所示。

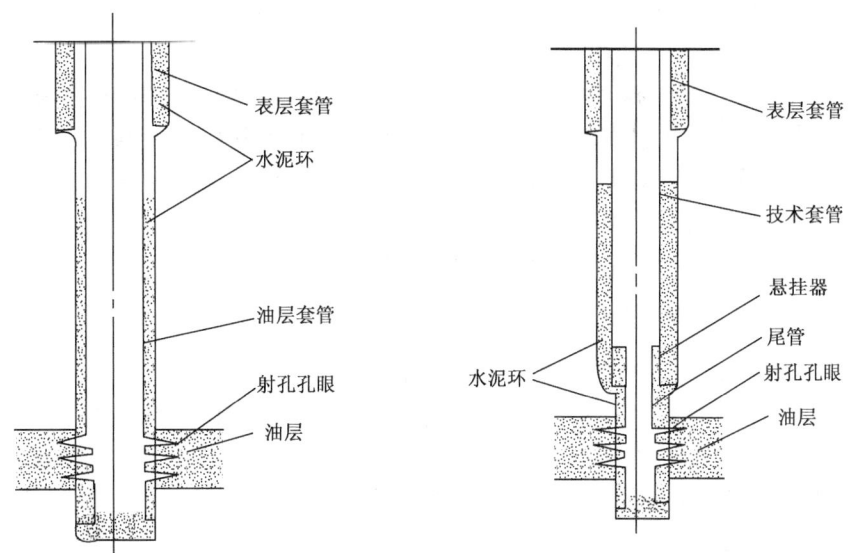

图1-8 套管射孔完井示意图　　图1-9 尾管射孔完井示意图

对于尾管射孔完井,由于在钻开油层以前上述地层已被技术套管封固,因此可以采用与油层相配伍的钻井液以平衡压力、欠平衡压力或负压钻井的方法钻开油层,有利于保护油层。此外,这种完井方式可以降低对套管质量的要求和减少固井水泥的用量,从而降低完井成本,目前较深的油、气井大多采用此方法完井。而高压、超高压气井不宜采用此方法,但可先采用尾管完井,然后用尾管同等尺寸的套管回接至井口,以免井下封隔器或悬挂器密封失效时,技术套管承受过高内压力而挤毁。砂岩或碳酸盐岩油层均可使用此方式完井。

二、裸眼完井方式

裸眼完井方式有两种完井工序:一是裸眼先期完井,即钻头钻至油层顶界附近后,下技术套管注水泥固井;水泥浆上返至预定的设计高度后,再从技术套管中下入直径小一级的钻头,钻穿水泥塞,钻开油层至设计井深完井,如图1-10所示。二是裸眼后期完井,即钻头钻完所有油层,然后下技术套管至油层顶部注水泥固井完井(图1-11)。

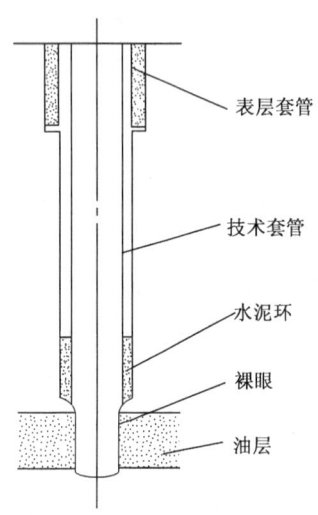
图1-10 裸眼先期完井示意图

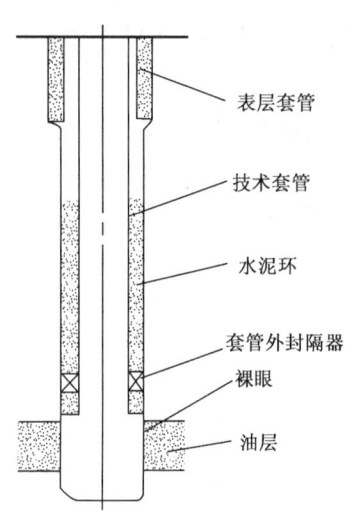
图1-11 裸眼后期完井示意图

此方式完井大都在固井前,在油层部位垫砂,或油层顶部下入水泥承托器,以防固井注水泥时水泥浆下沉伤害油层。这种完井方式只在必要的情况下采用。

裸眼完井的主要特点是油层完全裸露,因而油层具有最大的渗流面积,完善程度高,产能高,一般都在碳酸盐岩油气层中使用,碳酸盐岩岩性坚硬不易坍塌,即使裸眼也能正常生产,其不足之处是难以控制气顶、底水及分层段进行各种措施。而对于砂岩油气层,因砂岩胶结物除碳酸盐岩外,还有泥质或原油胶结,砂岩中大多有泥岩隔夹层,在生产过程中,油层或隔夹层往往易坍塌堵塞井筒而影响正常生产,因而不宜采用裸眼完井。

三、割缝衬管完井方式

割缝衬管完井方式也有两种完井工序。一种是用同一尺寸钻头钻穿油层后,套管柱下端连接割缝衬管下入油层部位,通过套管外封隔器和注水泥接头固井封隔油层顶界以上的环形空间,如图1-12(a)所示。另外一种是钻头钻至油层顶部后,先下技术套管注水泥固井,再从技术套管中下入直径小一级的钻头钻穿油层至设计井深,然后在技术套管尾部悬挂并密封割缝衬管完井[图1-12(b)]。

割缝衬管完井主要用于出砂不严重油层或防止岩屑落入裸眼井筒中。割缝衬管的防砂机理是允许一定大小的能被原油携带至地面的细小砂粒通过,而把较大的砂粒桥堵在衬管外面,大砂粒在衬管外形成砂桥,达到防砂的目的。图1-13为衬管外自然分选形成砂桥示意图。

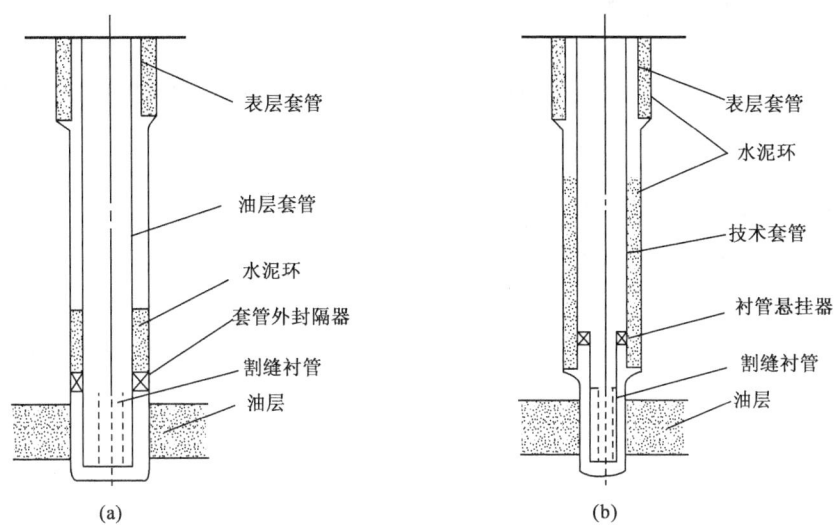

图 1-12 割缝衬管完井示意图

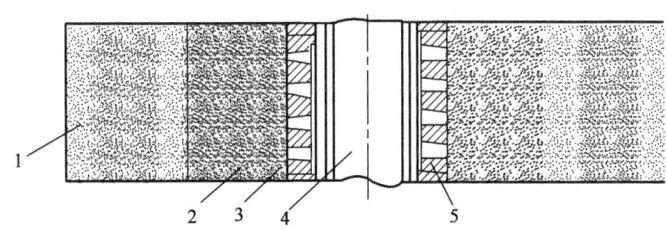

图 1-13 衬管外自然分选形成砂桥示意图
1—油层；2—砂桥；3—缝眼；4—井筒；5—衬管

割缝衬管完井方式是当前主要的完井方式之一，在砂岩或碳酸盐岩油层均可使用。它既起到裸眼完井的作用，又起到防止裸眼井壁坍塌堵塞井筒的作用，同时在一定程度上也起到防砂的作用。由于这种完井方式的工艺简单，操作方便，成本低，因而在一些出砂不严重的中粗砂粒油层中经常使用，特别是在水平井中使用较普遍。

割缝衬管的尺寸可根据技术套管的尺寸、裸眼井段的钻头直径确定，如表1-1所示。

表1-1 割缝衬管完井时套管、钻头、衬管匹配表

技 术 套 管		裸眼井段钻头		割缝衬管	
公称尺寸 in	套管外径 mm	公称尺寸 in	钻头外径 mm	公称尺寸 in	衬管外径 mm
7	177.8	6	152	5~5½	127~140
8⅝	219.1	7½	190	5½~6⅝	140~168
9⅝	244.5	8½	216	6⅝~7⅝	168~194
10¾	273.1	9⅝	244.5	7⅝~8⅝	194~219

四、砾石充填完井方式

对于胶结疏松、出砂严重的地层，一般应采用砾石充填完井方式。它是先将金属绕丝筛管

下入井内油层部位,然后用充填液将在地面上预先选好的砾石泵送至绕丝筛管与井眼或绕丝筛管与套管之间的环形空间内,构成一个砾石充填层,以阻挡油层砂流入井筒,达到保护井壁、防砂入井的目的。砾石充填完井一般都使用不锈钢绕丝筛管而不用割缝衬管,其原因是筛管流通能力大大高于衬管。

为了适应不同油层特性的需要,裸眼完井和射孔完井都可以充填砾石,分别称为裸眼砾石充填完井和套管砾石充填完井。

1. 裸眼砾石充填完井方式

在地质条件允许使用裸眼而又需要防砂时,就应该采用裸眼砾石充填完井方式。其工序是钻头钻达油层顶界以上约3m后,下技术套管注水泥固井,再用直径小一级的钻头钻穿水泥塞,钻开油层至设计井深,然后更换扩张式钻头将油层部位的井径扩大到技术套管外径的1.5~2倍,以确保充填砾石时有较大的环形空间,增加防砂层的厚度,提高防砂效果。一般砾石层的厚度不小于50mm。扩眼工序完成后,便可进行砾石充填工序,如图1-14所示。

2. 套管砾石充填完井方式

套管砾石充填完井工序是:钻头钻穿油层至设计井深后,下油层套管于油层底部"口袋",注水泥固井,然后对油层部位射孔。要求采用高孔密(20~30孔/m,对于直径大于7in套管,可射40孔/m)、大孔径(20~25mm)射孔,以增大充填流通面积。有时还把套管外的油层砂冲掉,以便于向孔眼外的周围油层填入砾石,避免砾石和地层砂混合而增大渗流阻力。由于高密度充填(高黏充填液)紧实,充填效率高,防砂效果好,有效期长,故大多采用高密度充填。但近期发现高黏充填液对油层有伤害,有的已改用中黏或低黏充填液。套管砾石充填完井如图1-15所示。

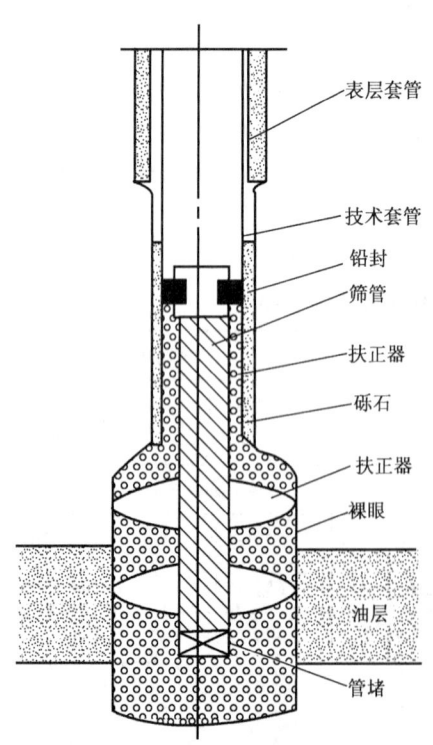

图1-14 裸眼砾石充填完井示意图

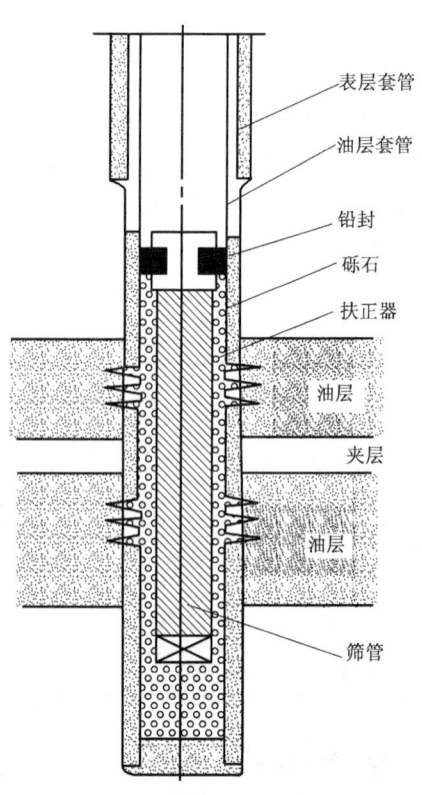

图1-15 套管砾石充填完井示意图

虽然有裸眼砾石充填和套管砾石充填之分,但二者的防砂机理是完全相同的。充填在井底的砾石层起着滤砂器的作用,它只允许流体通过而不允许地层砂粒通过。其防砂的关键是必须选择与出砂粒径匹配的绕丝筛管及与油层岩石颗粒组成相匹配的砾石尺寸。选择原则是既要能阻挡油层出砂,又要使砾石充填层具有较好的渗透性能。因此,绕丝筛管、砾石尺寸、砾石质量、充填液性能及充填施工质量是砾石充填完井防砂成功的技术关键。

五、水平井完井方式

目前常见的水平井完井方式有裸眼完井、割缝衬管完井、射孔完井、套管外封隔器(ECP)完井和砾石预充填完井5类。

1. 裸眼完井方式

裸眼完井方式是一种最简单的水平井完井方式,即技术套管下至预计的水平段顶部,注水泥固井,然后换直径小一级钻头钻水平段至设计长度完井,如图1-16所示。

裸眼完井主要用于碳酸盐岩等坚硬不坍塌地层,特别是一些垂直裂缝地层,砂岩油层不宜采用此方式。

2. 割缝衬管完井方式

割缝衬管完井方式的完井工序是将割缝衬管悬挂在技术套管尾端,依靠悬挂封隔器封隔管外的环形空间。割缝衬管要加扶正器,以保证衬管在水平井眼中居中。这是当前普遍采用的方式,砂岩或碳酸盐岩油层均可使用。图1-17为割缝衬管完井示意图。

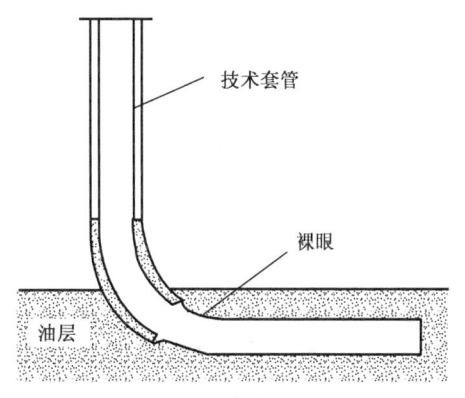

图1-16 裸眼水平井完井示意图

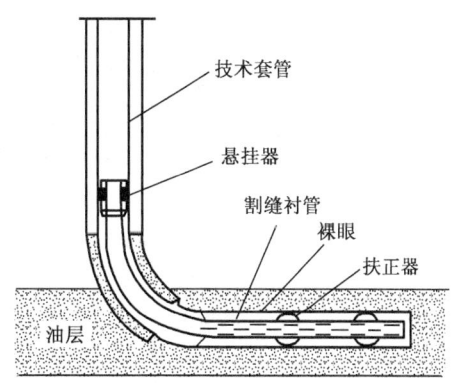

图1-17 割缝衬管完井示意图

3. 射孔完井方式

射孔完井方式的完井工序是技术套管下过直井段注水泥固井后,在水平井段内下入完井尾管,注水泥固井,完井尾管和技术套管宜重合100m左右。最后在水平井段射孔,水平井一般采用相位120°~180°射孔,以免地层砂从孔眼落入套管水平段内堵塞井筒。图1-18为水平井射孔完井示意图。

这种完井方式可将水平段分隔成若干段,并对各层段进行射孔,各层段之间应留有不射孔的盲管段,以便下封隔器对分段采取措施及测试,可在稀油和稠油层中使用,是一种非常实用的方法。

4. 套管外封隔器(ECP)完井方式

套管外封隔器(ECP)完井方式是在裸眼中依靠套管外封隔器实施层段的分隔,可以按层段进行作业和生产控制,这对于注水开发的油田尤为重要。套管外封隔器完井方式可以分为两种形式,即套管外封隔器及割缝衬管完井、套管外封隔器及滑套完井,分别见图 1-19 与图 1-20。

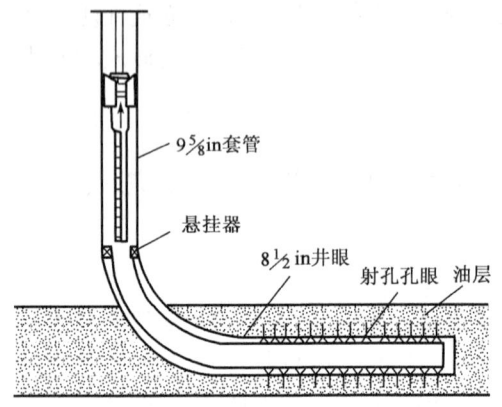

图 1-18　水平井射孔完井示意图

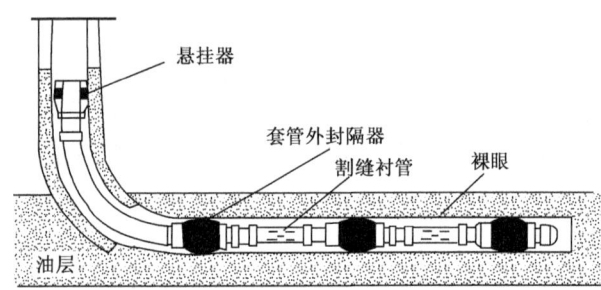

图 1-19　裸眼井套管外封隔器及割缝衬管完井示意图

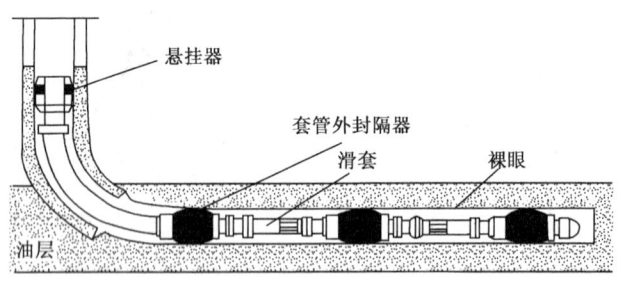

图 1-20　裸眼井套管外封隔器及滑套完井示意图

5. 砾石预充填完井方式

国内外的实践表明,在水平井段内,不论是进行裸眼井下砾石充填还是套管内井下砾石充填,其工艺都较复杂,尤其是裸眼井下砾石充填,在砾石完全充填到位之前,井眼有可能已经坍塌;或裸眼井下砾石充填时,扶正器有可能被埋置在疏松地层中,因而很难保证长筛管居中;裸眼或套管内井下砾石充填时,充填液的滤失量大,不仅会造成油层伤害,而且易造成脱砂堵塞井筒。目前国外在裸眼井钻完,或套管固井射孔完成后,采用暂堵剂将油层暂堵住,渗透率为零,可防止充填液的滤失,为水平长井段砾石充填创造了施工条件,现已在现场推广使用,充填长度已达到 1000m 左右。目前水平井的防砂完井因砾石充填工艺较复杂,仍多采用预充填砾石筛管、金属绕丝筛管或割缝衬管等方法。

裸眼水平井预充填砾石绕丝筛管完井,其筛管结构及性能同垂直井,但使用时应加扶正器,以便使筛管在水平段居中,如图1-21所示。套管射孔水平井预充填砾石绕丝筛管完井如图1-22所示。

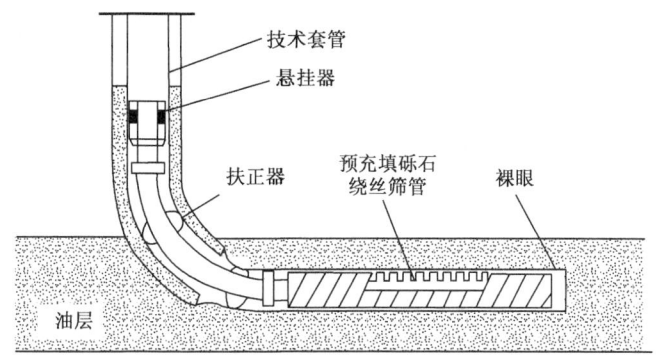

图1-21 裸眼水平井预充填砾石绕丝筛管完井示意图

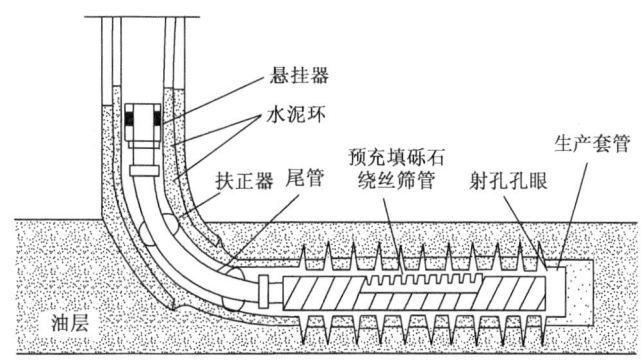

图1-22 套管射孔水平井预充填砾石绕丝筛管完井示意图

六、多分支井完井方式

分支井起源于侧钻井,开始打侧钻井的目的是利用原井上部井筒用新的生产井底生产,而原来的井底不生产。后来人们开始期望侧钻井和原来的井底都可以生产,并且开始钻多个侧钻井筒,这就是现代意义上的多分支井。

1997年春,在苏格兰举行的TAML(technology advancement of multilaterals)论坛上,专家和学者根据多分支井的复杂性和功能性,从完井角度将分支井分为6大类,即TAML分级。会议之前世界上约有95%的分支井采用Ⅰ级或Ⅱ级结构,而在1998年后,约50%的分支井采用Ⅲ级或Ⅳ级结构。

1. 等级Ⅰ

等级Ⅰ的分支井其主井眼和分支井井眼都是裸眼,如图1-23所示,侧向穿越长度和产量控制是受限的;完井作业不对各产层分隔,也不能对层间压差进行任何处理。

该等级分支井的主要特点是:低成本,低风险,泄油能力强,适用于稳定地层,但重返主井眼和分支井井眼能力受限制。

2. 等级Ⅱ

等级Ⅱ的分支井主井眼下套管并注水泥,分支井裸眼或只下筛管而不注水泥,如图 1-23 所示。主井筒与分支井连接处保持裸眼,或者在可能的情况下在分支井段使用"脱离式"筛管,即只把筛管(衬管)下入分支井段而不与主井筒套管进行机械连接,也不注水泥。与等级Ⅰ完井相比,等级Ⅱ完井可提高主井筒的畅通性并改善分支段的重返潜力;等级Ⅱ完井通常需要使用磨铣工具在套管内开窗,也可使用预先磨铣窗口的套管短节。

该等级分支井的主要特点是:具备主井眼作业功能,而进入分支井只具备可能性;连接处无机械支撑,要求地层对分支井井眼具有支撑的能力。

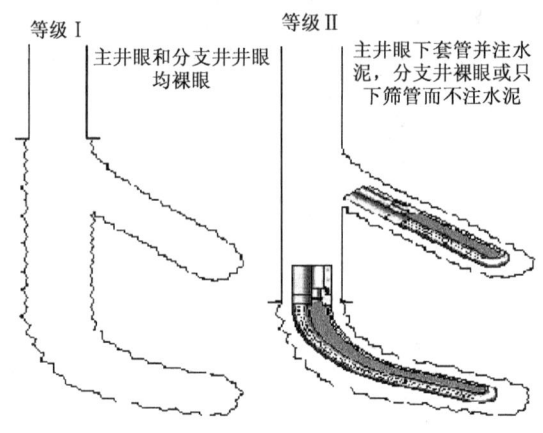

图 1-23 等级Ⅰ、等级Ⅱ分支井完井示意图

3. 等级Ⅲ

等级Ⅲ的分支井主井眼和分支井井眼都下套管,主井眼注水泥而分支井井眼不注水泥,如图 1-24 所示。等级Ⅲ分支井技术提供了连通性和可及性。分支井衬管通过衬管悬挂器或者其他锁定系统固定在主井眼上,但不注水泥。主、分井筒连接处没有水力整体性或压力密封,但是有主、分井筒的可及性。等级Ⅲ完井可用快速连接系统(rapid connect)为分支井和主井眼提供机械连接,为不稳定地层提供高强度连接。等级Ⅲ完井还可用预制的衬管或割缝衬管,而不采用砾石充填的滤砂管。Anadrill 公司使用了一种脱离式衬管完井设计,分支井衬管的顶端可通过水力短节进行脱离。套管外封隔器用于脱离式完井装置中以隔离多个油层,固定衬管顶端以便重返进入衬管。在有油管的主套管中使用常规的套管封隔器,在跨越式封隔器(straddle packers)之间用水力方法来隔离每一个分支井眼。分支井的产量由滑套和其他流量控制装置来控制。这种完井方法价格较为低廉,操作相对简单,在欧洲的北海油田已经得到验证,目前正应用于深水海底中,其完井作业中的关键技术是流量控制装置在井下的操作。

该等级分支井的主要特点是:具有重新进入主井井眼与分支井井眼作业的能力,结合点有套管支撑而无水泥封固,主要应用于胶结能力较好的地层。

4. 等级Ⅳ

等级Ⅳ的分支井主井眼和分支井井眼都在连接处下套管并注水泥,如图 1-24 所示。这就提供了机械支撑连接,但没有水力的整体性,事实上分支井的衬管是由水泥固结在主套管上的。这一最普通的侧钻作业尽管使用了套管预铣窗口位置,但仍然取决于造斜器辅助的套管窗口磨铣作业。分支井衬管与主套管的接口界面没有压力密封,但是主井眼和分支井井眼都可以全井起下进入。这种级别的分支井技术虽然复杂、风险高且仍处于发展阶段,但是在全世界范围内的分支井完井中已经获得成功应用。

该等级分支井的主要特点是:结合点有套管支撑及水泥封固,修井作业时可以完全进入主井眼与分支井井眼;但连接处缺乏压力密封完整性,不能防范地层垮塌。

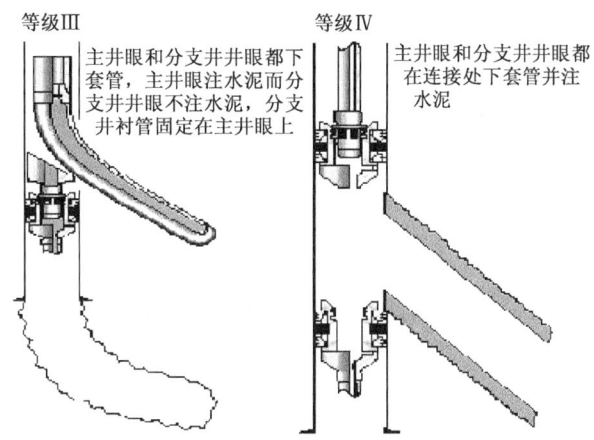

图1-24 等级Ⅲ、等级Ⅳ分支井完井示意图

5. 等级Ⅴ

等级Ⅴ的分支井是用水泥封固主井筒和分支井,各层压力分隔,如图1-25所示。等级Ⅴ完井具有等级Ⅲ和等级Ⅳ分支井连接技术的特点,还增加了可在分支井衬管和主套管连接处提供压力密封的完井装置。其主井眼全部下套管且连接处是水力隔离。从主井眼和分支井井眼都可以进行侧钻,可以通过在主套管井眼中使用辅助封隔器、套筒或其他完井装置来对分支井和生产油管实现跨接(straddle)以实现水力隔离。等级Ⅴ完井的分支井具有水力隔离、连通性和可及性特点。该分支井技术的最难点是高压下的水力隔离和水力整体性。

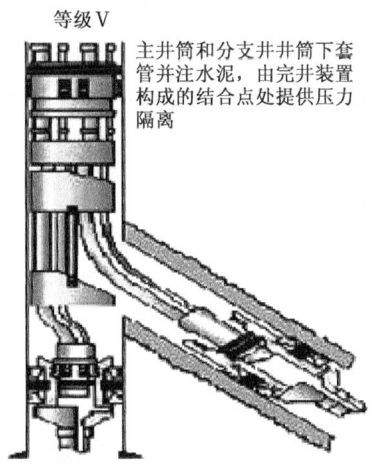

图1-25 等级Ⅴ分支井完井示意图

该等级分支井的主要特点是:能够进入主井眼和分支井井眼,可实现对油藏混层或分层开发,作业风险大,成本与复杂性较高。

6. 等级Ⅵ

等级Ⅵ完井系统在分支井和主井筒套管的连接处具有一个整体式压力密封,井下分叉装置可通过下套管取得,而不依靠井下完井工具,如图1-26所示。耐压密封的连接部分是为了获得整体密封特征或金属整体成型、可成型而设计,往往在海洋深水钻井中应用。

该等级分支井的主要特点是:结合点处的压力由密封装置隔绝,主井眼、分支井井筒可全通径进入。

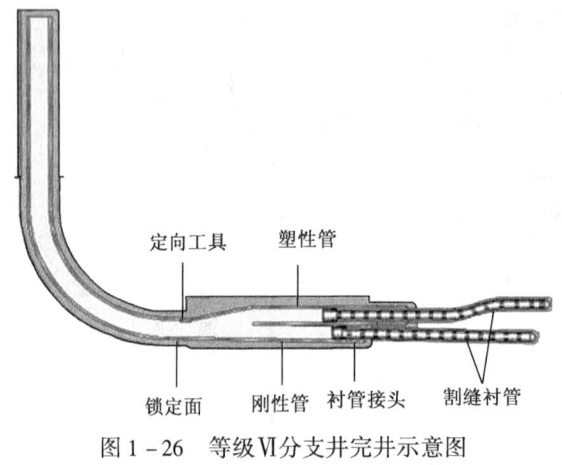

图1-26 等级Ⅵ分支井完井示意图

第四节 封隔器和井下管柱

一、封隔器的结构及分类

由于油层之间存在非均质性,原油物理、化学性质不同,在采油过程中需要采取分层采油、驱油措施,以求最大限度地提高最终采收率。要实现分层采油或分层驱油,必然采用适当的分层密封工具——封隔器。

1. 封隔器的结构

封隔器的花样繁多但基本结构相差无几。主要包括密封、锚定、扶正、坐封、锁紧、解封六大部分。

1) 密封部分

密封部分是在外力(机械力或液压力)的作用下发生动作,最终密封环形间隙,防止流体通过的机械。它是封隔器的关键部分,主要由弹性密封元件、赖以安装密封元件的钢碗、隔环(挡圈)和各种防止密封元件"肩部突出"的"防突"部件构成。其中,密封元件是至关重要的核心部件,通常制作成圆筒状,俗称胶筒。只是近来为了实现油管与封隔器之间的内密封,密封元件才制成各种形状(如V形)密封填料。

2) 锚定部分

锚定部分也称作支撑部分,其作用是将封隔器支撑在套管壁上,防止封隔器由于纵向移动而影响密封性能,或引起封隔器过早解封。该部分主要包括水力锚和卡瓦等。

水力锚使用比较广泛,通常由许多卡瓦牙或锯齿形锚爪(分布在活塞端部的圆柱面上)构成。它既可与封隔器设计成一体,与卡瓦配合使用,也可以单独接在封隔器上。

卡瓦也是一种常用的起锚定作用的机构,美国使用最多。在封隔器下入深度较浅或承压能力低时,用单向卡瓦。有时为了使胶筒受力均匀,在胶筒两端使用两个整体卡瓦。

为了防止封隔器的纵向移动,特别在深井和高压作业中,往往采用正、反多级卡瓦,或附加上水力锚,即使是支撑井底的支柱式封隔器,由于怕压坏尾管,也往往如此。

3) 扶正部分

扶正部分主要起扶正密封元件的作用(尤其在井身质量不好的井中),同时也起到初卡的作用,便于封隔器坐封。这种作用通常由一些扶正弹簧和状如灯笼的扶正器承担。在转动管柱坐封封隔器时,扶正弹簧片以对套管壁产生足够的摩擦力,防止封隔器壳体随管柱转动。扶正器一般由扶正弹簧罩、弹簧座和弹簧组成,其作用靠外端呈圆柱面的扶正块来实现。

4) 坐封部分

坐封部分是使封隔器坐于目的层段后保持密封状态(即工作状态)的机构。通常它包括坐封活塞、中心管(或有轨迹换向槽的轨迹管)、上、下接头、滑环套等。

坐封部分动作时能起两个作用:一是推动锥体,使卡瓦张开(对于带卡瓦的封隔器来说),并贴在套管壁上;二是压缩弹性密封元件,使之胀大而密封。

5) 锁紧部分

锁紧部分是封隔器一旦密封后,使之固定于坐封状态(使密封元件密封后保持不变)的机构。由于封隔器锁紧机构及其动作方式在很大程度上影响封隔器的可取性,因而该部分是封隔器上应给予重视的结构部分。它通常由外中心管、销钉以及各种内锁紧机构(如锥环、锁环、锁扣或锁扣指以及棘轮机构)构成。

6) 解封部分

解封部分是使卡瓦收回,胶筒恢复原状,以利于起封的机构。对于丢手封隔器,则需另行配备专用的坐封和解封工具。它通常由平衡活塞、平衡阀(循环阀)、循环孔(连通孔)、液缸或解封套、解封销钉构成。

当然,由于封隔器使用目的和工艺要求的不同,各种类型的封隔器各大部分不一定样样都有。但密封部分、坐封部分、解封部分都是必不可少的。

2. 封隔器的分类

按封隔器的工作原理,可将封隔器分为以下几类:

(1) 自封式封隔器:依靠封隔件外径与套管内径的过盈和压差实现密封的封隔器。

(2) 扩张式封隔器:指一定压力的液体作用于封隔器内腔,使封隔件直径扩大,以实现密封的封隔器。

(3) 压缩式封隔器:靠轴向力压缩封隔件,使封隔件直径变大以实现密封的封隔器。

(4) 组合式封隔器:由自封式、扩张式、压缩式任意组合实现密封的封隔器。

3. 封隔器的编号

依据《石油钻采机械产品型号编制方法》(SY/T 6327—2005),按封隔器分类代号、固定方式代号、坐封方式代号、解封方式代号、结构特征代号、使用功能代号、钢体外径×内径、工作温度/工作压差 8 个参数依次排列,进行型号编制,如图 1-27 所示。

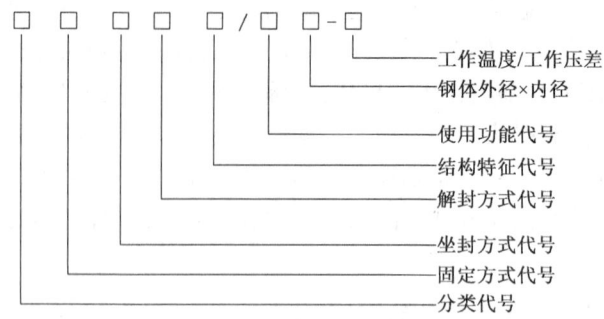

图1-27 封隔器分类编号方法

封隔器分类代号用分类名称第一个汉字的汉语拼音大写字母表示,其规定见表1-2。

表1-2 封隔器分类代号

分类名称	自封式	压缩式	扩张式	组合式
分类代号	Z	Y	K	用各式的分类代号组合表示

固定方式代号、坐封方式代号、解封方式代号用阿拉伯数字表示,具体规定见表1-3、表1-4和表1-5。

表1-3 封隔器固定方式代号表

固定方式名称	尾管	单向卡瓦	无支撑	双向卡瓦	锚瓦	组合式
固定方式代号	1	2	3	4	5	用各式的分类代号组合表示

表1-4 封隔器坐封方式代号表

坐封方式名称	提放管柱	转管柱	自封	液压	下工具	热力
坐封方式代号	1	2	3	4	5	6

表1-5 封隔器解封方式代号表

解封方式名称	提放管柱	转管柱	钻铣	液压	下工具	热力
解封方式代号	1	2	3	4	5	6

结构特征代号用封隔器结构特征两个关键汉字汉语拼音的第一个大写字母表示,具体规定见表1-6,如封隔器无表中结构特征,可省略结构特征代号。

表1-6 封隔器结构特征代号表

结构特征名称	插入结构	丢手结构	防顶结构	反洗结构	换向结构	自平衡结构	锁紧结构	自验封结构
结构特征代号	CR	DS	FD	FX	HX	PH	SJ	YF

使用功能代号用封隔器主要用途两个关键汉字汉语拼音的第一个大写字母表示,具体规定见表1-7。

表1-7 封隔器使用功能代号表

使用功能名称	测试	堵水	防砂	挤堵	桥塞	试油	压裂酸化	找窜找漏	注水
使用功能代号	CS	DS	FS	JD	QS	SY	YL	ZC	ZS

封隔器刚体外径用阿拉伯数字表示,所用单位应为毫米(mm)。

工作温度用阿拉伯数字表示,单位为摄氏度(℃)。

工作压差用阿拉伯数字表示,修约到个位数,单位为兆帕(MPa)。

例如Y111型系列封隔器(DSLl51型封隔器),封隔器封隔件为压缩式,靠尾管固定方式坐封,靠提放管柱解封。

如果在编制封隔器型号时遇有特殊用途封隔器,可在其型号后面将其用途加以注明。例如Y211-114型封隔器,表示该封隔器封隔件工作原理为压缩式、单向卡瓦固定、提放管柱坐封、提放管柱解封,刚体最大外径为114mm。又如K341-140型裸眼封隔器,表示封隔器的封隔件工作原理为扩张式、无支撑、靠液压坐封、提放管柱解封,刚体最大外径为140mm,适用于裸眼井。

二、封隔器用途及常用封隔器

1. 封隔器的基本用途

封隔器的使用是非常广泛的,它几乎遍及勘探和开发的各个生产过程。之所以应用封隔器,除了可满足生产中的各种工艺要求外,也有经济上和操作上的考虑,因为借助封隔器进行井下作业,相比其他井下工具更为经济、更为方便。封隔器一旦在井下有效工作,就可以达到下列目的:

(1)隔绝井液和压力,以保护套管免受影响,从而改善套管工作条件。

(2)封隔产层或施工目的层,防止层间流体和压力互相干扰,以适应各种分层技术措施的需要,或便于进行堵漏、封窜等修井作业。

(3)保存并充分利用地层能量(包括溶解气能量),以提高油井生产效率,延长其工作时间。

(4)使井的控制仅限于油管,以确保安全和最大限度地控制地层。

(5)便于采用机械采油方式。如为气举和水力活塞泵抽油提供必要的生产通道,或将套管分隔为吸入和排出两部分,以利于无管泵进行抽油。

(6)用在气井中(尾管下至射孔段以下),可以缓和气井液面过早上升。

2. 分层配产封隔器

1) Y341系列封隔器的用途

此封隔器主要用于分层采油、分层注水、分层堵水、气举找水、油井热油循环清蜡和机械采油井的分层采油。

2) Y341系列封隔器的结构

该类封隔器主要由上接头、O形密封圈、洗井阀、顶套、外中心管、内中心管、胶筒、隔环、密封环、防坐剪钉、卡瓦座、卡瓦、锁套、解封套、活塞、连接头、下接头等组成,如图1-28、图1-29所示。

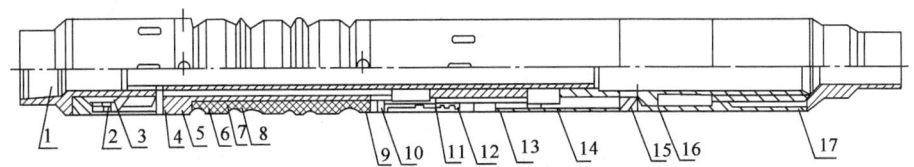

图1-28 Y341型封隔器结构示意图

1—上接头;2—O形密封圈;3—洗井阀;4—顶套;5—外中心管;6—内中心管;7—胶筒;8—隔环;9—密封环;10—防坐剪钉;11—卡瓦座;12—卡瓦;13—锁套;14—解封套;15—活塞;16—连接头;17—下接头

图 1-29　Y341 型封隔器实物图

3）Y341 系列封隔器的工作原理

当管柱下至预定深度需要坐封时,用高压泵从油管打入高压液体加液压。高压液体经中心管的孔眼作用在活塞上,当压力达到一定数值后便剪断剪钉,活塞套与活塞上行压缩胶筒,使其外径变大密封住油套管环形空间。当放掉井内高压液体时,大卡簧将活塞卡住,则胶筒一直保持坐封工作状态。

使用这种封隔器安全、可靠,上起管柱遇阻时也不会压缩胶筒而卡在井内,这是因为小卡簧刚好卡在中心管下端小槽之中。

解封时只需上提管柱,则与管柱相连接的上接头、调节环、中心管和键向上运动,而其余部件由于胶筒与套管的摩擦力作用保持不动,又由于进行坐封时活塞已上行使卡块失去外支承,结果卡块被挤出胶筒,胶筒便回收解封。

4）Y341 系列封隔器的主要技术要求

Y341 系列封隔器必须使用活动油管头和支撑卡瓦将封隔器上、下固定住。

3. 分层注水封隔器

目前油田注水用封隔器结构类型较多,但比较常用的大致有水力扩张式封隔器(主要用于浅井)与水力压缩式封隔器(主要用于深井注水)。

1）K344 系列封隔器

(1)用途:该封隔器(图 1-30)主要用于分层注水、分层酸化、分层找窜与封窜等。

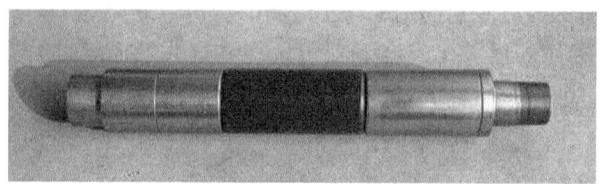

图 1-30　K344 型封隔器实物图

(2)结构:结构简单,便于操作,也便于调整,具体结构如图 1-31 所示。

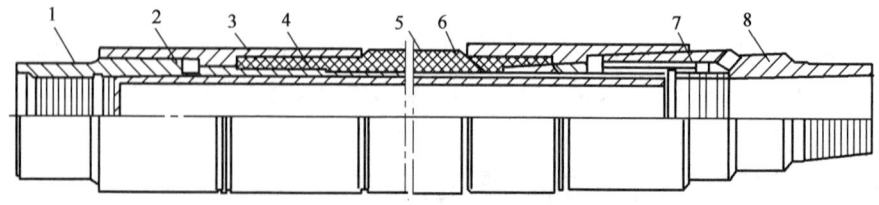

图 1-31　K344 型封隔器

1—上接头；2—O 形密封圈；3—胶筒座；4—硫化芯子；5—胶筒；6—中心管；7—滤网罩；8—下接头

(3)工作原理:坐封与工作时,从油管中心通道注入高压液体,高压液体在井下管柱底部被堵后,强迫使其经过滤网罩、下接头的孔眼和中心管的水槽充满胶筒的内腔;当继续注液时,压力升高,使胶筒胀大,以封隔住油套管环形空间,进入坐封工作状态;解封时,放掉油管内的液压,靠胶筒本身的弹力将其收回而解封。

(4)使用技术要求:为保证该封隔器密封可靠,必须与定压阀(节流器)配套使用,即保证有使该封隔器坐封的压差。

2)Y344-114(6)(752-6)型可洗井封隔器

(1)用途:Y344-114(6)(752-6)型可洗井封隔器是一种可洗井封隔器,用于单级下入注水井作为套管保护封隔器,与Y341-114Ⅱ(752-4Ⅰ)型可洗井封隔器组合下入井内作为分层配注封隔器使用。

(2)工作原理:封隔器随着管柱下到预定深度后,坐好井口,从油管内加液压。高压液体经中心管水眼进入活塞腔内,推动洗井活塞,洗井活塞又推动承压座,推动辅助胶筒、锥环上行,这时压缩中胶筒,使其直径变大,封隔油套环形空间。同时,辅助胶筒被锥隔环锥开,其端面压在中胶筒上,起着支撑保护中胶筒的作用。在压缩胶筒的同时,工作筒上行卡在大卡簧上,这时封隔器处于工作状态。

洗井时,清水从油套环形空间进入,再从封隔器胶筒上部的进液孔进入封隔器内,推动上洗井活塞上行,进入内外中心管环形空间,推动下洗井活塞下行,由洗井活塞套上的出液孔流出。洗井清水逐级通过可洗井封隔器,最后从管柱底部球座进入油管返至地面,完成洗井。洗井过程中胶筒处于工作状态。

解封时,在井口投入一个$\phi 50mm$的钢球,钢球坐于泄压密封段上,油管加压10MPa以上,剪断固定销钉,密封段下移,锁块失去内支撑,上提管柱拉断泄压销钉,胶筒恢复原状,封隔器解封。

3)Y341-114Ⅱ(752-4Ⅱ)型可洗井封隔器

(1)用途:Y341-114Ⅱ(752-4Ⅱ)型可洗井封隔器是用于注水井分层配注的水力压缩式封隔器,其密封是靠注水压差来实现的,密封效果较稳定,并可以定期洗井。

(2)工作原理:释放时从油管内加液压,液体由中心管水眼进入,推动洗井活塞,洗井活塞推动承压接头,承压座压缩胶筒,此时胶筒受压,外径变大而密封油套环形空间;液压消除后,由于大卡簧的自锁作用,封隔器处于工作状态,可以正常分层注水。

洗井时,清水从油套环形空间进入封隔器上进液孔,推动上洗井活塞上行,进入内外中心管环形空间,推动下洗井活塞下行,从洗井活塞套上的出液孔流出。洗井完毕后,在弹簧的推动下,洗井活塞上行自动关闭洗井通道。

起管柱上提油管时,泄压销钉拉断力小于胶筒与井壁的摩擦力,销钉被拉断,封隔器解封。

4. 压裂常用封隔器

1)K344-113(大庆)型封隔器

(1)用途:该封隔器是目前现场常用的一种,主要用于分层注水、酸化、压裂、找窜与封窜等。

(2)结构:该封隔器主要由上接头、O形密封圈、胶筒座、硫化芯子、胶筒、中心管、滤网罩和下接头等组成。

(3)工作原理:将封隔器下到设计深度后,从油管内加液压,高压液体经过滤罩、下接头的孔眼和中心管的水槽作用在胶筒内腔。由于此压力大于油套管环形空间压力,在此压差作用下,胶筒胀大将油套管环形空间封隔住。解封时,只需泄掉油管内的高压,使油管与油套管环形空间的压力平衡,胶筒靠本身的弹力收回便可解封。

2)K344-115型封隔器

(1)用途:该封隔器适用于中深井的合层或分层压裂与酸化作业,可以组成一次分压多层的压裂管柱和一次酸化多层的酸化施工管柱。

(2)结构：主要由接头、胶筒、隔环、中心管、O形密封圈、胶筒座、硫化芯子、滤网、滤网帽、剪钉和滑套等组成。

(3)工作原理：当需要坐封时，从油管内打入高压液体，高压液体经滤网帽、滤网和硫化芯子的孔眼作用在胶筒的内腔。由于油管内压力高于油套管环形空间的压力，此压差使胶筒胀大封隔住油套管环形空间。其后，高压液体打开节流器，从油套管环形空间推动胶筒下行压缩胶筒，使其下端直径变大（此时的压力称为起封压力）而密封住油套管环形空间。这样，在胶筒与胶筒之间的油套管环形空间便成为环形密闭液室。由于液体是不可压缩的，此环形密闭液室对胶筒的台肩就起到保护作用，可以提高胶筒的承压能力，延长其使用寿命。当需要解封时，只需放掉油管内的高压液体，使油管与油套环形空间之间压力保持平衡，胶筒就靠自身的弹力收回而解封。

(4)使用技术要求：该封隔器必须与节流器配套使用。要求节流器的开启压力必须小于封隔器的起封压力。封隔器组装好后，要求封隔器胶筒能在中心管上灵活滑动。由于受到通径的限制，该封隔器不能多级使用。使用此封隔器组成一次下井管柱进行两层施工作业时，需通过封隔器与滑套的组合来控制封隔器的坐封，投球加液压，剪断剪钉，使滑套下移，封隔器才能坐封。

三、井下控制工具

1. 配水器

由于地层各个层段的渗透性不相同，渗透性好的吸水能力就强，渗透性差的吸水能力就弱，所以要根据油田地下所需要的配注水量，合理地将地面注水分配到各个注水的层段去，配水器就成为实现注水方案，满足不同层位不同注水强度要求的必不可少的井下控制工具。目前常用偏心配水器进行分层配注，使用方便，不受级数限制，对注水层段可进行细分，提高了注水合格率。

偏心配水器的结构由工作筒和堵塞器配合组成，见图1-32。实物图见图1-33。

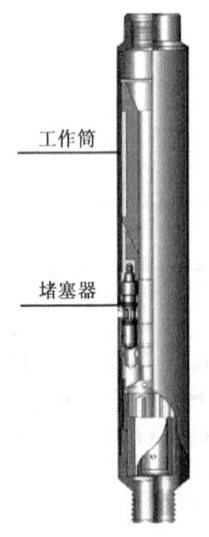
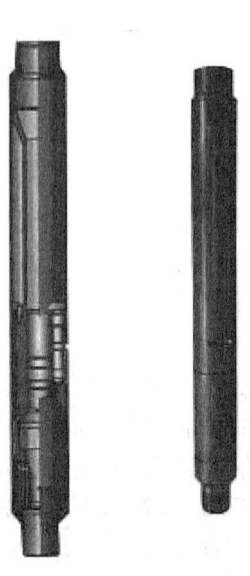

图1-32　偏心配水器结构示意图　　　　图1-33　偏心配水器实物图

偏心配水器工作筒结构见图 1-34。

工作筒主体上有直径为 20mm 的偏孔(坐堵塞器的位置)。偏孔外壁开有宽 12mm 的出液孔,主中心留有 46mm 的主通道(作为投捞工具和井下仪表的通道及测试用)。笔尖状导向体的作用是使投捞器定好方位,使堵塞器或打捞头对准扶正体开口的侧槽和 20mm 直径的偏孔。这样,投捞器便可顺利地投捞堵塞器(扶正体开口侧槽、主体偏孔、导向体开口槽均处于同一方向,便可保证投捞)。

堵塞器结构见图 1-35,实物图见图 1-36。

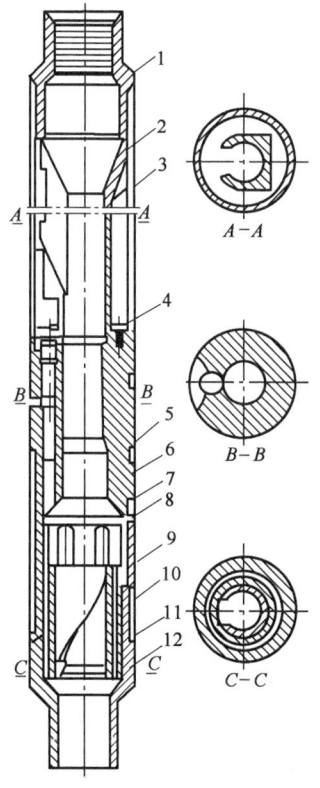

图 1-34 偏心配水器工作筒结构示意图
1—上接头;2—上连接套;3—扶正体;4—螺钉;
5—工作筒主体;6—下连接套;7—螺钉;8—支架;
9—导向体;10—螺钉;11—O 形密封圈;12—下接头

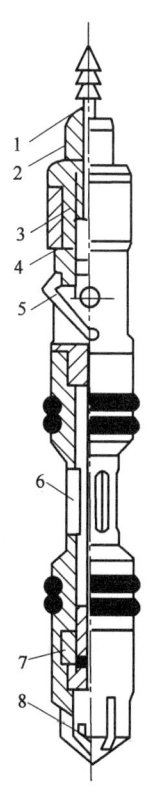

图 1-35 偏心配水器堵塞器结构示意图
1—打捞杆;2—压盖;3—压簧;4—支撑座;5—凸轮;
6—密封段;7—配水嘴;8—过滤底堵

堵塞器打捞杆头部供打捞用,底部可控制凸轮反转。压盖的 4 个直径为 1.2mm 的小孔供投送堵塞器时穿销钉用。凸轮的作用是把堵塞器锁于工作筒偏孔内。密封段出液槽上、下各有两道 O 形密封填料,当堵塞器正常工作时,将工作筒偏孔的出液孔上下封死。配水嘴起控制水量的作用。

偏心配水器的工作原理是:油管正注时,堵塞器靠支撑体 φ22mm 的台肩坐于工作筒主体上,凸轮卡于偏孔部位,此部位作用于剪断销钉和堵塞器防飞。堵塞器上、下 2 组 4 道密封填料封住偏孔出液孔,注入水经过滤网,通

图 1-36 偏心配水器堵塞器实物图

过水嘴、密封段出液槽、偏孔出液孔进入油套环形空间后,注入地层。分配到各层段的注水量由水嘴尺寸大小来控制。如果需要检查更换某一配水嘴,可用投捞器随时捞出某一级,而不必捞出以上各级。

2. 油管锚

油管锚用于防止油管弯曲,减少抽油泵冲程损失。如图1-37所示,油管锚由扶正体、箍环、摩擦片、弹簧片、扶正环组成扶正器,扶正器通过剪切销钉与下锥体相连,依靠弹簧片对套管壁产生足够的摩擦力,通过螺纹与中心管配合。实物图见图1-38。

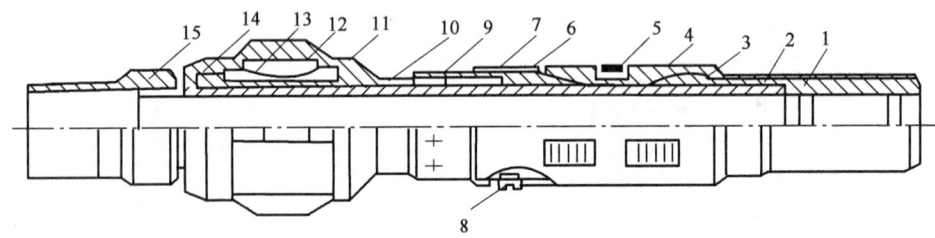

图1-37 KZL-114油管锚结构示意图
1—上接头;2—中心管;3—上锥体;4—卡瓦;5—弹簧;6—外套;7—下锥体;8—滑动锥钉;9—剪切销钉;
10—扶正体;11—箍环;12—摩擦片;13—弹簧片;14—扶正环;15—下接头

图1-38 油管锚实物图

下管柱时,扶正器与中心管没有相对运动,油管锚处于收拢状态。

坐卡时,在保持管柱自身悬重的情况下,右旋油管5~7圈,扶正器推动下锥体向上运动,迫使卡瓦锁入套管内壁。为进一步确定油管锚卡瓦是否已卡紧,可下放油管,当拉力计归零,油管下放遇阻时,证明油管锚已卡住。如未卡住,可保持右旋扭矩,反复上提下放,直到油管锚卡住套管。确认已坐卡后,上提一定张力(上提负荷为管柱悬重加30~50kN),并测量油管柱伸长量(为坐油管头做准备),去掉张力,左旋油管5~7圈,使油管锚解卡,下放管柱到已量好的位置,重复坐卡动作,在达到所需要的张力情况下,坐好油管头。

解卡时,上提管柱,卸开油管头,然后下放管柱,去掉张力,在保持管柱自身悬重的情况下,左旋油管5~7圈,扶正器带动下锥体向下运动,卡瓦在弹簧的作用下收拢而解卡。若左旋油管不能解卡,则上提管柱,使油管锚剪切销钉剪断解卡(上提解卡负荷为管柱自身悬重加80~100kN)。

3. 水力锚

水力锚利用水力锚爪的咬合力来克服分层作业中油管所受的拉力或压力,其结构见图1-39,实物图见图1-40。

当油管压力大于套管压力时,油管、套管之间的压差作用在锚爪上,就产生一个液压作用力。当这个作用力大于弹簧的弹力时,锚爪就压缩弹簧向外凸出,并咬合在套管内壁上,以防止管柱上、下窜动。油管、套管压差越大,锚爪的咬合力越大。当油管压力不大于套管压力时,锚爪就在弹簧的作用下恢复原位。

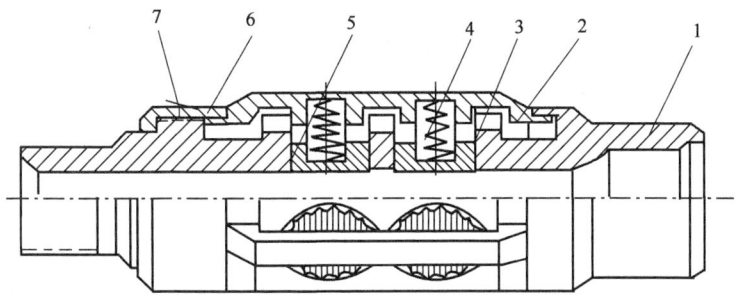

图1-39 KMZ-115水力锚结构示意图

1—本体;2—扶正块;3—O形密封圈;4—弹簧;5—锚爪;6—扶正块套;7—固定螺钉

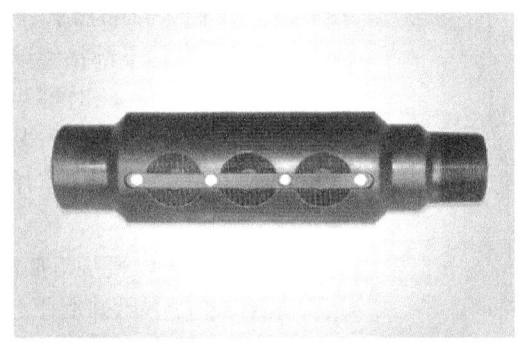

图1-40 水力锚实物图

4. 泄油器

泄油器用于抽油管柱的泄油,检泵作业时用来连通油套通道,其结构见图1-41,实物图见图1-42。

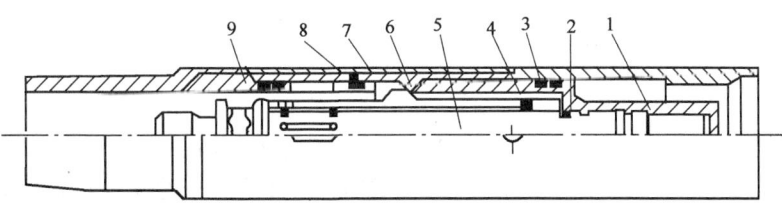

图1-41 KTG-90泄油器结构示意图

1—抽油杆接箍;2、3—O形密封圈;4—锁扣指;5—锁扣指芯;6—封泄滑套;7—封泄接头;
8—卡簧;9—下接头

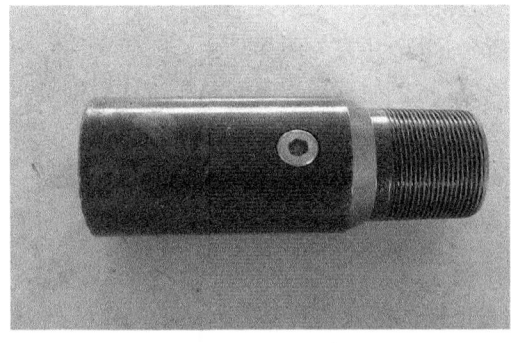

图1-42 泄油器实物图

下井前,先将提挂工具拉出,用直径为 2⅞in 油管将泄油器连接在抽油泵以上一定高度。管柱下井完毕后,用抽油杆连接提挂工具和活塞,并保证提挂工具下到泄油器以下,完井后即可正常生产。作业时,随着抽油杆的起出,提挂工具即可将封泄滑套上移打开,从而保证起油管时油管中的原油通过泄油孔泄入井中而不被带出。

5. 井下开关

井下开关用在卡堵水丢手管柱上,实现不压井起下作业,其结构见图 1-43。

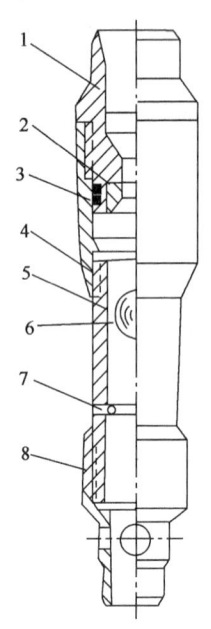

图 1-43　KFQ-110 井下开关结构示意图
1—上接头;2—球座;3—O 形密封圈;
4—工作筒;5—加长短节;6—浮球;
7—挡球钢筋;8—下接头

井下开关在丢手封隔器下井时与封隔器下部接头相连接,浮球因受井内向上的压力作用紧贴在球座上,此时该开关处于关闭状态,密封油管通道,即可进行不压井起下作业。封隔器下井丢手后,下入电泵或抽油泵生产管柱,管柱下部接浮球活门捅杆,将浮球向下顶开,使其离开球座,此时即可进行正常生产。起管柱时,将生产管柱上提,使浮球活门捅杆从球座中拔出,此时浮球在上、下压差作用下坐回球座,密封油管通道。

该开关也可以直接与抽油泵底部的可捞式固定下接头连接,进行不压井起下作业。当需打开浮球开关生产时,投入可捞式固定阀即可将浮球向下顶开;起管柱时,捞出可捞式固定阀,浮球开关关闭,即可不压井起出抽油泵生产管柱。

四、井下工艺管柱

井下工艺管柱是指油气生产和注水、注气的唯一通道,直接关系到油气井正常生产,分层定量注水及增产、堵水等措施的实施,可减少井下作业工作量并延长井下作业免修期(要求下井一次 20 年以上不动管柱),保证油气井的安全。近年来,井下管柱、特别是高压油气(含腐蚀介质)井的井下管柱发展趋势是一趟管柱可以完成多项井下作业,其具体功能如下:

(1)射孔与完井联作;
(2)选择性分段酸化、压裂和堵水;
(3)井下分段找水、测压和测试;
(4)管柱中装有循环滑套,可全井或分段循环;
(5)油层顶部下有封隔器,防止油套环形空间憋压或注缓蚀剂;
(6)不压井作业以及钢丝、小直径钢丝绳、连续油管开关井下滑套;
(7)管柱中装有井下安全阀,更换井口装置或装防喷器时在油管上部可投堵塞器以防止井喷。

1. 分层注水井工艺管柱

偏心配水管柱是使用最广泛的配水管柱,图 1-44 至图 1-46 为各种偏心配水管柱示意图,图 1-47 为偏心配水管柱实例。

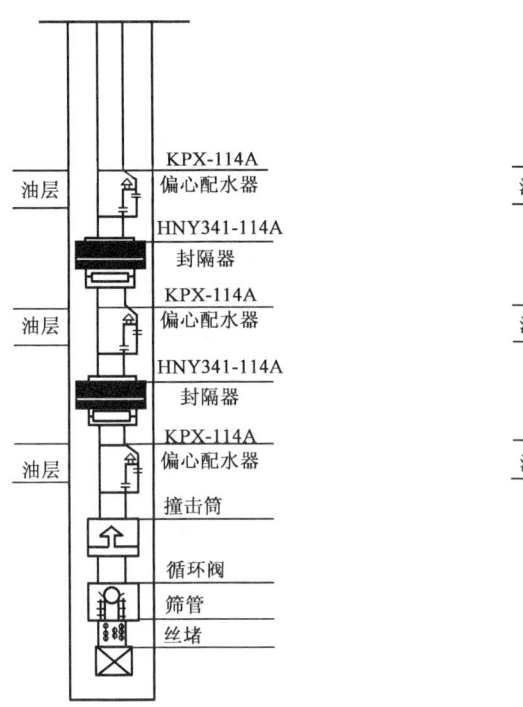

图1-44 免投死嘴偏心配水管柱示意图

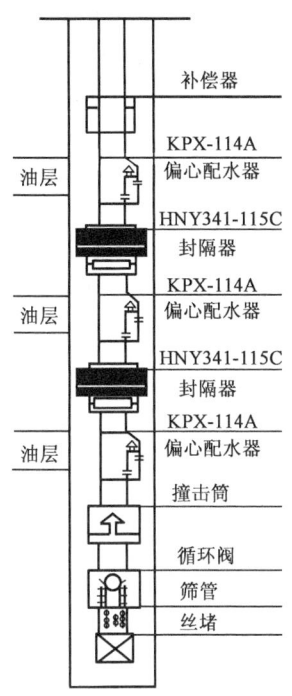

图1-45 中深井偏心配水管柱示意图

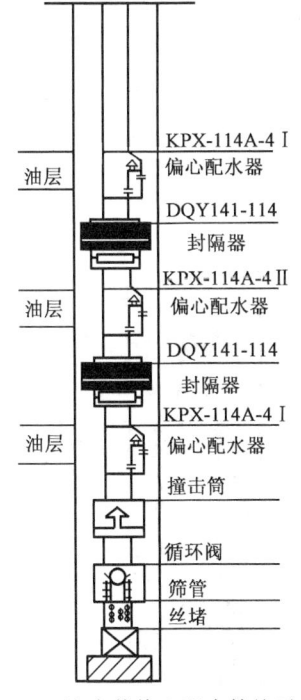

图1-46 注水井偏心配水管柱示意图

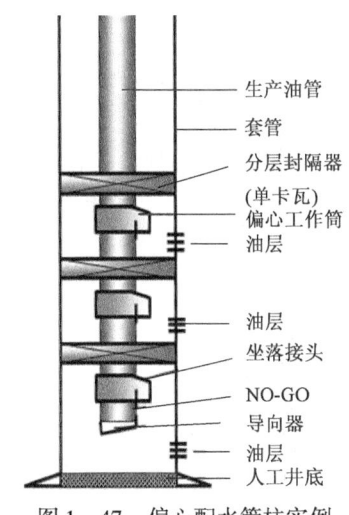

图1-47 偏心配水管柱实例

2. 采油井工艺管柱

1) 分层采油管柱

分层采油(简称分采)工艺可有效防止层间(特别是压差大的层间)干扰,减少层间矛盾,保持各油层均衡开采,提高采收率。

常用的分采管柱有单管分采管柱(图1-48)和双管分采管柱(图1-49),其中图1-48(a)为偏心式分采管柱,图1-48(b)是油套管分采管柱。分层开采管柱实例见图1-50。

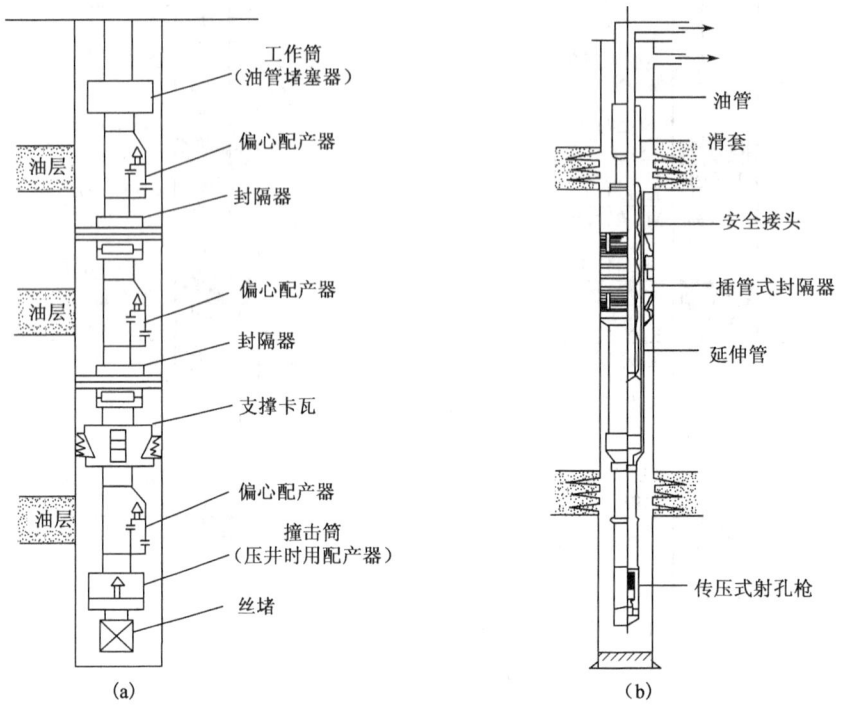

图1-48 单管分采管柱结构示意图

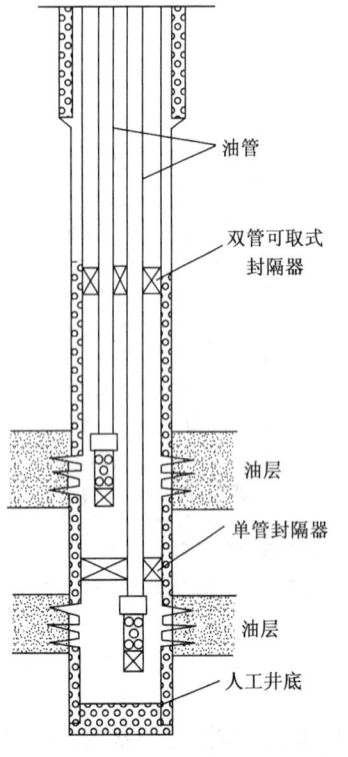

图1-49 双管分采管柱结构示意图

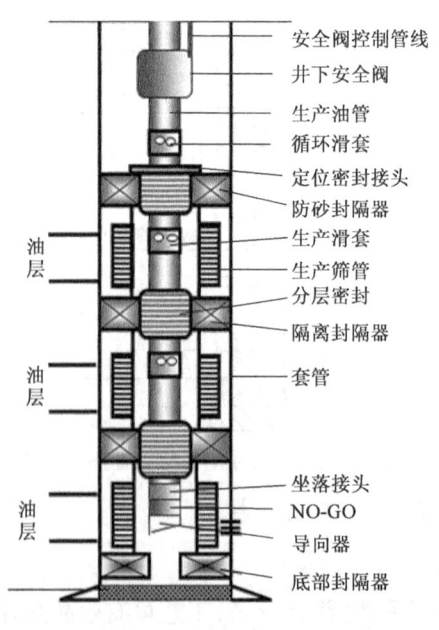

图1-50 分层开采管柱实例

2) 有杆泵井采油管柱

有杆泵井采油管柱要满足泵型、泵径及井深的要求，其典型的采油管柱如图 1-51 所示。图 1-52 为有杆泵深井抽油管柱。生产管柱还可根据生产需要分为封下采上、封上采下、封中间采两头、封两头采中间等结构形式。

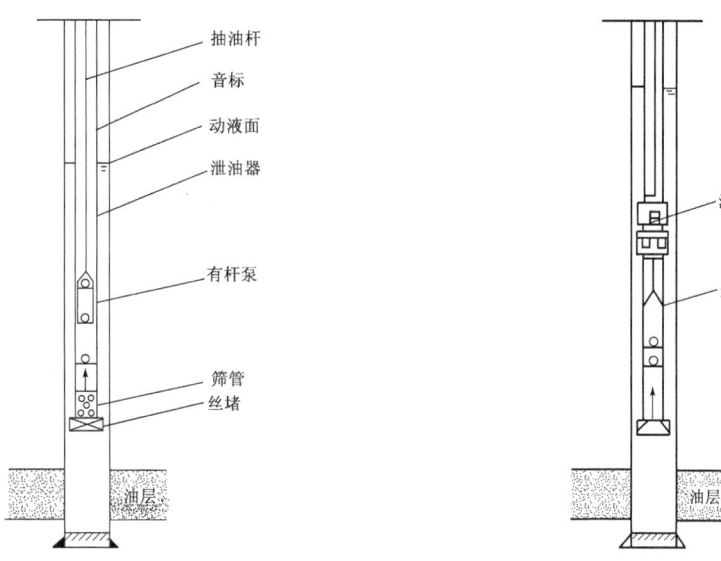

图 1-51 有杆泵井典型采油管柱结构示意图　　图 1-52 有杆泵深井抽油管柱结构示意图

3) 电动潜油泵采油管柱

电动潜油泵采油系统主要由井下机组、地面设备和电缆三大部分构成，如图 1-53 所示。

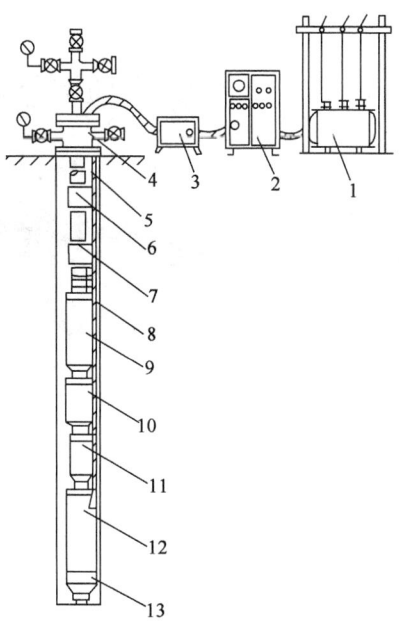

图 1-53 电动潜油泵采油系统结构示意图
1—变压器；2—控制柜；3—接线盒；4—井口；5—动力电缆；6—测压阀；
7—单流阀；8—小扁电缆；9—多级离心泵；10—油气分离器；
11—保护器；12—电动机；13—测试装置

电动潜油泵的下入位置应在射孔井段顶部以上,在液流进入电动潜油泵之前,从电动机周围流过,能较好地冷却电动机,保护电动机不至于因温升破坏绝缘材料而烧毁。如果电动潜油泵机组必须下入油层以下,就需加导流衬管(图1-54)。

对于实施两层开采,同时又要求进行生产测试、过油管射孔、连续油管作业的油井,可采用Y形接头的电动潜油泵开采(图1-55、图1-56)。

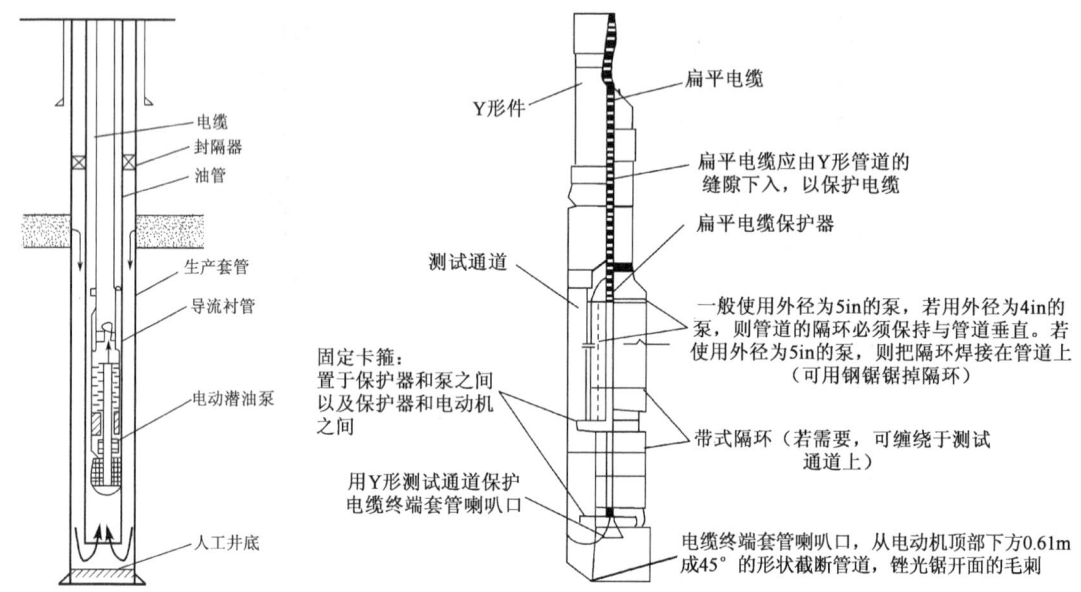

图1-54 电动潜油泵机组在油层以下时管柱结构示意图

图1-55 电动潜油泵Y形件结构示意图

彩图1-56

图1-56 电动潜油泵Y形件实物图

电动潜油泵采油生产管柱还可根据生产需要分为单采、封下采上、封上采下、封两头采中间等结构形式(图1-57)。

4)气举井采油管柱

气举的工艺过程是通过向井筒内注入高压气体的方法来降低油管内从注气点到地面的液柱密度,使原油及液体连续地从油层流向井底,并从井底举升到地面。

(1)单管柱气举管柱。单管柱气举管柱结构有开式管柱、半闭式管柱、闭式管柱三种形式,如图1-58所示。

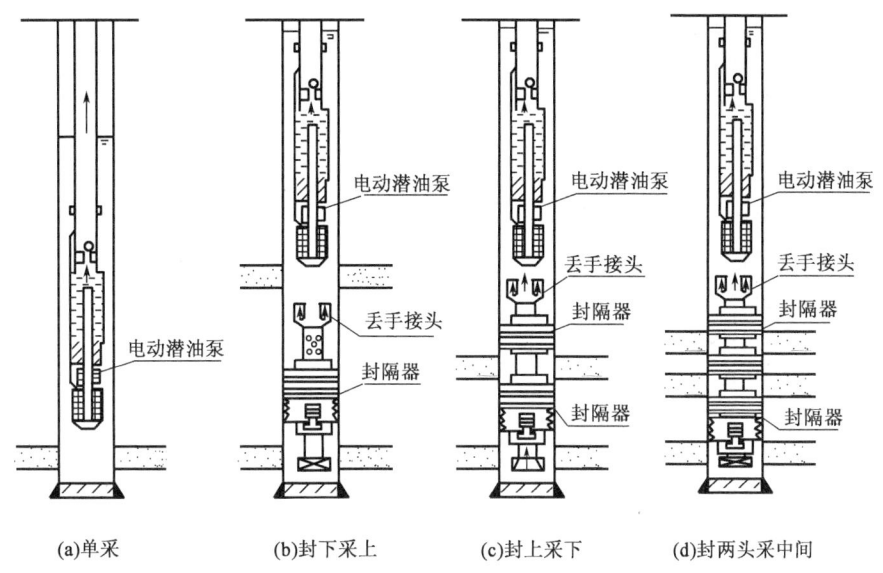

(a)单采　　　　(b)封下采上　　　(c)封上采下　　(d)封两头采中间

图 1-57　电动潜油泵采油生产管柱形式

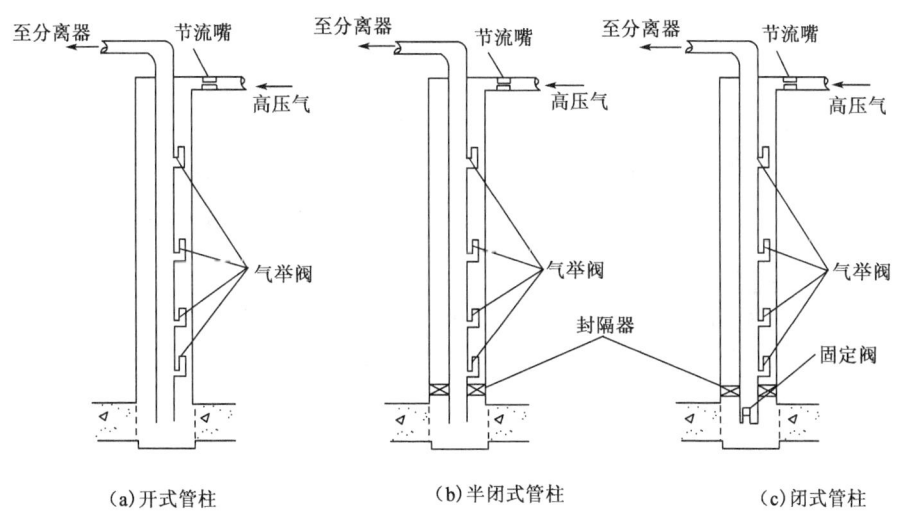

(a)开式管柱　　　　(b)半闭式管柱　　　　(c)闭式管柱

图 1-58　单管柱气举管柱结构示意图

(2)多管柱气举管柱。多管柱结构可以使两个以上油层同时气举生产,这种结构可由两平行管柱组成(图 1-59),也可由同心管柱组成(图 1-60)。平行管柱结构相对应用得比较多,一般应用在大口径套管井上;同心管柱结构主要应用在套管直径较小的油井上。

3.采气井工艺管柱

1)常规气井工艺管柱

常规气井工艺管柱的组成如图 1-61 所示。

— 29 —

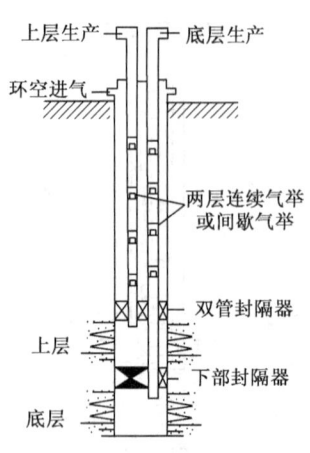

图 1-59　平行双管柱气举井结构示意图

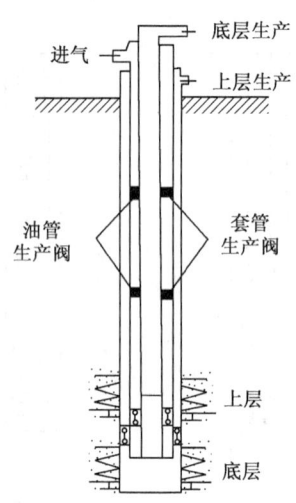

图 1-60　同心管柱气举井结构示意图

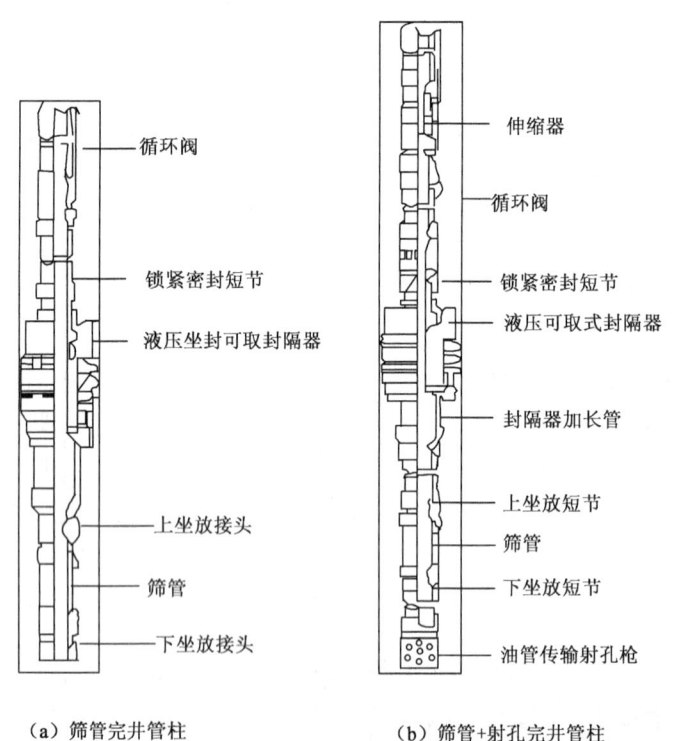

（a）筛管完井管柱　　　（b）筛管+射孔完井管柱

图 1-61　常规气井工艺管柱组成示意图

2）高压气井工艺管柱

为确保生产安全，高压气井井下管柱主体结构包括井下安全阀、循环阀、伸缩接头、永久式封隔器等。图 1-62 为某气井（7in 套管回接下 4½in 油管）完井管柱示意图。

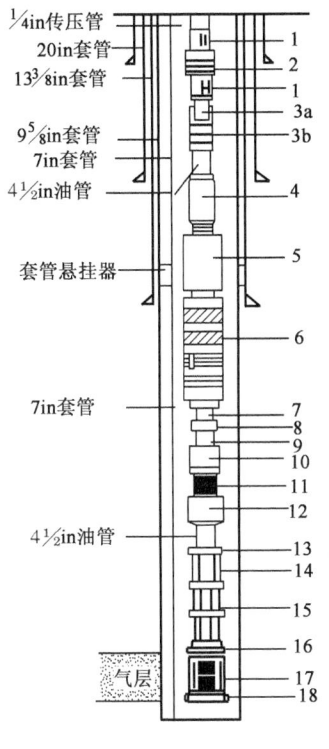

序号	井下管柱组成	外径 mm	内径 mm
1	3½in井下安全阀	146.05	72.14
2	流动接头	146.21	121.36
3a	校深短节		
3b	循环阀	150.90	98.30
4	伸缩接头		
5	锚定器		
6	锚定式封隔器 以上均为TM螺纹	151.13	98.55
7	打捞延伸器		
8	变扣短节		
9	短节		
10	上传压接头		
11	带孔筛管		
12	下传压接头		
13	TCP总成异型接头		
14	玻璃盘（启动器）		
15	中间短节		
16	机械或液压点火头		
17	127枪装C48YD-4S弹，30孔/m		
18	时间延时引爆器		

图1-62　某气井(7in套管回接下4½in油管)完井管柱示意图

3) 含硫气井分层开采工艺管柱

含硫气井推荐采用生产封隔器永久完井管柱,油管采用高气密性能特殊扣,油管内壁推荐选用内涂层或内衬玻璃钢油管。

(1) 常规含硫气井完井管柱。常规含硫气井完井管柱的主要特点是加注缓蚀剂防腐。缓蚀剂的防腐机理是用缓蚀剂膜将钢材表面与腐蚀介质隔离开来,缓蚀剂可有效防止腐蚀介质对钢材表面产生化学腐蚀。该管柱如图1-63所示。

(2) 一次性完井管柱。一次性完井管柱具有可以封闭油套环形空间,对套管起保护作用,降低完井费用,缩短作业周期,有利于减轻对地层的伤害,与定型井下工具容易配套等优点。带Y344封隔器的一次性完井管柱结构适用于固井质量好,具备丢枪试气完井管柱完成的井;Y241封隔器的一次性完井管柱可用于固井质量差,或抗内压强度低,具备丢枪试气完井管柱完成的井。图1-64为磨溪气田一次性试油完井管柱示意图。

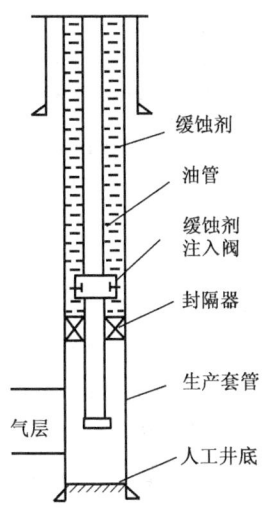

图1-63　液体缓蚀剂加注完井管柱结构示意图

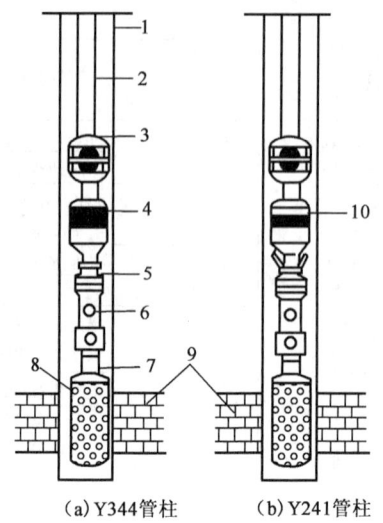

图 1-64　磨溪气田一次性试油完井管柱示意图

1—套管；2—油管；3—水力锚；4—Y344 封隔器；5—射孔枪脱手器；6—筛管短节；7—引爆器；
8—射孔枪；9—气层；10—Y241 封隔器

复习思考题

1. 普通直井的井身结构包括哪几方面？
2. 一口井内一般都包括哪几层套管？各层套管的作用是什么？各层套管下入深度的原则是什么？
3. 套管头的安装位置以及作用是什么？
4. 常见的完井方法有哪几种？从采油的观点来看，各种不同的完井方法都需要满足的要求是什么？
5. 套管射孔完井与尾管射孔完井的区别是什么？
6. 裸眼完井的优缺点是什么？
7. 割缝衬管的防砂机理是什么？
8. 砾石充填完井防砂机理，及其防砂成功的技术关键是什么？
9. 常见的水平井完井方式有几种？
10. 在 1997 年 TAML 论坛上，将分支井分为哪几类？
11. 封隔器基本结构中的六大部分是什么？其中哪几部分是必不可少的？
12. 封隔器的编号由哪几部分组成？
13. Y341 系列封隔器的用途是什么？
14. 井下控制工具都包括什么？
15. 单管柱气举管柱结构有哪几种形式？

第二章 修井设备与修井工具

第一节 修井设备

修井设备是用来对井下管柱或井身进行维修或更换而提供动力的一套综合机组。它包括动力机、传动设备、绞车、井架、天车、游动滑车、大钩、水龙头、转盘、钻井泵和其他辅助设备。

一、修井机

修井机或通井机是修井和井下作业施工中最基本、最主要的动力来源,按其运行结构分为履带式和自走式两种形式。履带式修井机一般不配带井架,其动力越野性好,适用于低洼泥泞地带施工。自走式修井机通常配带自背式井架,行走速度快,施工效率高,适合快速搬迁的需要,但在低洼泥泞地带及雨季、翻浆季节行走和进入井场相对受到限制。以下以南阳石油机械厂生产的自走式系列修井机(图2-1、图2-2)为例进行介绍。

图2-1 自走式修井机

彩图 2-1

图2-2 自走式修井机立起

彩图 2-2

自走式修井机主要由自走式底盘、动力与传动机构、车载绞车系统、车载井架、液气电控制系统及转盘旋转系统等组成,底盘行走和车上作业机构都由车载发动机驱动。移运安装快捷方便,底盘越野性能强,作业稳定可靠,满足1000～9000m井深的各种修井作业要求。配套钻台及附件可以完成侧钻及中浅井钻井作业。

1. 常用类型修井机的主要性能参数

表2－1列出了南阳石油机械厂生产的几种石油修井机技术指标。

表2－1　南阳石油机械厂生产的石油修井机技术指标

参数＼型号	XJ350	XJ450	XJ550	XJ650
最大钩载,kN	900	1250	1350	1575
额定钩载,kN	600	800	1000	1200
小修深度($\phi 2\frac{7}{8}$in 油管),m	4000	5500	7000	8500
大修深度($\phi 2\frac{7}{8}$in 钻杆),m	3200	4500	5800	7000
绞车功率,kW	257～330	280～400	330～450	400～500
有效绳数	6	8	8	8,10
井架高度,m	29、31	31、33、35	31、33、35	31、33、35
钢丝绳直径,mm	26	26	26	26/29

2. 修井机的组成

修井机主要包括动力驱动设备、传动系统设备、行走系统设备、地面旋转设备、提升系统设备、循环冲洗系统设备、控制系统设备、辅助设备等。

(1)动力驱动设备:包括动力机与辅助装置,主要有柴油机、供油设备(油箱)、启动装置(汽油机、交直流电动机、供电与保护设备)。

(2)传动系统设备:一套协调的传动部件,包括减速箱、行车机构、倒车机构与变速机构等。它的传动方式主要有机械传动、液力传动(滑轮传动)和液压传动。

(3)行走系统设备:由一套运行部件组成,包括底盘、驱动机与驱动轮等。

(4)地面旋转设备:包括转盘、水龙头、大钩等,其作用是进行冲、钻、磨铣、套铣、打捞造扣等。

(5)提升系统设备:包括提升设备(绞车、天车、井架、游车、钢丝绳)与井口起下操作机具(吊卡、液压卡瓦、气动卡瓦、机械手动卡瓦、液压式机械油管上扣器、油管运移机构)。它的作用是起下井下管柱、钻具,更换采油树等。

(6)循环冲洗系统设备:包括钻井泵、地面管线、水龙带、循环池、清水罐等,其作用是完成井下作业,如冲砂、清蜡、洗井、压井、验吊、找漏、加深钻进等。

(7)控制系统设备:包括机械控制设备(手柄、踏板以及杠杆机构等)、气动控制设备(各种开关、调压阀、工作缸等)液动控制设备(同气动)、电控制设备(各种电控开关、变阻器、启动器、电动机)、集中控制器、驾驶室、观察记录表(水温表、机油压力表、柴油压力表、气压表、指重表等)。它的作用是协调各机组的工作。

(8)辅助设备:成套修井机还包括值班房、照明设备、消防设备、配合井下作业的井口工具(安全卡瓦、防喷器、各类连接接头)等辅助设备。

二、井架、天车、游动滑车与大钩

井架(图2-3)是支撑吊升系统的构件,常用的井架可分为固定式井架和车载式井架两种。在常规作业和油水井增产增注措施作业施工中,经常使用固定式井架;在油水井大修作业施工中,经常使用车载式井架。

天车和游动滑车(图2-4)是吊升系统的两个部件,通过钢丝绳的反复上下穿绕把它们连成一个定滑轮、动滑轮组合。最后一道钢丝绳绕过天车轮后,绳头放下缠绕在绞车滚筒上,从天车轮另一端下来的钢丝绳则把它固定在井架下的死绳固定器上。天车、游动滑车、钢丝绳三个部件把绞车、井架以及钻柱、管柱联系起来,以实现起下作业。

大钩是修井机游动系统的主要设备之一。它的作用是悬挂水龙头并通过吊环、吊卡悬挂钻柱、套管柱、油管柱,完成修井作业及其他辅助施工。

游车大钩是游动滑车与大钩组成为一体的整体结构形式,其游车为单轴式,大钩为三钩。

图2-3 石油修井机井架

彩图2-3

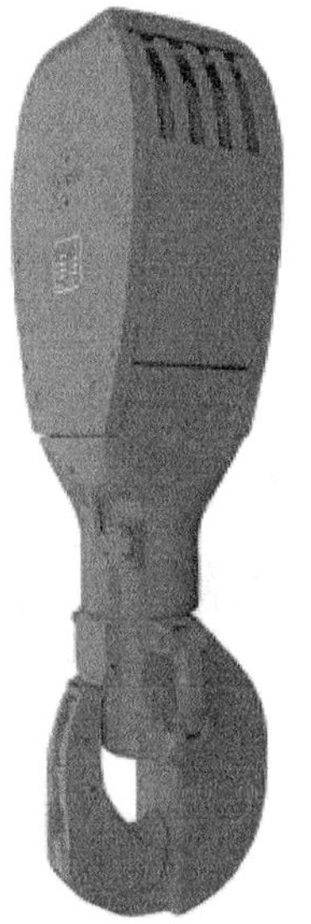

图2-4 游动滑车及大钩

三、水龙头

水龙头是修井机旋转系统的一个部件。它上部悬挂在大钩上,下部通过方钻杆与钻柱相连接,在循环修井工作液的同时悬挂钻柱,并保证钻柱旋转。水龙头示意图见图2-5。

1. 水龙头的作用

(1)有足够的承载能力悬挂钻杆柱;
(2)能保证在有悬挂钻杆柱的情况下正常旋转;
(3)具有高压密封循环修井工作液通道的功能。

2. 水龙头的形式

从承载能力区分,水龙头有轻型和重型两种形式;从有无动力区分,水龙头可分为无动力水龙头和动力水龙头。目前在修井施工中普遍使用的是无动力水龙头。

 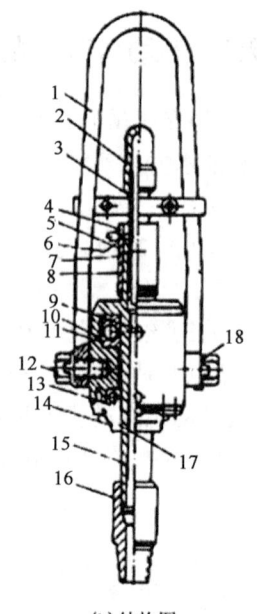

(a)外形图　　　　　　　　　　(b)结构图

图 2-5　水龙头示意图

1—提环;2—鹅颈管;3—冲管;4—密封盒垫环;5—密封圈;6—上密封圈;7—下密封圈;8—密封盒;
9—黄油嘴;10,13—止推轴承;11—主体;12—螺钉;14—底盖;15—中心管;16—接头;
17—挡油圈;18—防松垫

四、转盘

转盘是修井施工中驱动钻具旋转的动力来源(图 2-6)。修井时用修井机发动机为主动力,带动转盘转动,转盘则驱动钻具转动,用来进行钻、磨、铣、套等作业,完成钻水泥塞、侧钻、磨铣鱼顶及倒扣、套铣、切割管柱等施工。

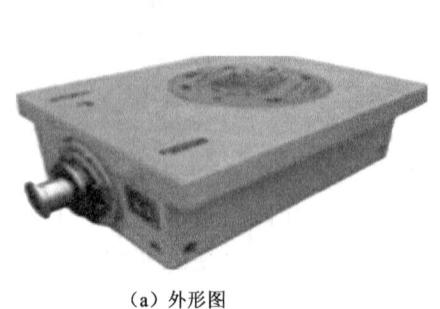 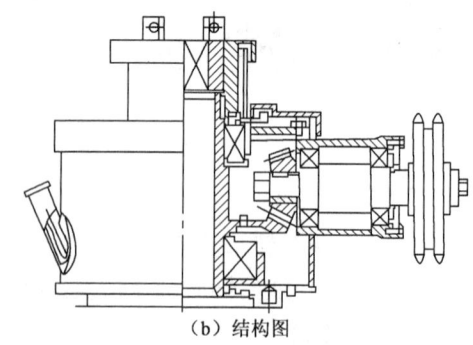

(a)外形图　　　　　　　　　　(b)结构图

图 2-6　转盘示意图

大修中常用的转盘按结构形式可分为船形底座转盘和法兰底座转盘两种形式。

五、钻井泵

在大修和井下作业施工过程中,钻井泵主要用于循环修井工作液,完成冲洗井底、鱼顶等作业施工(图 2-7)。一般有条件的井场可配备电驱动钻井泵,无电源情况下配备柴油机驱动的钻井泵。

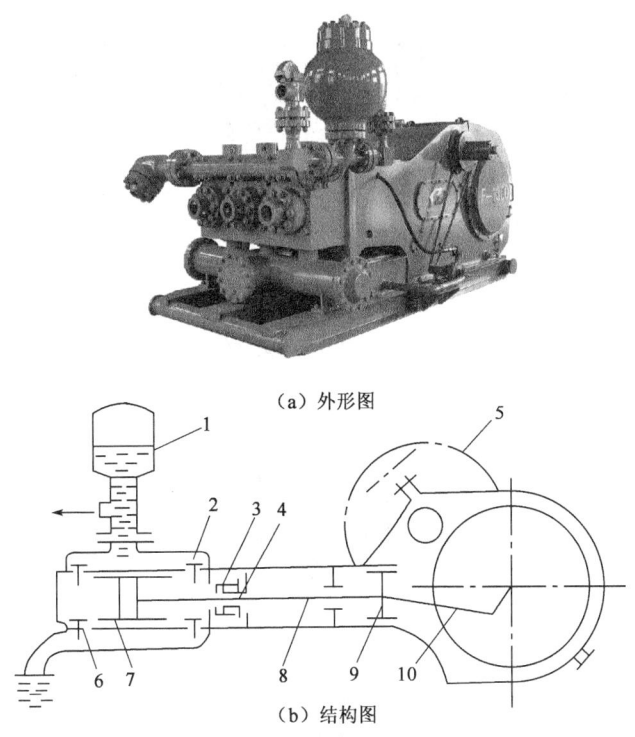

图 2-7 钻井泵示意图
1—空气包;2—排出阀;3—拉杆密封函;4—活塞拉杆;5—皮带轮;6—上水阀;
7—缸套;8—中心拉杆;9—十字头;10—连杆

与修井机配套的钻井泵主要有双缸双作用泵和三缸单作用泵两种形式。

双缸双作用泵有 2 个缸,每个缸中的活塞在一侧吸入的同时,另一侧则排出,活塞往复一次,吸入、排出各 2 次。三缸单作用泵有 3 个缸,3 个活塞,活塞仅一面给流体施加压力,活塞往复一次,泵作一次吸入和排出。

按液缸的布置方式分类,往复泵有卧式、立式之分;按活塞式样分类,有活塞泵、柱塞泵之分。对修井泵来说,大都为卧式活塞泵。

六、钢丝绳、吊环与吊卡

1. 钢丝绳

在井下作业施工中,一般常用 $\phi19mm$(¾in)和 $\phi22mm$(⅞in)钢丝绳作滚筒与游动滑车之间的连接大绳,使修井机滚筒、井架天车、游动滑车及大钩连接成为统一的吊升系统,将滚筒的转动力转变为游动系统的提升力,完成井下作业施工各种工艺管柱的起下和悬吊井口设备等作业。

钢丝绳的另外用途是用于井架绷绳,固定稳定井架,使井架能承载井下作业管柱负荷。钢丝绳在井下作业施工中还用于牵引拖拉起吊设备时的承力、承重绳套。

1) 钢丝绳种类

按钢丝绳的捻制方法来分,石油工程中常用左交互捻和右交互捻两种结构形式的钢丝绳,如图 2-8 所示。在用户无特殊要求时,一般均按左交互捻供货。

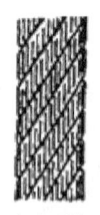 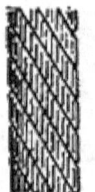  

（a）钢丝绳捻制方式分类图

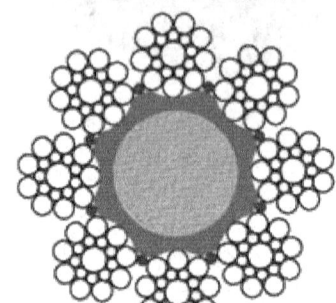

（b）钢丝绳截面结构图

图 2-8　钢丝绳捻制与截面结构示意图

按钢丝绳截面形式分类，可将钢丝绳分成西鲁式（S）、填充式（Fi）、纤维绳芯式（NF）、绳式钢芯式（LWR）4种形式。

修井施工中的吊升用钢丝绳（大绳）一般常选用6股×19丝左交互捻制成的西鲁式纤维绳芯钢丝绳。

2）钢丝绳强度

钢丝绳强度一般分三级，即普通强度（P）、高强度（G）、特高强度（T）。

3）钢丝绳技术要求

（1）钢丝绳必须采用符合《优质碳素钢热轧盘条》（GB/T 4354—2008）要求的盘条钢制造，其化学成分中硫、磷含量不得大于0.035%。

（2）钢丝绳直径的极限偏差不超过（0.80~1.6）mm±0.020mm，（1.6~3.7）mm±0.030mm。

（3）钢丝椭圆度不得超过钢丝公称直径公差的一半。

（4）钢丝表面在全长上应光滑、清洁，不得有裂纹、竹节、斑痕、腐蚀和划痕等缺陷。

（5）钢丝制股后，股应均匀紧密地捻制，不得有股丝松动现象。股中心钢丝的尺寸应能充分有效地支撑外层钢丝，股中钢丝接头应尽量减少，在必须接头时应采用熔焊。接头处钢丝直径不得过大、发脆，接头间距不得小于5m。

（6）股制成绳后，钢丝绳各股应均匀紧密地捻制在绳芯上，但允许股间有均匀的间隙。

（7）在同一条钢丝绳中，各层股的捻距不应有明显差别。

（8）钢丝绳内不得有断裂、折弯、交错、锈蚀的钢丝。

（9）制成的钢丝绳不应松散，在自由展开状态下不应呈波浪状。

（10）钢丝绳及股的捻距不应超过7.25×绳径（D）/10×股径。

（11）石油修井专用6×19S+NF钢丝绳内纤维绳芯用高质量剑麻制造，也可使用聚丙纤维等其他材料制造,不允许使用黄麻。纤维绳芯的直径应均匀一致,并能有效地支撑绳股。

(12)钢丝绳表面应均匀地涂敷专用表面脂,纤维绳芯浸透专用麻芯脂。

(13)钢丝绳在连续使用3~5个月后,绷绳应允许每捻距内断丝少于12丝,提升大绳每捻距内允许断丝少于6丝。

(14)任何用途的钢丝绳不得打结、接结,不应有夹偏等缺陷,原则上用于绷绳的钢丝绳不得插接。

(15)任何用途的钢丝绳均不得有断股现象。

(16)提升大绳使用5~8井次应倒换绳头一次,必要时可由井架死绳端切断1~3m。

(17)当游动滑车放到井口时,大绳在滚筒上的余绳应不少于15圈,活绳头在滚筒上固定牢靠。

(18)大绳死绳头应该用不少于5只配套绳卡固定,卡距为150~200mm。

(19)不得用榔头等重物敲击大绳、绷绳。

(20)长期停用的钢丝绳应盘好、垫起,做好防腐工作。

2. 吊环

吊环是起下钻管柱时连接大钩与吊卡用的专用提升用具。

吊环成对使用,上端分别挂在大钩两侧的耳环上,下端分别套入吊卡两侧的耳孔中,用来悬挂吊卡。

1)吊环的结构

按结构不同,吊环分为单臂吊环和双臂吊环两种形式,如图2-9所示。吊环实物图见图2-10。

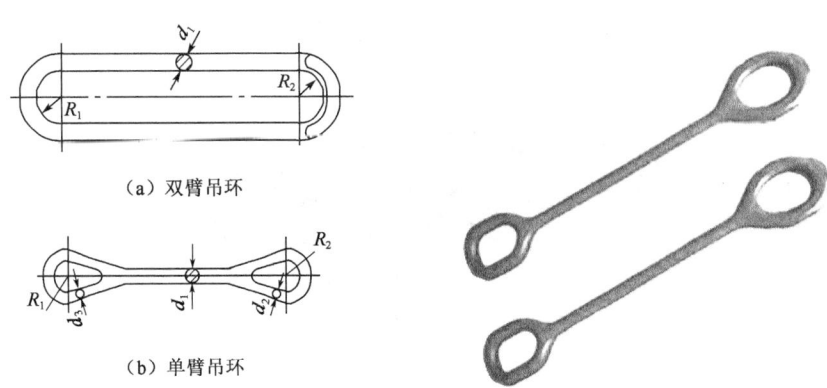

图2-9 吊环示意图　　　　图2-10 吊环实物图

单臂吊环是采用20SiMnMoV等高强度合金钢锻造而成,具有强度高、重量轻、耐磨等特点,因而适用于深井作业。双臂吊环则是用一般合金钢锻造、焊接而成,只适用于一般修井作业。

在双吊卡起下钻、管柱过程中,单臂吊环因重量轻而消耗体力少,但套入吊卡耳孔中较困难;双臂吊环重量较大,但套入吊卡耳孔比较方便。

2)吊环基本参数

吊环基本参数见表2-2。

表2-2 吊环基本参数

	型号	最大载荷,kN	长度,mm
单臂吊环	DH360	360	1200
	DH585	585	1100
	DH675	675	1500
	DH900	900	1500
	DH1350	1350	1800
	DH2250	2250	2700
	DH3150	3150	3300
双臂吊环	SH225	225	600
	SH360	360	1100
	SH585	585	1100
	SH675	675	1500
	SH900	900	1500
	SH1350	1350	1700

3) 吊环使用要求

(1) 吊环应配套使用;

(2) 不得在单吊环情况下使用;

(3) 经常检测吊环直径、长度变化情况,成对的吊环直径长度不相同时不得继续使用;

(4) 应保持吊环清洁,不得用重物击打吊环。

3. 吊卡

吊卡是用来卡住并起吊油管、钻杆、套管等的专用工具。在起下管柱时,用双吊环将吊卡悬吊在游车大钩上,吊卡再将油管、钻杆、套管等卡住,便可进行起下作业。修井施工中常用的吊卡一般有侧开活门式和月牙式两种形式(图2-11)。

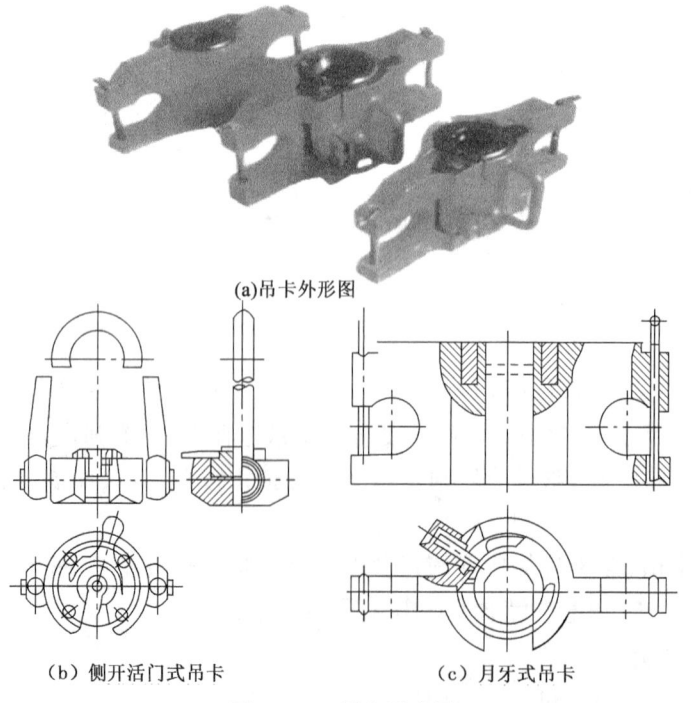

(a) 吊卡外形图

(b) 侧开活门式吊卡　　(c) 月牙式吊卡

图2-11 吊卡示意图

(1)侧开活门式吊卡。该型吊卡较重,适用于对钻杆、套管和油管卡持,使用较广泛,能与双臂吊环配合起下钻杆、油管。

(2)月牙式吊卡(闭锁环式吊卡)。它只适用于小尺寸、中等载荷的油管。

第二节 修井工具

一、检测类工具

1. 内径规

内径规用以检测套管、油管、钻杆以及其他井下管件的内通径是否符合标准,检查它们变形后能通过的最大几何尺寸。

套管内径规如图2-12所示,是一个两端加工有连接螺纹的筒体,上端与钻具相连接,下端备用。

油管或钻杆通径的测量一般都在地面进行,内径规的形状为一长圆柱体。其中一种形式是两端无螺纹,如图2-13(a)所示。可利用刺油管时的蒸汽作动力,将其从被测管件的一端推入,从另一端顶出。另一种形式为两端有抽油杆螺纹,与抽油杆连接用人力进行通径,如图2-13(b)所示。在图2-12和图2-13中,L表示长度,D表示直径。

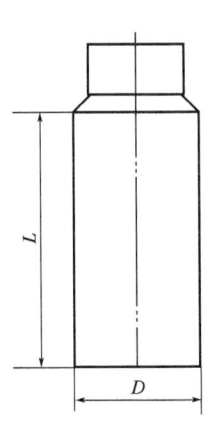

图2-12 套管内径规结构示意图

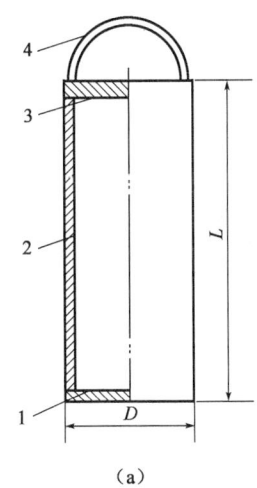

(a)

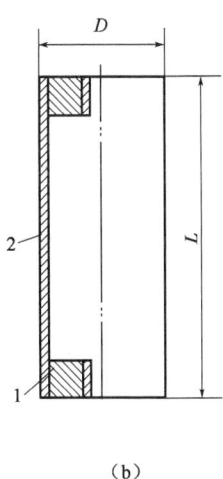

(b)

图2-13 油管、钻杆通径规结构示意图
1—下端螺纹;2—通径规壁;3—上端螺纹;4—接头

2. 铅模

铅模一般用来探测井下落鱼鱼顶状态和套管情况。通过分析铅模同鱼顶接触留下的印记和深度,可反映出鱼顶的位置、形状、状态、套管变形等初步情况,作为定性的依据提供给修井作业施工作为参考。

铅模由接箍、短节、拉筋及铅体等组成,中心有水眼,以便于冲洗鱼顶,如图2-14所示。

（a）实物图

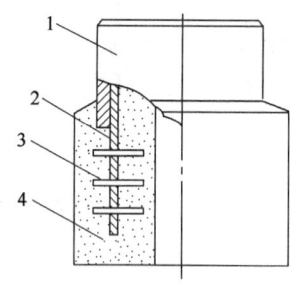
（b）结构示意图

图 2-14　铅模实物图和结构示意图
1—接箍；2—短节；3—拉筋；4—铅体

3. 井径仪

井径仪一般用来探测油管、套管管内腐蚀、穿孔、裂缝、磨损、变形及破裂等缺陷。

井径仪一般由电缆接头、上扶正器、磁定位器、电桥探针、电桥、下扶正器、尾接头等组成，其结构示意图如图 2-15 所示，实物图见图 2-16。

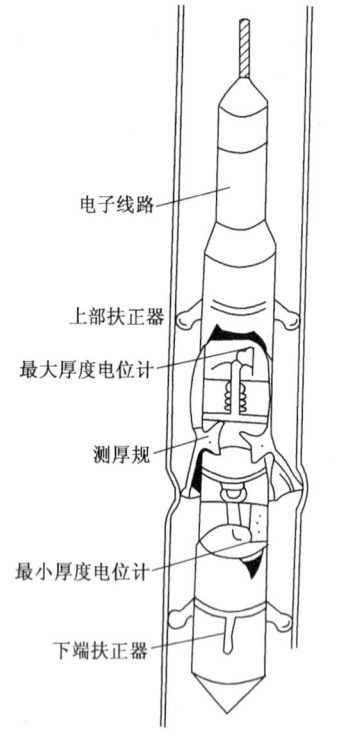

图 2-15　管内井径仪结构示意图

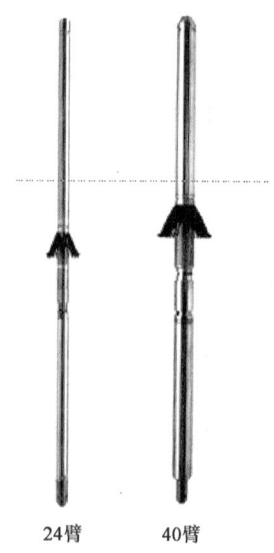

图 2-16　管内井径仪实物图

井径仪的工作原理是通电的电桥随井径仪由井底匀速上提，测管件内径的探针随着管件内径的变化而动作，从而改变了电桥的电阻值，通过电桥的电流也随之变化；将这个信号通过放大器及地面二次仪表，记录出管件内壁的不规则曲线，从曲线中可以分析出管件内壁损坏程度的百分比。

4. 测卡仪

测卡仪是处理钻井或修井被卡管柱的辅助仪器，与爆炸倒扣设备一起使用时可迅速起出卡点以上的管柱,为处理卡钻事故提供方便。测卡仪结构如图2-17所示。

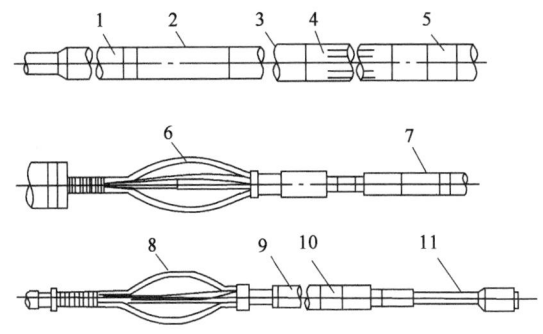

图2-17 测卡仪结构示意图
1—电缆头;2—磁定位仪;2—加重杆;4—滑动接头;5—振荡器;6—上弹簧锚;7—传感器;8—下弹簧锚;
9—底部短节;10—爆炸接头;11—爆炸杆

(1)电缆头:是连接电缆和磁定位仪的部件,中间有导线与仪器连接,形成一闭合回路。

(2)磁定位仪:用来准确地确定卡点以上第一个接箍的位置。与测卡仪配套使用的是小直径磁性定位器,接在电缆头的下面。

(3)加重杆:是保证工具顺利下放的附件。它为空心杆,孔中有导线,可与仪器接通电路。每根加重杆长2m,重约16kg。测卡时通常接3根加重杆,最多不得超过5根。

(4)滑动接头:内腔是密封的,腔内有呈双层螺旋弹簧的导线。内层导线接壳体,外层导线接芯子,将滑动接头与磁定位仪及传感器连接后即接通电路。

(5)振荡器:接在滑动接头下部,中间有导线连通。当传感器线圈电感量发生变化时,振荡器频率也发生变化。

(6)上、下弹簧锚:测卡仪有上、下2个弹簧锚,将传感器两端固定在被测管柱内壁上,其中间距离是1.32m,每个弹簧锚都是由4组弹簧沿圆周均匀分布构成的,每组有2片弹簧,且用螺钉固定在定位座上。用螺旋压簧来调节弹簧的外径,并用中心杆上的定位套与定位环来固定弹簧的外径尺寸。其中心杆内有导线。在不同直径的管内测卡时,应选用不同规格的弹簧支座,保证弹簧外径适当,以确保测试精度。

(7)传感器:感受拉力和扭矩,并对外传出相应的信号。传感器接在2个弹簧锚之间,当钻杆受拉或受扭时,传感器电阻值发生变化。

(8)底部短节:接在弹簧支撑体下面,下接爆炸接头和爆炸杆。

(9)爆炸杆:其上有导爆索。找准卡点后,通400V高压电,低电流引爆倒扣。

测卡仪的工作原理是依据管材在弹性极限范围内受拉或受扭时,应变与应力或力矩成一定线性关系的规律,被卡管柱在卡点以上的部分受力时,应符合上述关系;而卡点以下部分,因为力或力矩传不到而无应变。因此,卡点位于无应变到有应变的显著变化部位。测卡仪能精确测出2.54×10^{-3}mm的应变。地面二次仪表能准确地接受、放大并明显地显示在仪表盘上,从而测出卡点。

测卡仪本体有1in和1⅝in两种规格,更换弹簧卡座,改变弹簧外径尺寸,可以适应从2⅜in至11¾in的各种管内测卡。

5. 胶模

胶模主要用于检验套管孔洞、裂缝等情况,即套管侧面打印。

胶模基本结构如图2-18所示。胶筒面半硫化处理,表面光滑、平整无缺陷,可承受0.5~1.0MPa的压力。

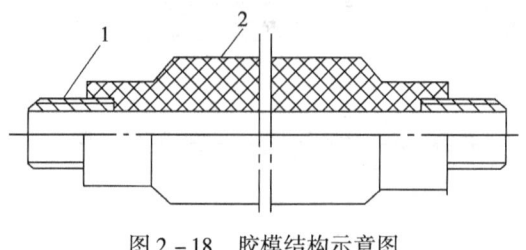

图2-18 胶模结构示意图
1—硫化钢芯;2—橡胶筒

二、打捞类工具

1. 锥类打捞工具

锥类打捞工具是专门从管类落物的内孔或外壁上进行造扣而实现打捞落物的工具,如图2-19所示。其实物图见图2-20。

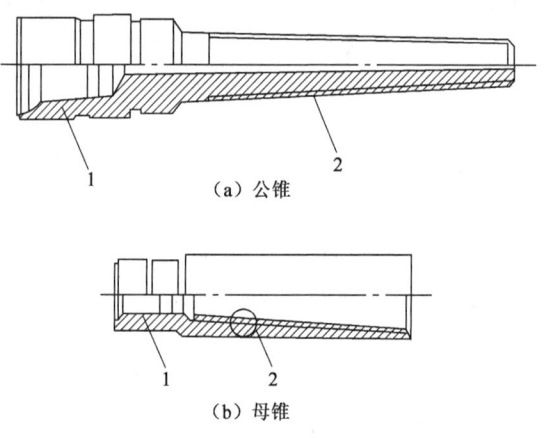

(a) 公锥

(b) 母锥

图2-19 锥类打捞工具基本结构示意图
1—接头;2—打捞造扣螺纹

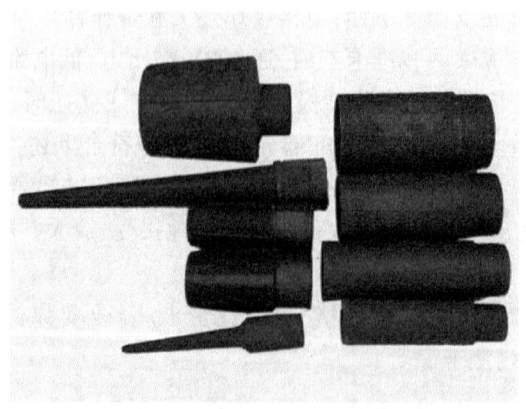

图2-20 锥类打捞工具实物图

2. 滑块捞矛

滑块捞矛是一种在落鱼鱼腔内进行打捞的不可退式工具,主要用于打捞油管、钻杆等带通孔的井下落物,其构造示意图如图2-21所示。其实物图见图2-22。

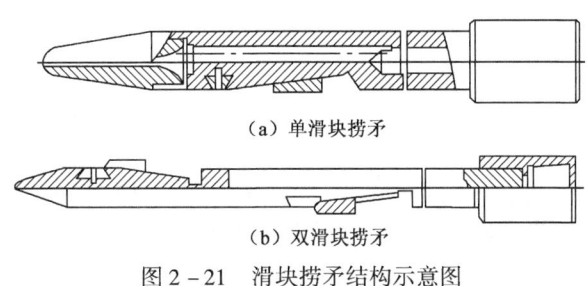

(a)单滑块捞矛

(b)双滑块捞矛

图2-21 滑块捞矛结构示意图

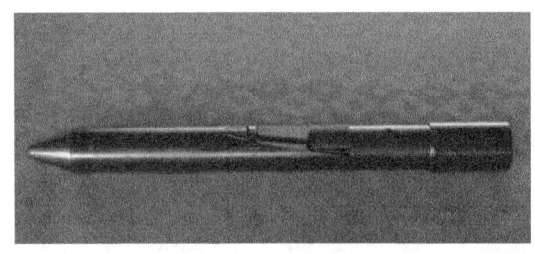

图2-22 滑块捞矛实物图

3. 接箍捞矛

接箍捞矛主要用于接箍的打捞,井内落物中凡带有接箍的管类、杆类落物均可使用,其关键部位是下部的卡瓦牙片。图2-23为接箍捞矛结构示意图。其实物图见图2-24。

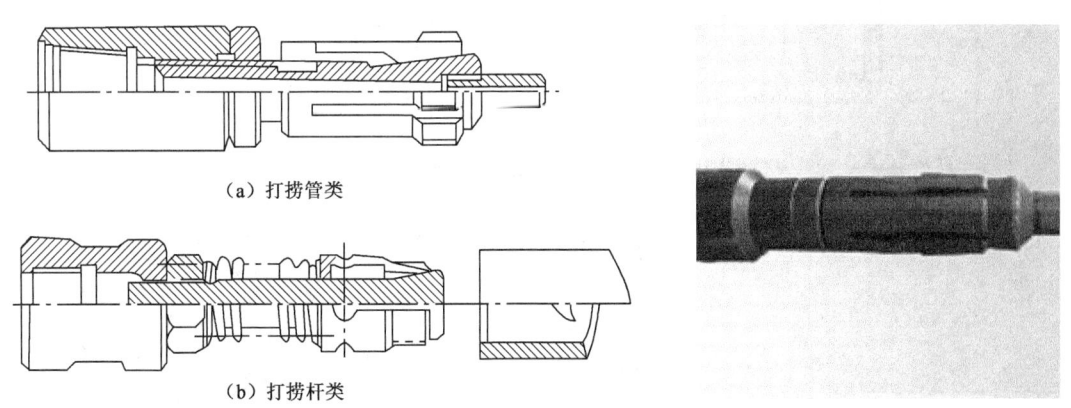

(a)打捞管类

(b)打捞杆类

图2-23 接箍捞矛结构示意图　　图2-24 接箍捞矛实物图

4. 可退式捞矛

可退式捞矛主要用于管类落物的打捞,在管类落物无接箍且卡阻力较大时应限制使用,以免拔劈落物。图2-25为可退式捞矛结构示意图。其实物图见图2-26。

5. 卡瓦打捞筒

卡瓦打捞筒主要用于井内管、杆类落物的打捞,如油管、钻杆本体(不带接箍)。因其不可退性,可以用来倒扣。图2-27为卡瓦打捞筒外形和截面示意图。其实物图见图2-28。

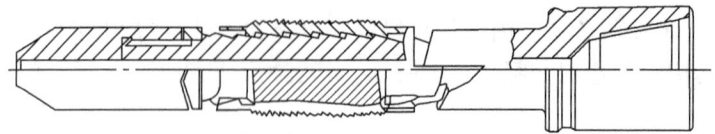

图 2-25　可退式捞矛结构示意图

图 2-26　可退式捞矛实物图

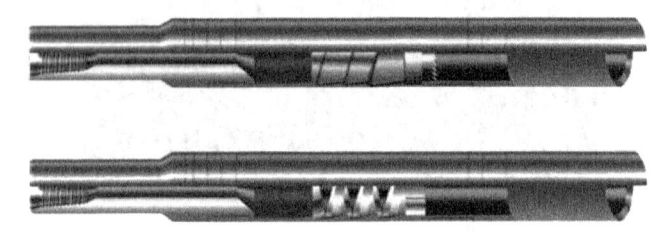

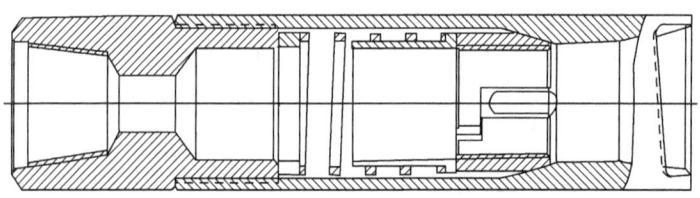

图 2-27　卡瓦打捞筒外形和截面示意图

彩图 2-28

图 2-28　卡瓦打捞筒实物图

6. 可退式捞筒

可退式捞筒主要适用于管、杆类落鱼的外部打捞,是管类落物无接箍状态下的首选工具。图2-29为可退式捞筒结构示意图。

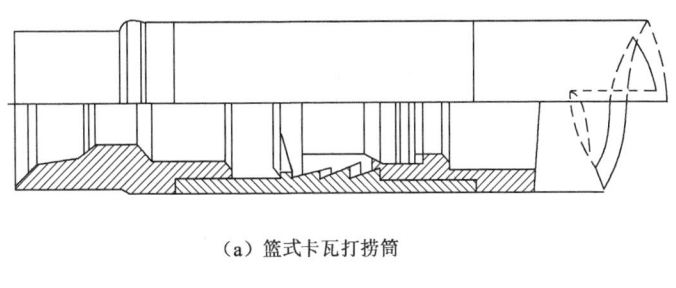

(a)篮式卡瓦打捞筒

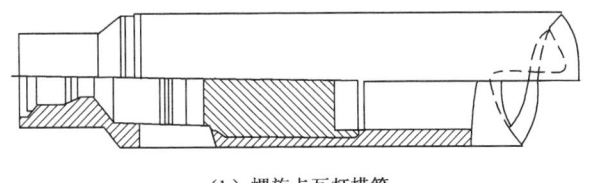

(b)螺旋卡瓦打捞筒

图2-29 可退式捞筒结构示意图

7. 强磁打捞筒

强磁打捞筒主要用于井底磁性小物件如钢球、螺母、钳牙、牙轮、碎块铁等的打捞。图2-30为强磁打捞筒结构示意图。

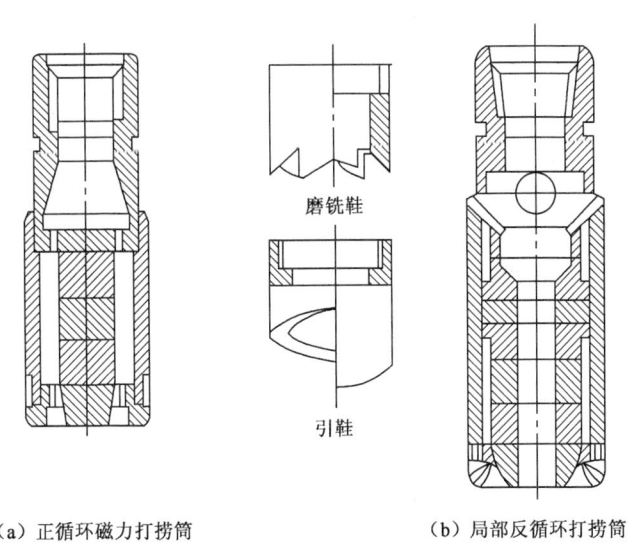

(a)正循环磁力打捞筒　　　　　　(b)局部反循环打捞筒

图2-30 强磁打捞筒结构示意图

8. 测井仪器打捞篮

测井仪器打捞篮主要用于打捞无卡阻的各种测井仪器、加重杆等落物。最大的优点是打捞时可很好地保护仪器不受损坏。图2-31为测井仪器打捞篮结构示意图。其实物图见图2-32。

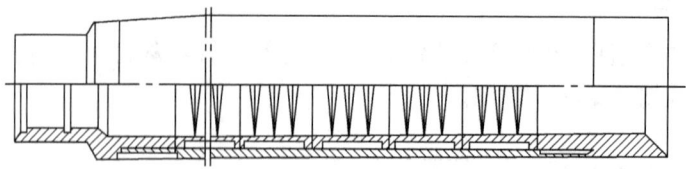

图 2-31 测井仪器打捞篮结构示意图

图 2-32 测井仪器打捞篮实物图

9. 开窗捞筒与一把抓

开窗捞筒用于打捞带接箍的无卡阻油管、钻杆等落物。一把抓用于打捞井底上的小物件。图 2-33 为开窗捞筒与一把抓示意图。其实物图分别见图 2-34、图 2-35。

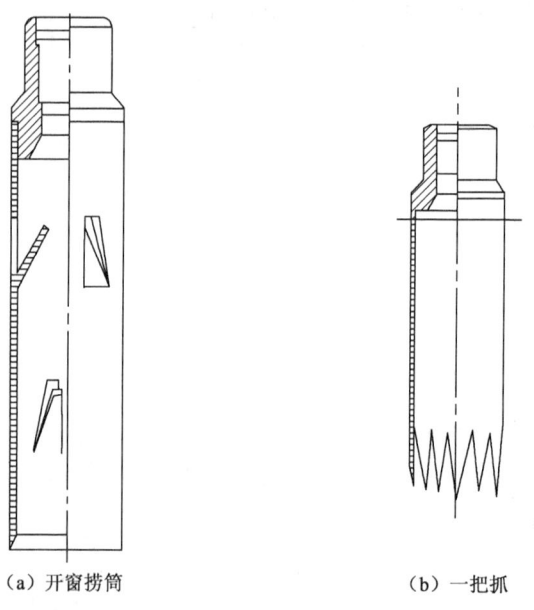

(a) 开窗捞筒　　　　　(b) 一把抓

图 2-33 开窗捞筒与一把抓结构示意图

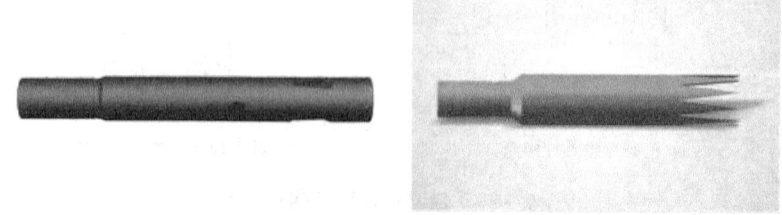

图 2-34 开窗捞筒实物图　　　图 2-35 一把抓实物图

10. 钩类打捞工具

钩类打捞工具主要用于井内脱落的电缆、落入井内的钢丝绳及录井钢丝等的打捞,是打捞绳类、缆类落物的理想工具。图 2-36 为钩类打捞工具示意图。

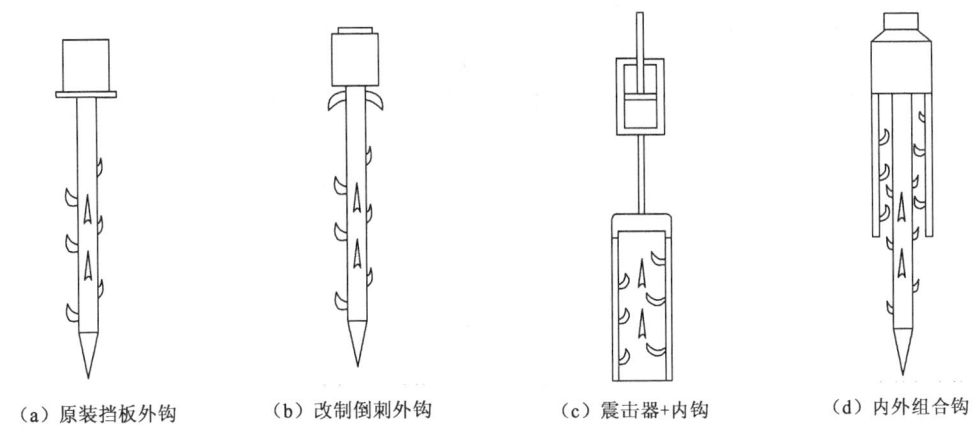

(a) 原装挡板外钩　　(b) 改制倒刺外钩　　(c) 震击器+内钩　　(d) 内外组合钩

图 2-36　钩类打捞工具示意图

三、切割类工具

切割类工具是 20 世纪 80 年代从美国引进的成熟修井工具之一,是处理井下被卡管柱、修井取换套管施工中套管切割等工序中的重要工具。它包括机械割刀、化学喷射切割、聚能(爆炸)切割三大类,其中机械割刀又包括内割刀、外割刀、水力式外割刀 3 种。通过大量的现场使用,证明机械割刀优点较多,易操作掌握,使用安全,无卡阻而退不出工具的现象,是目前广泛使用的切割工具。机械内割刀实体图和结构示意图见图 2-37。

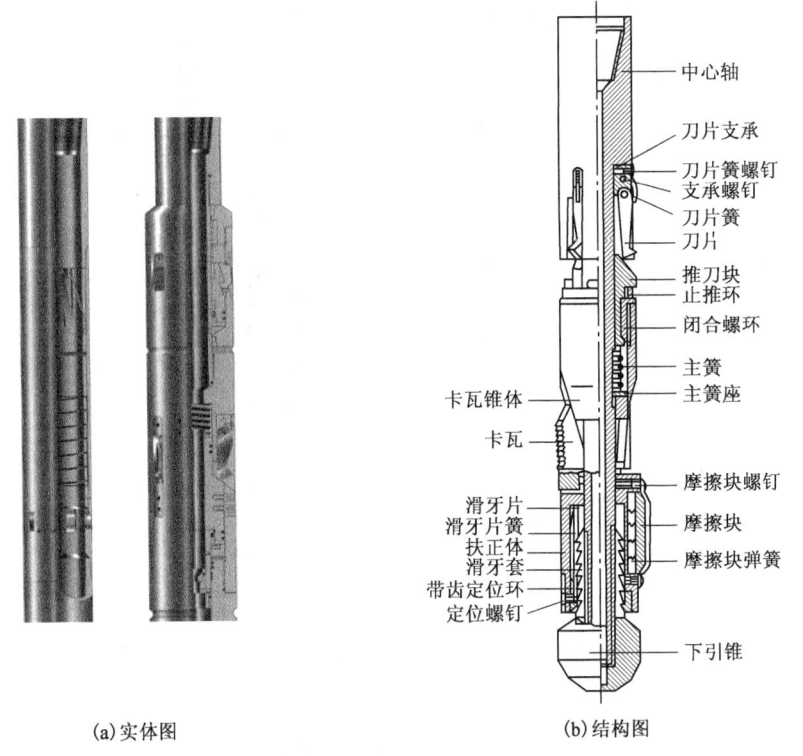

(a)实体图　　(b)结构图

图 2-37　机械内割刀实体图和结构示意图

机械内割刀由上接头、心轴、切割机构、限位机构、锚定机构、导向头等部件组成。切割机构中有 3 个刀片及刀枕,锚定机构中有 3 个卡瓦牙及滑牙套、弹簧等,起锚定工具作用。

机械内割刀与钻杆或油管连接入井,下至设计深度后,正转管柱,因工具下端的锚定机构中摩擦块紧贴套管,有一定的摩擦力。转动管栓,滑牙块与滑牙套相对运动,推动卡瓦牙上行胀开,咬住套管完成坐卡锚定。继续旋转管柱并下放管柱,刀片沿刀枕下行,刀片前端开始切割管柱,随着不断的下放、旋转切割,刀片切割深度不断增加,直至完成切割。上提管柱,心轴上行,带动刀枕、刀片回收,同时锚定卡瓦收回,即可起出切割管柱。

水力式外割刀由上接头、筒体、进钻机构、切割机构、限位机构、引鞋等部件组成。进钻机构中有活塞与进刀套,起进刀作用;切割机构中有刀片、刀鞘等,起切割作用。

四、倒扣类工具

1. 倒扣器

倒扣类工具是钻井作业、修井作业中处理遇卡钻柱、管柱而采取倒扣时常用的专用工具。倒扣器及其配套工具可在钻井队、修井队无反扣(左旋)钻杆情况下使用;使用正扣(右旋)钻杆仍可实现倒扣,既可节省时间,又可避免卡点以上钻柱、管柱处理问题以及重上钻杆钻具、工具的工时浪费。

如图2-38所示,倒扣器是一种立式变向变速传动装置,主要作用是将钻杆的右旋转动变成遇卡管柱的左旋运动,使连接螺纹松扣。

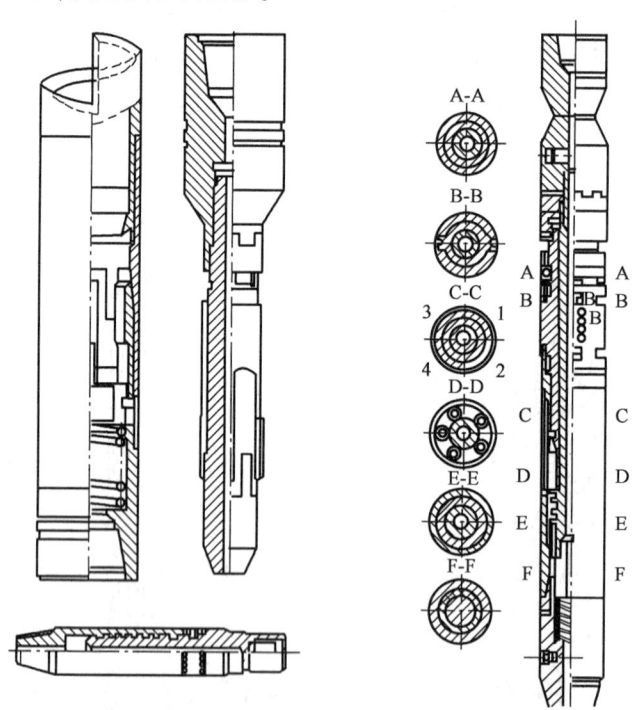

图2-38 倒扣器及其配套工具结构示意图
1—接头总成;2—锚定机构;3—换向机构;4—锁定机构

2. 爆炸松扣工具

爆炸松扣工具的最大优点是在井内遇卡管柱经最大允许提拉负荷仍不能解卡而需倒扣处理时,不需经多次反复上反扣钻具倒扣,而只需测准卡点后下入爆炸松扣工具,即可一次性收回卡点以上管柱。使用该工具施工时间短、成功率高、成本低、操作简单、易于掌握,其结构示意图如图2-39所示。

图 2-39　爆炸松扣工具结构示意图

1—电缆；2—提环；3—电缆头；4—磁定位仪；5—加重杆；6—接线盒；7—雷管；
8—爆炸杆；9—导爆索；10—导向头

遇卡管柱经测准卡点后，用电缆连接工具入井至预定接箍深度无误后，引爆雷管、导爆索，爆炸后产生的高速压力波使螺纹牙间的摩擦和自锁性瞬间消失或者大量减弱，迫使接箍处的两连接螺纹在预先施加的反扭矩及上提力作用下松扣，爆炸后即可旋转管柱，继续完成倒扣。爆炸松扣产生的关键是测准卡点，并将卡点以上管柱螺纹旋紧，然后施以预提力和反向扭矩，爆炸才能达到预想效果。

五、套管刮削类工具

套管刮削类工具用于刮削套管内壁，清除死油死蜡、射孔孔眼毛刺，封堵作业残留的水泥、堵剂等，对保证下井工具的顺利起下，实施下部修井施工工序有着重要作用。

刮削类工具通常用喇叭口形直径较大的钢管制成，对于一般性通井刮蜡能起到一定作用，但对在管壁上黏附的死油、孔眼毛刺等，普通型刮蜡器则显然无能为力。引进的系列修井工具——胶筒式套管刮削器和弹簧式套管刮削器对刮削套管管壁甚至刮削较硬的堵剂等显示出特有的优越性。

如图 2-40、图 2-41 所示，胶筒式套管刮削器由上接头（外螺纹）、冲管、胶筒、刀片壳体、O形密封圈、下接头（内螺纹）等零部件组成。而弹簧式套管刮削器由上接头（内螺纹）、壳体、固定块、内六角螺钉、刀板、弹簧刀板座下接头等零部件组成。

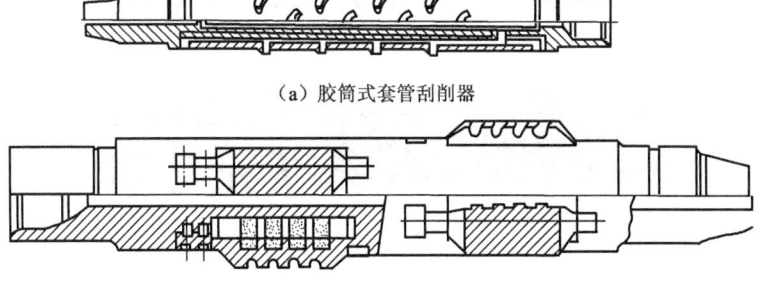

（a）胶筒式套管刮削器

（b）弹簧式套管刮削器

图 2-40　套管刮削器结构示意图

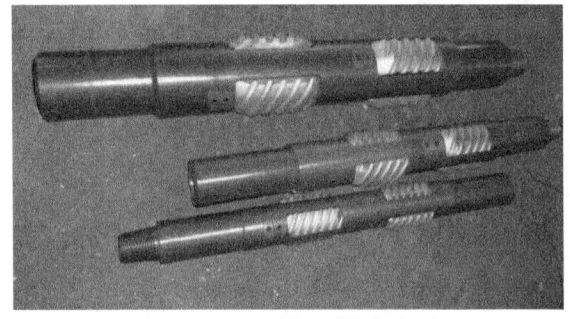

图 2-41　套管刮削器实物图

两种刮削器装配后,刀片、刀板自由伸出外径比所刮削套管内径大 2～5mm 左右。入井时,刀片向内收拢压缩胶筒或弹簧筒体(包括刀片、刀板),最大外径则小于套管内径,可以顺利入井。入井后,在胶筒弹簧的弹力作用下,刀片、刀板紧贴套管内壁下行,因刀片、刀板外前端为凸起并带有一定前倾角,对套管内壁进行刮削。刀片刀板在 360°方向上互为 120°,3 组刀片、刀板圆周与变管内壁圆周相同,故可均匀地进行刮削。同时,胶筒式套管刮削器在液压冲洗下,弹力有所增加。弹簧式套管刮削器的弹簧弹力足够将刀板推出并保持很大弹力,因此,每一次往复动作,都对套管内壁切刮一次,每次都在增大刮削直径,这样往复数次,即可达到目的。

六、套管补接类工具

随着修井工艺的不断发展,严重套损井的修复技术已日渐成熟,油水井取换套管就是彻底修复严重套损井的有效措施之一。取出旧套管后,下入新套管,新旧套管之间往往采取对扣连接、造扣连接和补接器连接。对扣、造扣连接往往用于因不能实施固井或不需固井的浅部取换套管施工。对于深部取换套管,要使用补接器作为新旧套管间的连接工具。这种工具既能连接好新旧套管,又可以固井,密封性能好,能承受较高的压力,目前已普遍应用。

如图 2-42、图 2-43、图 2-44 所示,补接器主要由上接头、壳体、卡瓦座、螺旋卡瓦、水泥通道、铅封、引鞋等零部件组成。

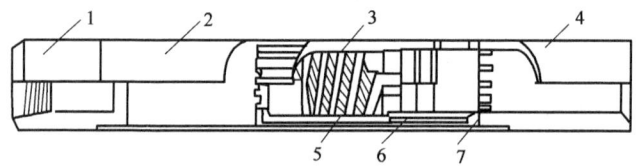

图 2-42　铅封注水泥式套管补接器结构示意图
1—上接头;2—壳体;3—卡瓦座;4—引鞋;5—卡瓦;6—水泥通道;7—铅环

图 2-43　套管补接器外形实物图

图 2-44　套管补接器内部实物图

螺旋卡瓦为扁柱形弹簧式,内部为多头左旋螺纹,处理硬度达 HRC55~60,便于抓捞套管,卡瓦与控制环一同插在卡瓦座的槽内,可上、下自由窜动,但不能转动。

铅封起密封套管与外筒的环形空间的作用,铅封总成由中心环、铅封和末端封环组成,端面铅封装在引鞋上端面的沟槽内,引鞋上部有 6 个凸台,凸台最小内径大于被补接套管外径,起引入套管与扶正作用,引鞋与外筒为螺纹连接。

七、套管补贴类工具

套管补贴动画演示见视频1。

波纹管水力机械式套管补贴器(以下简称补贴器)适用于油水井套管的腐蚀孔洞、裂缝、破裂、螺纹失效漏失等类型的套管内壁补贴修复,对于误射孔的补救,调整补贴射孔孔眼尤为适用。图 2-45、图 2-46 为套管补贴工具的实物图和截面示意图。

图 2-45 套管补贴工具实物图

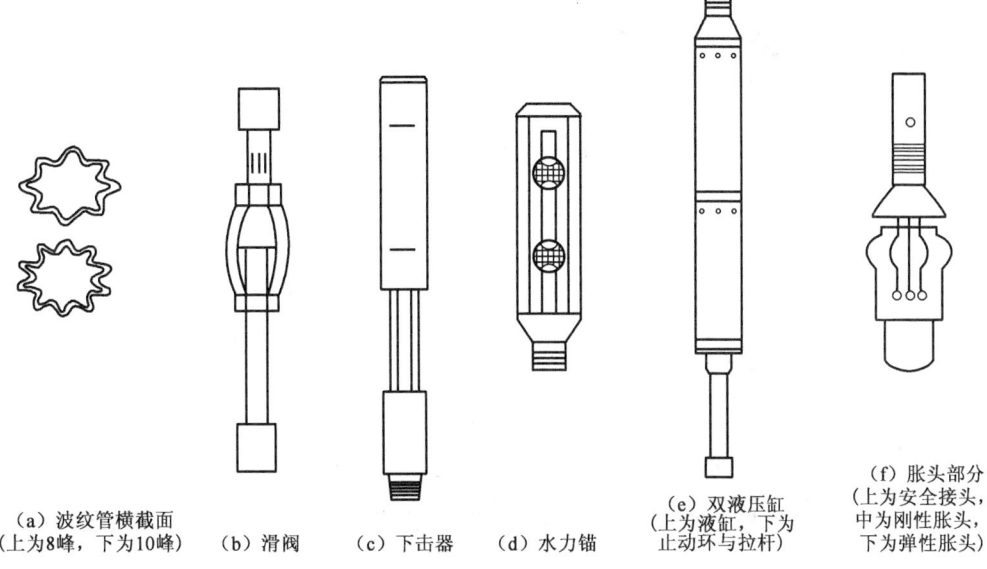

图 2-46 套管补贴工具截面示意图

补贴工具系列经组装后与波纹管一同入井至预计深度,在液压作用下,双液缸将液体的压力变成机械上提力,带动液缸下部的活塞拉杆上行,而活塞拉杆下部接有刚性、弹性胀头一同上行。刚性胀头上部呈锥状,初步将波纹管胀开,为弹性胀头进入波纹管创造一定条件;弹性胀头呈圆球状,进一步将波纹管胀圆胀大,紧紧地贴补在套管内壁上。

八、铣、磨、钻类工具

铣、磨、钻类工具是修井施工中应用较广泛的常规工具,可用于处理较复杂的卡钻事故井、严重套损井的修整鱼头、铣磨环空等,并可单独作为铣、磨、钻工艺工具进行施工,如钻铣水泥塞、铣磨桥塞等。图 2-47 为铣鞋外形和结构示意图,图 2-48 为磨鞋外形和结构示意图。

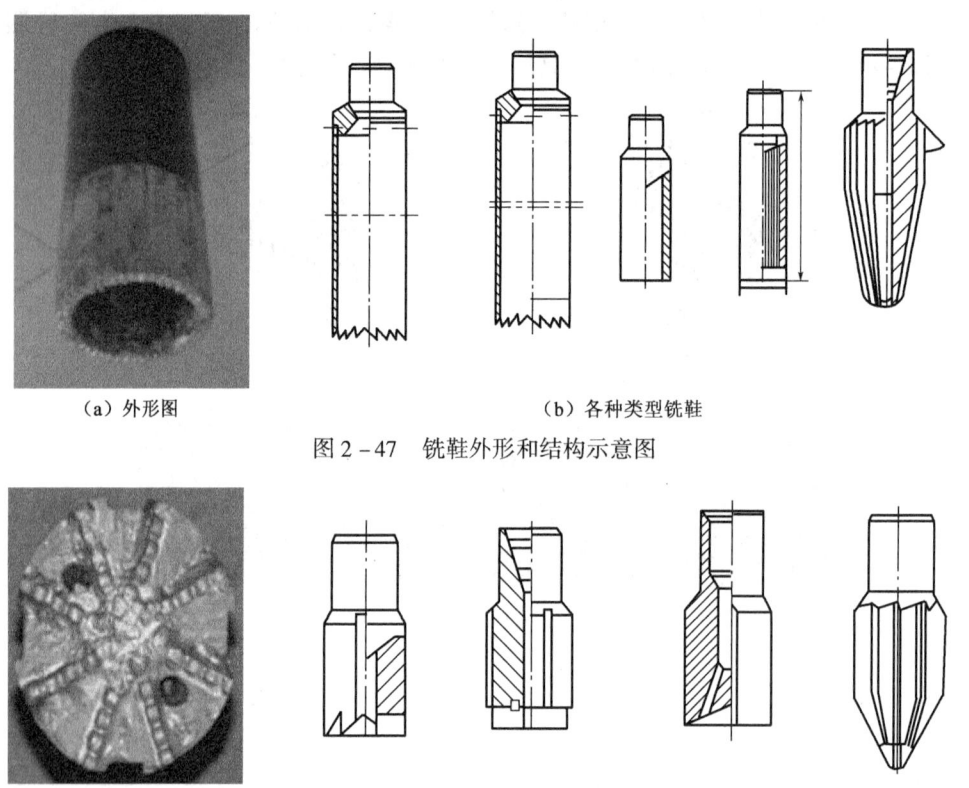

(a) 外形图　　　　　　(b) 各种类型铣鞋

图 2-47　铣鞋外形和结构示意图

(a) 外形图　　　　　　(b) 各种类型磨鞋

图 2-48　磨鞋外形和结构示意图

九、震击类工具

震击类工具通常与打捞工具配套使用,用于抓获落鱼后活动管柱解卡。在采取最大上提力条件下仍不能解卡时,用震击器给被卡阻管柱施以向上或向下的震击冲力。图 2-49 是开式下击器结构示意图。图 2-50 为开式下击器实物图。

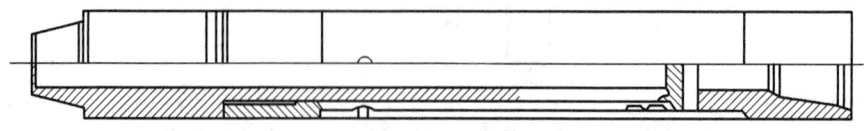

图 2-49　开式下击器结构示意图

图 2-50 开式下击器实物图

十、整形类工具

套管变形是油田开发中后期最常见的一种套损形式。机械式整形工具是修井工艺中使用频繁的常规工具之一。

目前机械式整形工具可分为冲胀类和碾压挤胀类两大类工具。冲胀类又分为冲击胀管类和旋转冲击类。图 2-51 为胀管器的外形图及结构示意图。碾压挤胀类中又分偏心辊子碾压类和锥辊挤胀类两种。图 2-52、图 2-53 分别为偏心辊子整形器示意图和旋转震击式整形器示意图。

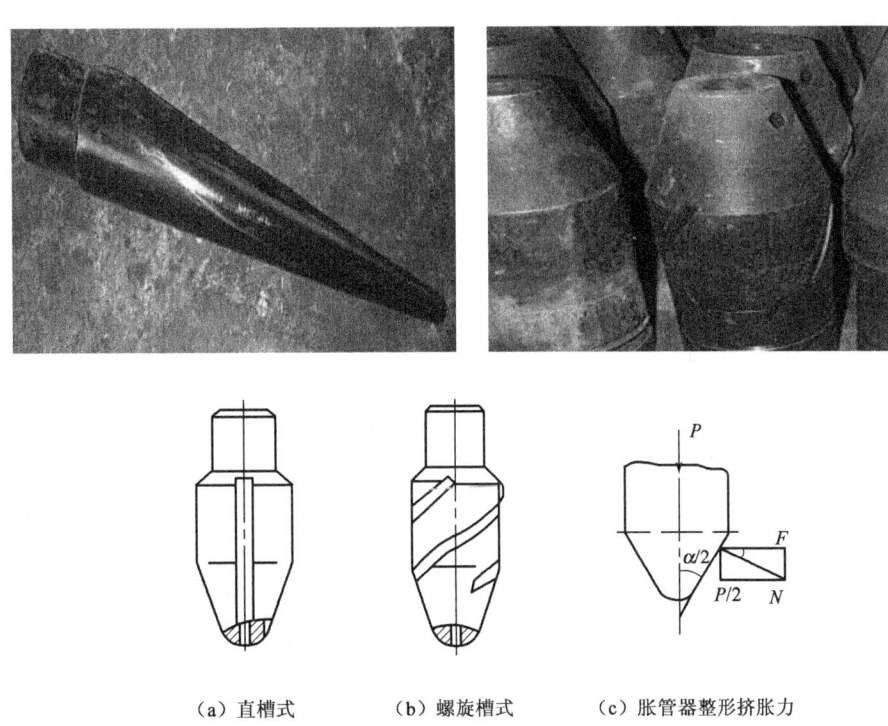

（a）直槽式　　（b）螺旋槽式　　（c）胀管器整形挤胀力

图 2-51 胀管器外形图和结构示意图

P—向下冲击力；F—侧向分力（挤胀力）；N—垂直分力；α—胀管器前端锥角

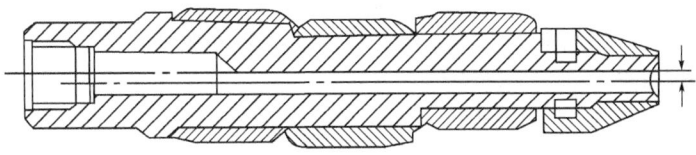

图 2-52 偏心辊子整形器结构示意图

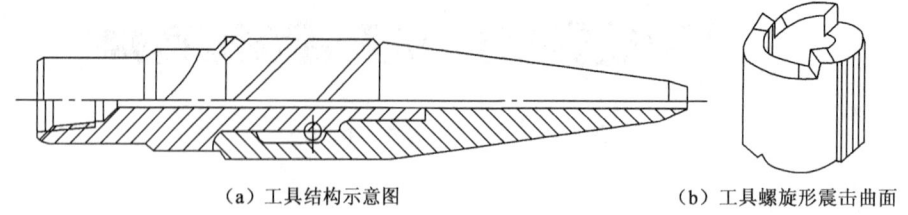

(a)工具结构示意图　　　　(b)工具螺旋形震击曲面

图 2-53　旋转震击式整形器结构示意图

十一、侧钻类工具

套管内侧钻是针对套管损坏部位较深并且损坏情况严重,用整形加固、补贴等常规工艺无法实施修复,而用取换套管工艺修复则周期较长、费用较高的情况下,研究和发展了套管内侧钻工艺技术,它能有效地修复严重错断井、变形井等损坏井。

1.斜向器

斜向器(图 2-54、图 2-55)一般也称定向器、导斜器。它是侧钻工艺中使用的重要工具之一,起套管开窗的定向导斜作用,将开窗铣锥引导向一个方向并按一定角度钻铣开套管,完成窗口的修整以及引导以后的裸眼钻进、套管下入等。可以说没有斜向器,则不可能开窗侧钻。

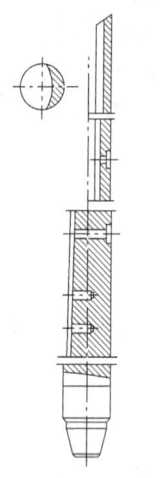
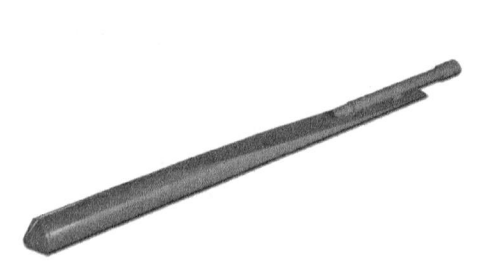

图 2-54　斜向器结构示意图　　　　图 2-55　斜向器实物图

2.送斜器

送斜器(图 2-56)的结构大体同斜向器一样,主要部分是斜度相同的圆柱体,斜面与斜向器斜面相接(贴),用销钉相互锚定。在斜向器下到深度位置后,注入水泥浆,待水泥初凝后,顿断销钉,起出送斜器。如斜向器与送斜器无注入水泥浆的循环通道,可在下到位置后先顿断销钉,然后注水泥浆固定。

3.开窗铣锥

开窗铣锥不同于修套管、修磨鱼头用的铣锥,基本结构形式也不相同。开窗铣锥工作面是侧面的硬质合金刀刃,本体截面几何形状也与普通铣锥大不相同。

开窗铣锥实物图见图 2-57。常用的开窗铣锥分复式和单式两种形式,其基本结构形式分别见图 2-58 和图 2-59。对铣锥的基本技术要求是:开窗快,耐磨性好,几何形态利于切削,切削时负荷小,不易卡钻,便于排返岩屑。其最大工作直径应与裸眼钻进时所用钻头直径相同或稍大 1~2mm,以便开窗后钻头不再扩眼。

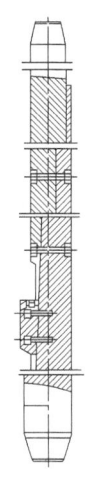

图 2-56 送斜器结构示意图

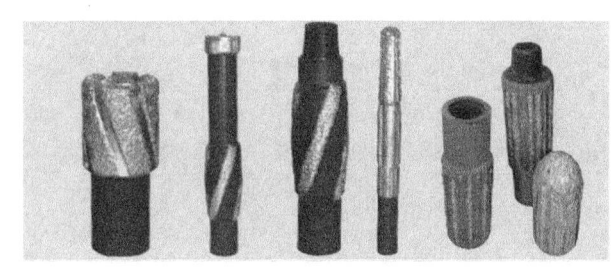

图 2-57 开窗铣锥实物图

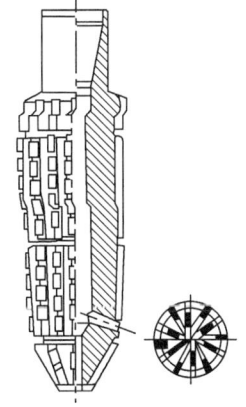

图 2-58 复式铣锥结构示意图

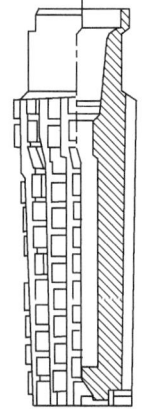

图 2-59 单式铣锥结构示意图

复习思考题

1. 自走式修井机的组成包括哪几部分?
2. 水龙头的作用是什么?
3. 钻井泵可按什么方式分类?按不同的方式可分为什么泵?
4. 钢丝绳在连续使用 3~5 个月后,绷绳应允许每捻距内断丝少于多少丝?提升大绳每捻距内允许断丝少于多少丝?
5. 提升大绳使用多少口井次应倒换绳头一次?必要时可由井架死绳端切断多少?
6. 单臂吊环与双臂吊环的特点和区别是什么?
7. 监测类修井工具都包括哪些?

8. 井下打捞工具都包括哪几类?
9. 切割类工具的作用是什么?
10. 倒扣类工具的作用是什么?都包括哪几类?
11. 套管刮削类工具的作用是什么?
12. 波纹管水力机械式套管补贴器的用途是什么?
13. 震击器的作用是什么?
14. 一般在什么情况下采用侧钻技术?

第三章
井下作业概述

第一节 作业前的准备

井下作业包括修井和大修。施工准备是修井施工中的重要组成部分,它包括搬迁就位、设备安装就位、立井架、穿大绳、油管与钻杆摆放就位、循环管线连接、钻台安装、工作液容器摆放等。施工准备工作要根据工艺施工特点和要求以及井场情况等综合考虑,由工程技术人员绘制地面流程图。根据施工要求,针对地面实际,统筹考虑。准备工作中还常常隐藏些安全隐患,将直接影响施工安全。因此必须做好施工准备,以保证施工的安全、顺利进行。

一、立井架

实际井场见图 3-1。

彩图 3-1

图 3-1 实际井场

井架的主要作用是支承天车悬吊游动系统(也称吊升系统);传递修井机滚筒动力并变成游动系统的提升力和下放力,完成修井工艺要求。

修井中常用井架分为固定式井架(指靠其他设备起放的 BJ 型井架)和修井机自背式活动井架两大类型。修井机自背式活动井架有其自己独特的起放标准,本节只重点介绍固定式井架的起立要求。

修井中 BJ 型井架常常与履带式通井机、轮式通井机配套使用,井架由施工准备的专业单位承担运送、起立。一般对井架的要求从井架自身状况、基础、锚桩、绷绳、起立倾角等方面进行检查。

1. 井架

井架在修井施工中发挥着重大作用,是吊升系统设备中的关键。架身质量、安全性能、起立技术要求等都非常关键,直接关系到安全生产和修井工艺的实施。

井架的质量、技术、安全要求如下:

(1)井架上的连接螺栓和螺母应齐全、紧固、完好,架身无断筋、变形等缺陷。

(2)天车应符合产品标准规定,轮轴转动灵活、无损伤。天车润滑部位每24h加注润滑脂一次。

(3)井架护栏、梯子应齐全完好。

(4)井架立稳后,天车中心垂线和井口中心和游动滑车中心垂线三点成一条直线,井架与井口中心距离为1.274m,左右偏差小于50mm。

(5)井架与二层台上不得摆放和悬挂与作业无关的物品。

(6)井架应保持清洁,刷灰色防护漆。

2. 井架基础

井架基础位于大地与井架底座之间,起支撑井架的作用。目前常用钢管式活动井架基础(简称活动底座基础)。钢筋混凝土式基础已很少使用。

(1)活动底座基础的加工制造应符合产品标准规定或图纸设计要求。

(2)基础上的地脚螺栓、地脚销子、大腿销子垫片等应齐全完好。

(3)活动底座基础底面应坚固、平整。

(4)大地摆放底部应挖下0.5m,用工程砂、河流石、泥土混合垫平夯实,用水平尺找平后方可安放底座基础。冬季施工可用水和土冻实找平。

3. 井架地锚

井架地锚是稳定井架的重要部件,通过绷绳将井架和地锚连为一个系统。过去常用钢筋混凝土制成井架地锚并埋入地下1.8m。目前常用钢管制成锚桩打入地下1.8m,然后用钢丝绳套与绷绳缠绕连接。

(1)地锚桩应用钢管制成,直径应不小于89m,长度应小于2m;螺旋锚片直径应不小于250mm;长度应不小于400mm,地锚桩打入地下部分应不少于1.8m。

(2)钢筋混凝土地锚的外形尺寸(长×宽×高)应采用1000mm×1000mm×1300mm。

(3)地锚桩绳套应用螺母紧固。地锚桩地面桩头部分应钻对穿通孔,直径为30~40mm,然后用钢丝绳穿成绳套并用不少于3只绳卡紧固。钢丝绳直径应不小于16mm。

(4)在虚土、泥水中用地锚桩应打入地下至少2.5m,或改用地锚埋置时,埋置深度应增至2.5m以下。无论用桩或锚,都必须采取相应的安全技术措施、使桩锚不被拔出。

4. 井架绷绳

绷绳通过地锚桩与井架上的绷绳耳环连接将井架稳固,同时通过调节绷绳来调控井架的前后、左右倾斜角度,使井架天车、游动滑车、井口三点成一线,以此保证在下管柱时油管的上扣、卸扣顺利进行。

(1)井架绷绳用钢丝绳应符合《石油天然气工业用钢丝绳》(SY/T 5170—2013)的规定,直径应不小于16mm,整根长度内无打结、锈蚀、夹扁等缺陷,每捻距内断丝应少于12丝,无断股现象。

(2)绷绳受力应均匀、固定牢靠,在井架不受外力时,各道绷绳均应绷紧,其不直度不大于10mm。

(3)正常作业时应设置6道绷绳,前2道后4道。特殊作业、修井作业时应设置8~10道绷绳,前6道后4道或前4道后6道。

(4)对绷绳用花篮螺栓或紧绳器调节松紧度。

(5)每道绷绳不少于3只绳卡,绳卡与钢丝绳应相应配套,绳卡间距为150~200mm,卡口相互错开,螺母应紧牢固。

二、穿大绳

大绳是作业、修井、钻井等工程中对提升用钢丝绳的通用叫法。而穿大绳是指用钢丝绳将游动滑车与井架天车(定滑轮组)连为一个可升降的游动滑轮组,这项工作是在井架立稳并调校后进行的,具体方法如下:

(1)将大绳一端从修井机滚筒上拽下,用棕绳一端与大绳一端系牢,然后将棕绳另一端通过井架天车一个滑轮拉下,并将棕绳通过游动滑车一个滑轮后,再将棕绳通过天车第二个滑轮拉下,通过游动滑车第二个滑轮。然后将棕绳再通过天车第三个滑轮拉下,通过游动滑车第三个滑轮;将棕绳再通过天车第四个滑轮并由井架后背拉下。在拉力表提挂柱上与拉力表提环穿绕后,用不少于6只绳卡卡牢。绳卡间距为150~200mm,卡口错开。拉力表提环与大绳穿绕处应加与大绳直径相同的保险绳套。保险绳套与井架大腿穿绕,用4只绳卡卡牢。

(2)提升大绳是作业、修井、钻井工程中常用的重要用具,其质量、性能的优劣直接关系到人员、设备、井的安全,因此大绳作为安全生产第一要害必须高度重视,应经常检查。提升钢丝绳必须符合SY/T 5170—2013中的规定,直径应不小于19mm,无打扭、锈蚀、夹偏等缺陷,无断股现象,每捻距内断丝应少于6丝。大绳余绳长度(游车放至地面)在滚筒上缠绕应不少于15圈,活绳头在滚筒上固定牢靠。

三、油管与钻杆摆放就位

油管、钻杆是修井施工中完成工艺要求的直接钻柱组成单元,因此对油管、钻杆应格外认真对待。

1. 搭管桥

管桥应至少搭摆成3行,行间距离在3~4m之间,单行管桥长不少于18m,第一行距井口为3~5m。

管桥支座与地面接触面积应尽量大,应平整、稳固,管桥应保持水平,并应高于地面30cm以上。

2. 油管、钻杆上桥

将油管、钻杆摆上管桥,排列整齐,接箍方向朝向井口,每10根有1个抽头。

3. 清洗油管、钻杆

将油管、钻杆清洗干净,螺纹处必须干净无损伤。上桥油管、钻杆应完好通畅。

4. 丈量、记录

丈量并记录油管、钻杆长度,钻杆排号并在接箍上标清序号。

四、循环管线连接

地面至井口循环管线一般通称循环流程,包括井口至钻井泵、井口至工作液池、井口至土油池等。

（1）井口至钻井泵应用硬管线连接，泵出口处加装控制阀门，阀门与泵之间加装标准压力表，至井口2～3m处也应装标准压力表，至井口入口处加装控制阀门。

（2）井口至工作液池（反循环）之间应用硬管线连接，至储液池的出口处装120°弯头，井口出口处装控制阀门。

（3）井口至土油池必须用硬管线连接，至土油池的出口需装120°弯头，井口出口之后加装控制阀门。

五、安装钻台

钻台一般随修井机立井架后由修井机控制安装，履带式通井机另配钻台。修井机就位，穿好大绳后可进行安装钻台。

（1）钻台安装应平、正、牢固，底座应与井架基础连为一体，必要时四角用绷绳固定。

（2）钻台上转盘中心与井口中心应对正，偏差不超过2mm。

（3）钻台与地面斜放油管、钻杆滑道，滑道斜度应适中。

六、储存、配制工作液

（1）将工作液池中装满工作液，如钻井液、清水等，清水应不少于8m^3，用清水洗井时，清水存量应不少于井筒容积的1.5倍。

（2）修井液等工作液应不少于井筒容积的2倍。

（3）工作液池距井口距离一般不超过30m。

（4）钻井泵应与工作液池近些，上水管线尽量不打弯、盘曲。

七、其他

（1）锅炉距井口、土油池至少50m，居下风头。

（2）值班房距井口最近距离应大于井架高度。

（3）工具台应尽量靠近井口。

（4）照明及其他用电线路应架空。

第二节 作 业 工 序

常规井下作业工序一般包括压井、安装作业井口、起出原井管柱、通井、冲砂、替喷等项目内容，这些工序内容在不同的修复工艺实施中基本都可见到。

一、压井

压井是修井施工中重要的安全保障措施，特别是油气井的修井作业，压井是必须进行的先行工序。

压井，就是用具有一定性能（相对密度与黏度）和体积的液体泵入井内，置换出井内油水等液体，并使其液柱压力相对平衡地层压力或略高于地层压力，敞开井口，在一定时间内达到不喷、无溢流,这一过程称为压井。

压井时所用的诸如钻井液、盐水、混气水等液体通称为修井工作液,简称为修井液或工作液。

1. 压井方式

压井方式通常分为循环法、挤注法和灌注法 3 种。

1) 循环法压井

循环法压井是经常采用的压井方式。它是将压井工作液泵入井内,在井筒内油管、套管之间的连接回路中进行循环,将设计要求具有一定相对密度、黏度的工作液泵入井筒形成平衡,通常分为正循环法和反循环法 2 种。

(1) 正循环法压井。正循环法压井也称正压井,是从油管内泵入压井液,由套管返出至压井液储池。正压井对于低压、气量不太大的油气井来说,应先放套管气,然后泵入前置液,再泵入压井液,这样可避免压井液气侵和防止漏失。

(2) 反循环法压井。反循环法压井也称反压井,是从套管内泵入压井液,由油管返出至压井液储池。对于高压、产气量较大的油气井,反循环压井初期,井内油气从油管内大量喷出,当压井液循环到井口时,可用井口阀门控制其喷出量,不至于使压井液气侵,确保压井效果。

对于压井时泵压超过油气层最低吸水启动压力情况,不宜采用反压井,而应采用正压井。无法实施正压井时,反压井应控制注入泵压在油气层吸水启动压力以下。

2) 挤注法压井

挤注按压井是指从井口向地层内挤注压井液而不需返出。此方法在既不能采用循环法又无法灌注的情况下采用。如砂堵、蜡堵,井内无油管或因事故无法采用其他方式压井的井。此法应尽量少用和不用。

3) 灌注法压井

灌注法压井,就是向井筒内灌注部分压井液即可实现压井。此法常用于井底压力不高、作业施工内容简单且施工时间较短的井。

2. 压井液密度选择

压井液密度是压井液综合性能中的重要参数指标,它的大小直接关系到液柱压力的大小以及平衡地层压力能力的大小。压井液密度一般按式(3-1)选择计算:

$$\rho_{wk} = \frac{\rho_{ws} \times 102}{H_0}(1 + K) \tag{3-1}$$

式中 ρ_{wk}——压井液密度,g/cm^3 或 t/m^3;

ρ_{ws}——施工井近 3 个月内所测静压,MPa;

H_0——油层中部深度,m;

K——附加量(作业施工时 K 为 5% ~ 10%,修井施工时 K 为 15% ~ 30%)。

3. 压井液液量计算

压井液液量应充足,以备压井和起管柱时向井内灌压井液所需,一般按式(3-2)计算:

$$V_{wk} = \pi d_t^2 \cdot H_a(1 + K) \tag{3-2}$$

式中 V_{wk}——压井液液量,m^3;

d_t——套管内径,m;

H_a——人工井底深度,m;

K——附加量,K 为 0% ~ 15%。

4. 压井液基本性能

压井液基本性能对压井成功与否有很重要的关系,因此,了解压井液的性能非常必要。压井液的基本性能如下:

(1)密度,t/m^3 或 g/cm^3;

(2)黏度或视黏度,$mPa \cdot s$;

(3)失水,mL;

(4)初切,Pa 或 MPa;

(5)终切,Pa 或 MPa;

(6)滤饼厚度,mm;

(7)pH 值;

(8)含砂,%。

在套管内压井作业、修井施工时,一般压井液性能以密度、黏度、失水、pH 值、含砂为主要指标,一般情况下,黏度用视黏度(漏斗黏度)测得,其值随密度增加而相应增大。目前修井施工中强调油层保护,因此,压井液密度选择应尽量符合公式要求,失水量不应超过 4mL,pH 值应尽量靠近中性。

5. 压井方法步骤

以循环法压井中正压井方法为例。

(1)按公式要求计算选择压井液密度和用量,并送到工作液储液池中。

(2)连接地面管线、流程至井口,试压 15MPa,稳压 5min,压力应不下降。

(3)打开套管闸门,放套管气,压力较高井应控制放气量。

(4)泵入前置液(清水)2 ~ 4m^3。

(5)泵入工作液,出口见前置液(清水)后,改流程出口向储液池,使工作液由储液池泵入井内,再由井筒流回储液池,如此进行循环压井。

(6)测进出口工作液密度差,相对差值小于 0.02 则可停泵。

(7)停泵观察压井结果 0.5 ~ 1h,井口无溢流即为压井成功。

(8)压井时中途不得停泵。

(9)压井时排量应保持 0.3 ~ 0.5mL/min 之间。

(10)压井时最高泵压不应超过油层吸水启动压力。

二、安装作业井口

修井施工虽然是在压井状态下进行的,但为施工安全仍需做好防喷、防掉、防卡等事故防范工作。因此,压井后仍需要安装作业井口防喷装置,装置由以下部件组成(自上而下):自封封井器、法兰短节、半封封井器、全封封井器、特殊法兰。

自封封井器可密封 2$\frac{7}{8}$in 钻杆、3in 方钻杆与套管的环空,法兰短节上应装有出口闸门。

作业井口安装完后,吊装钻台。钻台安装应平、正、稳、牢,钻台基座可用大方枕木,地面应夯实找平,钻台各连接部位均应紧固。

钻台安装完毕后,应测量转盘补心高度与原钻井时补心高度差,并记录清楚,以备配管柱、起下管柱、打捞、打印等需要计算深度时作为基本参数依据。

三、起出原井管柱

作业井口及钻台安装完后,卸井口,起出原井管柱。
(1)对于抽油机井,先起出抽油杆,将油杆摆好。
(2)倒油管挂,试提时注意拉力表悬重。悬重超过管柱悬重时应查明原因,不得硬提。
(3)起油管时,应注意上提速度不超过3m/s。
(4)每起出30根油管,应向井筒内灌注压井液一次,始终保持井筒内压井液液面高度,以免液柱降低,压力下降,造成井喷。
(5)起原井管柱时,应随时做好防喷工作。
(6)起出的油管按顺序摆好,或推至不妨碍钻杆起下的地点。
(7)原井管柱起完后,应核对记录与实际起出根数。

四、通井

通井是修井工艺中经常发生的工序,常用通井规、模拟管、铅模等工具按不同需要进行通井,目的是检查、核实套管通径、技术状况,为确定下步工艺管柱能否顺利到达设计深度而进行的必要工序。
(1)下通井管柱时,管柱各连接螺纹应上紧,上扣扭矩不低于2800N·m。
(2)下入井内管柱应刷洗干净。
(3)管柱长度、深度应计算准确,记录清晰。
(4)通井遇阻时,不得猛顿。遇阻时应记录管柱悬重变化、遇阻深度、遇阻情况等。
(5)通井管柱下放速度一般控制在2m/s以内。

五、冲砂

冲砂是作业、修井施工中经常遇到的工序。冲砂就是用高速液体将井底砂子冲散,并利用循环上返的液流将冲散的砂子带到地面的清砂方法。冲砂的目的在于解除砂堵,但往往由于对冲砂所用液体和冲砂方式选择不当,冲砂液大量漏入油层,反而伤害油层,影响生产。因此,应该正确地选择冲砂液和冲砂方法。

1.冲砂液与冲砂方式

冲砂液应具有一定的黏度,以保证有良好的携砂能力;具有一定的密度,以形成适当的液柱压力,防止井喷和漏失;与油层配伍性好,不伤害油层;来源广。

冲砂方式一般有正冲、反冲和正反冲3种方式。

(1)正冲:冲砂液沿冲砂管向下流动,在流出管口时以较高的流速冲散砂堵。冲散的砂子和冲砂液一起沿冲砂管与套管的环形空间返至地面。随着砂堵冲开的程度增加,逐步加深冲砂管。为了增大液流冲刷力,可在冲砂管下端装上收缩管(或喷嘴);下端做成斜尖形,可防止下放过快而引起的憋泵。正冲砂冲刺力大,易冲散砂堵,但因套管环形空间面积大,上返速度小,携砂能力低,易在冲砂过程中发生卡钻。

(2)反冲:与正冲相反,冲砂液由套管和冲砂管的环形空间进入,被冲起的砂粒随同冲砂液从冲砂管返回到地面。反冲砂冲刺力小,液流上返速度大,携砂能力强。

(3)正反冲:利用正冲、反冲的优点,用正冲方式将砂堵冲开,并使砂子处于悬浮状态;然后改为反冲,将冲散的砂子从冲砂管内返至地面。这样可迅速解除砂堵,提高冲砂效率。采用正反冲砂方式时,地面管线上应安装改换冲洗方式的总机关。

2. 冲砂水力计算

实验表明,保证将砂子带出地面的条件是:

$$v_t > 2v_d \tag{3-3}$$

式中 v_t——冲砂液上升速度,m/s;

v_d——砂子在静止冲砂液中的自由下沉速度,m/s。

由式(3-3)得出保证砂子上返地面的最低速度:

$$v_{min} = 2v_d \tag{3-4}$$

从而可由式(3-5)求得冲砂时所需要的最低排量:

$$Q_{min} = 3600F \cdot v_{min} \tag{3-5}$$

式中 Q_{min}——冲砂要求的最低排量,m³/h;

F——冲砂液上返流动截面积,m²;

v_{min}——保证砂子上返地面所需要的最低液流速度,m/s。

在冲砂过程中,砂粒从井底上升到地面时所需要的时间为

$$t = \frac{H}{v_s} \tag{3-6}$$

其中

$$v_s = v_t - v_d$$

式中 H——井深,m;

t——砂粒从井底上升到地面所需要的时间,s;

v_s——砂粒上升速度,m/s。

图3-2为不同排量下砂粒上升速度与粒径的关系图版。

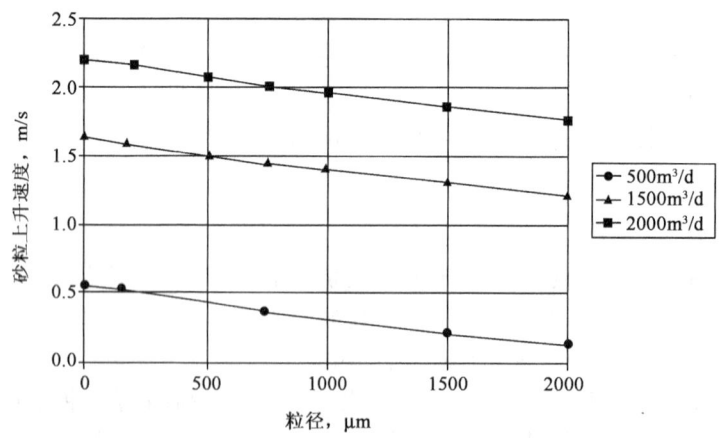

图3-2 砂粒上升速度与粒径的关系

3. 冲砂施工步骤及注意事项

1)施工步骤

(1)准备工作:检查泵及储液罐,连接好地面管线,准备好足够量的冲砂液。

(2)探砂面:用冲砂管探砂面,冲砂工具距油层20m时应放慢下放速度,当悬重下降则表明遇到砂面。

(3)冲砂:离砂面3m以上开泵循环,正常后下放管柱冲砂至设计深度。出口含砂量小于0.1%,视为冲砂合格。

(4)观察砂面:上提管柱至油层顶部30m以上,停泵4h,下放管柱探砂面,观察是否出砂。

(5)记录有关参数:泵参数、砂面参数、返出物参数。

(6)掩埋沉砂。

2)注意事项

(1)不准带泵、封隔器等其他井下工具探砂面和冲砂。

(2)冲砂工具距油层上界20m时,下放速度应小于0.3m/min。

(3)冲砂前油管提至离砂面3m以上,开泵循环正常后,方可下放管柱。

(4)接单根前充分循环,操作速度要快,开泵循环正常后,方可再下单根。

(5)冲砂过程中应注意中途不可停泵,避免沉砂将管柱卡住或堵塞。

(6)对于出砂严重的井,加单根前必须充分洗井,加深速度不应过快。

(7)连续冲砂5个单根后要洗井一周,防止井筒悬浮砂过多。

(8)循环系统发生故障,停泵时应将管柱上提至砂面以上,并反复活动。

(9)提升系统出现故障,必须保持正常循环。

(10)泵压不得超过安全压力,泵排量与出口排量平衡,防止井喷或漏失。

(11)水龙带必须拴保险绳。

六、替喷

1. 替喷的概念和目的

替喷是指用密度较小的液体(清水或原油)替出井内密度较大的压井液,使井内液柱的压力低于地层压力,诱导油气从油气层中流入井底,再喷出井口的工艺过程。

当油气层与井筒沟通,但井内液柱压力高于油气层压力时,油气井不能形成自喷,可采用替喷法降低井内液柱压力,达到诱喷的目的。

2. 替喷的原理和方法

替喷原理就是用密度小的液体将井内密度大的液体替出,一般采用正替喷。这种方法常用于油气层压力较高、产量较大及油层堵塞不严重的井。替喷法可根据具体情况采用一次替喷或二次替喷。

一次替喷即一次将油管下到离人工井底以上1~2m左右,用替喷液将压井液替出,然后上提油管至油层上部10~15m。

二次替喷即先将油管下到离人工井底以上1~2m左右,用替喷液正替至油气层上部足够高的位置,然后上提油管至油层上部10~15m,第二次用替喷液替出井内油气层上部的全部压井液。

3. 替喷的程序和要求

1)一次替喷

(1)按施工设计要求准备足够的替喷工作液。盛装替喷工作液的容器要清洁,不能有泥砂等脏物。

(2)下入替喷管柱。替喷管柱深度要下至人工井底以上1~2m,下至距人工井底100m时开始控制管柱的下入速度,不超过 5m/min,以免井内压井工作液沉淀物堵塞管柱。

(3)连接泵车管线,从油管正打入替喷工作液,启动压力不得超过油层吸水压力,排量不低于 0.5m³/min,大排量将设计规定的替喷工作液全部替入井筒,替喷过程要连续不停泵。

(4)替喷后,进出口替喷工作液密度差应小于 0.02kg/cm³。

(5)上提管柱至设计完井深度,安装井口采油树完井。

2)二次替喷

(1)按施工设计要求准备足够的替喷工作液。

(2)下入替喷管柱至人工井底以上 1~2m。

(3)连接泵车管线,从油管正打入替喷工作液,液量为人工井底至完井管柱设计深度以上 10~50m 井段的套管容积。

(4)上提油管至油层上部 10~15m,将设计规定的替喷工作液全部替入井筒,液量为完井管柱设计深度以上 10~50m 至井口井段的油管容积。

(5)上提油管至设计完井深度,安装井口采油树。

4. 替喷工作液的选择

替喷工作液性能应满足替喷施工的质量要求。

替喷工作液用量按式(3-7)计算:

$$V = 2\pi r^2 hK \tag{3-7}$$

式中　V——替喷工作液用量,m³;

　　　r——套管内径,m;

　　　h——压井深度,m;

　　　K——附加系数,1.0~1.15。

第三节　井下作业安全要求

安全为了生产、生产必须安全,这是基本常识。在石油工业中,井下作业的安全是极为重要的,它关系到人员、设备、油井的直接安全,应引起广大井下作业者的高度重视。随时强调安全、重视安全、做好安全工作井下作业施工顺利完成的重要保证。

一、安全管理

1. 安全组织与责任

(1)修井队队长是安全生产的第一责任者,对全队安全生产负全面责任。

(2)修井队作业班(组)长是施工现场安全生产第一责任者,对全班(组)安全生产负全面管理责任。

(3)施工现场应设专(兼)职安全员。

2. 安全制度与措施

(1)各岗位必须建立安全岗位责任制、安全生产责任制和安全技术、操作规程等制度。

(2)修井队必须有防喷、防火、防爆、防毒、防工伤事故、防机械事故等安全措施,措施应可靠、可行。

3. 安全教育

(1)队、班(组)应坚持每周一次安全活动,做好活动记录并负责现场安全监督检查。

(2)班组在召开班前、班后会,修井队在布置生产任务和总结工作时,必须强调安全方面的内容和要求。

(3)修井机操作人员、司钻、副班(组)长、各岗位操作员需经安全技术培训,考试合格持证上岗,考核不合格、无合格证者严禁上岗,尤其不得在关键重要岗位工作。

4. 劳动防护

(1)上岗人员必须按规定穿戴好劳动保护用品,如工作服、防护服、手套等。现场作业人员特别是井口作业人员必须戴好安全帽。

(2)上井架作业、操作必须系好安全带。

(3)不得酒后上岗。

二、施工场地安全要求

1. 安全标志

施工井场至少应有如图3-3所示的完好醒目的安全标志。

禁止烟火

当心触电

当心机械伤人

必须戴安全帽

必须系安全带

图3-3 安全标志

彩图3-3

2. 井场布置

(1)锅炉房及锅炉油水池应距离井口、土油池50m以外,居下风头。

(2)值班房、工具房、发电机房应距离井口、土油池20m以上。

(3)工具台应放平、正、稳,工具摆放整齐、清洁。

(4)井场安全通道必须畅通。

(5)钻台上应摆放防滑踏板,踏板应摆放平、正、稳、固。

(6)替喷、放喷、气举、汽化水洗井等各项施工管线连接需用钢质管线,出口处需装120°弯头,各部位无渗漏。

(7)高压放喷管线上应安装标准压力表,必要时每 5～10m 应用地锚固定,并接至油池(罐)回收。

(8)井口至地面流程需经试压,试压压力一般不低于 20MPa,稳压 5min 无渗漏为合格。

三、提升系统安全要求

1. 游车与大钩

(1)游动滑车应符合石油天然气行业有关标准的规定,滑车滑轮转动灵活无阻卡,无磨划大绳的损伤缺陷。

(2)游车护罩需完好,刷红色防护漆。

(3)大钩无损伤,弹簧完好,转动灵活无阻卡。

(4)大钩保险销完好,耳环螺栓应紧固。

(5)游车大钩应保持清洁,每 24h 加注润滑脂 1 次并注满。

2. 吊环与吊卡

(1)吊环必须符合石油天然气行业有关标准的规定,无损伤、无变形、无扭曲弯曲,必须等长,不等长时不得继续使用。

(2)吊卡必须符合规定要求,手柄(活门)操纵灵活无阻卡。吊销与吊卡规格需相匹配,并拴有保险绳。

(3)保持吊环、吊卡的清洁。

(4)提升短节的规格尺寸应符合施工要求,螺纹无损伤,管体无夹偏变形、裂纹等影响抗拉强度的缺陷。

(5)抽油杆吊钩应符合规定要求,保险销灵活好用。绳套用直径 16mm 钢丝绳不少于 2 圈并用相应绳卡卡牢。

(6)抽油杆吊卡的规格、型号应与施工井抽油杆匹配,卡具(卡套)吊环完好无损,卡具牙齿无损伤。

四、设备安全要求

1. 修井机

(1)修井机(包括履带式通井机)滚筒刹车系统完好,灵活好用,刹车气压应不小于 0.6MPa。

(2)液压系统灵活可靠。

2. 液压动力钳

(1)液压动力钳应符合石油天然气行业标准的规定要求,开口齿轮转动灵活无卡阻,钳牙咬合可靠,整机动作灵敏、安全。

(2)悬吊液动钳钢丝绳直径不小于 9.5mm,两端备用 2 个相应绳卡卡牢。

(3)背钳应用钢丝绳固定于井架上,钢丝绳直径不低于 12.5mm,并用相应绳卡 2 个卡牢。

3. 转盘

(1)转盘应安装平、正、牢固,平面不平度不超过 0.5°。

(2)轴传动时,传动轴与转盘动力轴连接稳固,间隙不超过 2mm。链条传动时,链条允许不直度不大于50mm。

(3)转盘补心中心与井眼中心偏差不超过2mm。

五、井场照明及线路安全要求

1. 照明线路

(1)照明线路需采用绝缘良好的电缆线。

(2)照明线路走向需合理,线缆需架空。

(3)线路总控制开关后需加装漏电保护器,分闸需距井口15m以外,若采用不高于36V的电压照明,安全电压变压器必须防水。输入需采用三芯电缆线连接配电箱接地。

(4)各种配电装置必须安装正规,紧固牢靠,完好无损。

(5)严格禁止用井架绷绳接地。

2. 照明灯具

(1)井架上和距井口10m以内的照明灯具需采用防爆灯具,并固定牢靠。

(2)灯具需完好,摆放位置应合理。

(3)移动灯具必须先关闭电源。

六、消防器材安全要求

(1)灭火器至少配备2瓶,每瓶不少于15kg。

(2)干粉式或其他形式灭火器需在有效期内。

(3)消防砂不少于$1m^3$,消防锹不少于4把,消防桶不少于4只。

七、施工作业安全要求

1. 一般要求

(1)需认真掌握施工设计要求,按设计要求做好施工前的准备工作,对井架、场地、照明设施等检查合格后方可施工。

(2)施工中必须严格执行有关的操作规程、质量标准和安全措施要求。

(3)抽油机驴头需摆放合理,不得与提升系统相挂。链条式抽油机的天车轮应卸掉或固定牢固。

(4)施工中必须落实预防井喷和制止井喷的具体措施。

(5)上井架操作人员必须由扶梯上下,抓紧踏牢,携带的工具必须带防掉绳。

(6)井场内不得有烟火,动火需经上级主管部门批准。

2. 起下作业安全要求

(1)井口操作人员需有统一规定的手势和动作,配合一致。

(2)操作人员应精力集中,操作平稳。

(3)起下操作中吊卡手柄或活门应锁紧,吊环销插牢。

(4)在管桥上提放管柱时,应使吊卡开口朝下,操作者站在侧面,用小滑车拉送。

(5)不得用手直接触碰液压钳牙。

(6)上提载荷因遇卡阻而接近井架安全载荷时,不得硬提、猛提。

(7)起下重载荷时需专人指挥,专人观察井架、基础、锚桩、绷绳、指重表等,发现异常,立即停止作业。

(8)遇有 6 级以上大风、能见度小于井架高度的浓雾天气、暴雨雷电天气及设备运行不正常时,需停止作业。

复习思考题

1. 修井施工的施工准备都包括哪些方面?
2. 用清水洗井时,清水量应达到什么要求?修井液等工作液的液量应达到什么要求?
3. 常规井下作业工序一般包括哪些?
4. 什么是压井?
5. 压井方式通常分为哪几种?描述每种压井方式。
6. 压井液的基本性能参数包括哪些?
7. 起管柱时,每起出多少根油管时,应向井筒内灌注压井液一次?
8. 通井的目的是什么?
9. 什么是冲砂?
10. 对冲砂液的要求是什么?
11. 冲砂方式有哪几种?
12. 替喷的概念与目的是什么?
13. 一次替喷和二次替喷的区别是什么?

第四章 常规修井作业

第一节 清蜡

清蜡是将黏附在油井管壁、深井泵、抽油杆等设备上的蜡清除掉,常用的方法有机械清蜡和热力清蜡。

一、机械清蜡

自喷井机械清蜡是在井场用电动绞车将刮蜡片下入油井中,在油管结蜡部位上、下活动,将管壁上的蜡刮下来被油流带出井口。

刮蜡片清蜡适用于结蜡不严重的井,当结蜡严重时,可用麻花钻头或矛刺钻头清蜡。常用的刮蜡片有8字形和舌形两种。这两种刮蜡片的共同点是都可以上、下活动和任意转动,内空壁薄,边缘刀刃锋利,下到结蜡部位时,靠近管壁的刀刃便可以将管壁上的蜡刮下。但8字形刮蜡片体形不对称,各部位受力不均匀,沿轴向有一个开口中缝,在清蜡过程中受积蜡的挤压容易变形收缩,使尺寸缩小影响刮蜡效果。另外,由于中心杆挡门的影响,使刮蜡片内空的液流不畅,在片内容易形成蜡堵,发生顶钻、卡钻事故。舌形刮蜡片是在8字形刮蜡片基础上改进的,克服了上述缺点。不同类型的刮蜡器如图4-1所示。

彩图 4-1

图 4-1 刮蜡器

针对刮蜡片清蜡,应根据油井的结蜡规律定出清蜡制度,内容包括清蜡周期、清蜡深度、操作规程和使用刮蜡片的规格等。一般情况下,直径为2in油管用外径47.5~48.5mm的刮蜡片,直径为2.5in的油管用外径为58~60mm的刮蜡片。

二、热力清蜡

1. 热流体循环清蜡

热流体循环清蜡法的热载体是在地面加热后的流体物质,如水或油等,通过热流体在井筒中的循环传热给井筒流体,提高井筒流体的温度,使得蜡沉积熔化后再溶于原油中,从而达到清蜡的目的。

根据循环通道的不同,热流体循环清蜡法可分为开式热流体循环、闭式热流体循环、空心抽油杆开式热流体循环和空心抽油杆闭式热流体循环4种方式(图4-2至图4-4)。

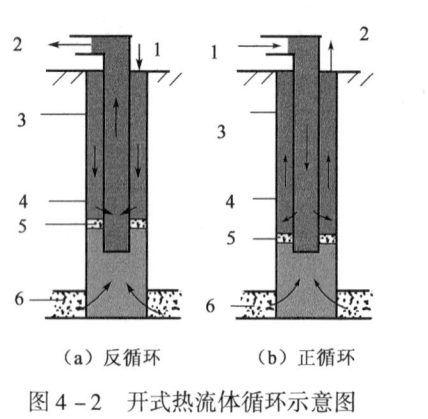

(a) 反循环　　(b) 正循环

图4-2 开式热流体循环示意图
1—掺入流体;2—混合产液;3—套管;
4—油管;5—封隔器;6—油层

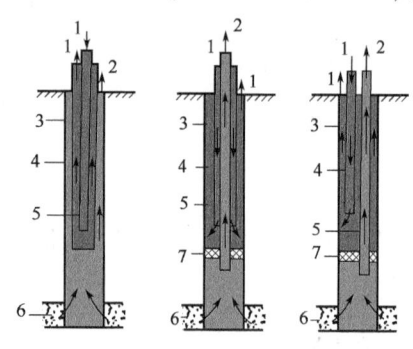

(a) 正循环　　(b) 反循环　　(c) 双管循环

图4-3 闭式热流体循环示意图
1—掺入流体;2—地层产液;3—套管;4—外层油管;
5—中心油管;6—油层;7—封隔器

2. 电热清蜡

电热清蜡法是把热电缆随油管下入井筒中或采用电加热抽油杆,接通电源后,电缆或电热杆放出热量即可提高液流和井筒设备的温度,熔化沉积的石蜡,从而达到清蜡、防蜡的作用。电热清蜡如图4-5所示。

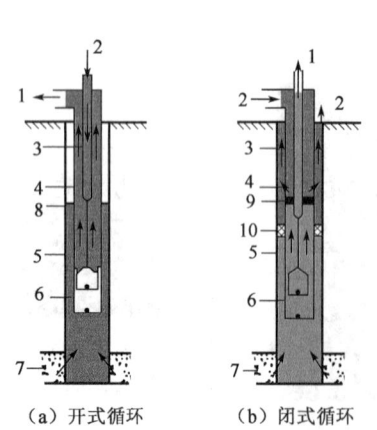

(a) 开式循环　　(b) 闭式循环

图4-4 空心抽油杆热流体循环示意图
1—产出液;2—掺入流体;3—空心抽油杆;4—油管;
5—套管;6—抽油泵;7—油层;8—动液面;
9—油管内封隔器;10—套管内封隔器

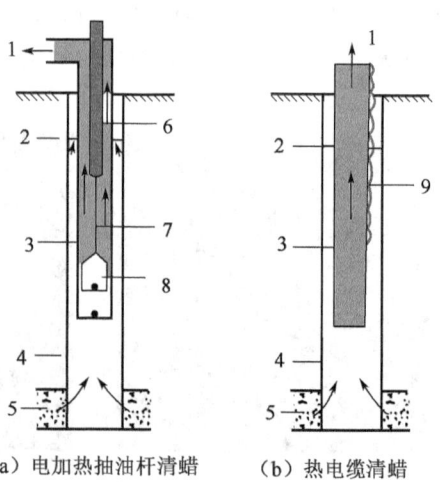

(a) 电加热抽油杆清蜡　　(b) 热电缆清蜡

图4-5 电热清蜡示意图
1—产液;2—动液面;3—油管;4—套管;5—油层;
6—电热杆;7—空心杆;8—抽油泵;9—伴热电缆

3. 热化学清蜡

热化学清蜡利用化学反应产生的热能清蜡,该方法不经济,效率不高,因此很少使用。

第二节 清 垢

一、结垢相关介绍

垢一直是影响油田原油采收率的重要因素之一。油田开采过程中,油井的泵和管柱、地面集输系统管道和近地地层结垢问题十分突出,造成原油产量缩减、设备磨损,最严重会致使油井停产、报废甚至引发生产安全问题,所以清垢是油田维持安全生产、稳产高产的重要手段之一。本书只着重介绍井下管柱结垢、清垢工艺技术。

1. 结垢原因

由于油井经常要注水及石油、天然气自身含水等原因,油井的产液中有很多矿化度非常高的水。管柱结垢是指井下管柱在产液和注入水的长期作用下通过化学反应使其表面结垢的现象。垢的形成过程主要是水中的钙、镁离子与碳酸根、磷酸根等结合生成难溶的小晶体,这些小晶体不断碰撞并按一定的方向增长变成大晶体。

2. 结垢的危害

(1)使井下抽油泵等机械装置的工作效率急剧下降,严重的还会导致卡泵、加重抽油杆偏磨以及抽油杆断脱等事故的发生。

(2)限制液流,油井产量下降。

(3)造成井下管柱腐蚀穿孔。

(4)造成起下管杜卡钻等复杂事故。

二、清垢工艺

油田清垢技术(视频2)主要有机械清垢技术、化学清垢技术或是二者的有机结合,另外还有如超声波清垢技术、射流清垢技术及电磁清垢技术等。

1. 机械清垢技术

机械清垢是利用机械对系统管壁进行钻、磨、刮、铣等清垢方式。

常规机械清垢的施工步骤如下:

(1)通井,探明管柱结构位置。

(2)洗井。

(3)下入清垢钻具。钻具组合底部一般为钻头或磨鞋、铣锥。

(4)起出清垢钻具。

(5)再次通井,检查管壁上的垢是否已经清除。

视频2

2. 化学清垢技术

化学清垢主要为传统的酸处理工艺及碱清洗。酸洗针对结垢层中含有的化学成分来选取适当的酸类化学剂溶解污垢;碱具有很强的化学活性,它对钢管内表面仅产生轻微作用,而对污垢作用比较明显,使其较易解离而去掉。

常规化学清垢的施工步骤如下:
(1)下入施工管柱至结垢井段底部。
(2)配制清垢剂。
(3)用泵将清垢剂全部替至结垢井段。
(4)关井反应。
(5)洗井,冲洗出井筒内的残液。
(6)通井,检查管壁上的垢是否已经清除。

3. 超声波清垢技术

超声波清垢技术是利用声波仪产生的高强声激波对集输管线输送的液体进行处理,超声波场作用于液体中结垢物质,使其物理、化学形态发生改变,出现脱落、粉碎、分散,而不会在管道内壁进行沉淀,黏附形成污垢。

4. 射流清垢技术

射流清垢技术是利用高压柱塞泵和特殊设计的喷嘴产生高压高速水射流,以此来冲刷管柱内壁的结垢。

5. 电磁清垢技术

电磁清垢技术是利用产生的磁力线作用于结垢物质时会产生一定的电动势,受到电场干扰时管道内液体会被磁化,增大无机盐沉淀的电离度,破坏沉淀物或促使结垢物质溶解脱落。

第三节 油井检泵

一、一般检泵

抽油泵在井下工作过程中会受到砂、蜡、气、水以及腐蚀介质的侵害,常会发生砂卡、蜡卡、抽油杆断脱、零件磨损等故障,而且随井况的变化还会遇到更改泵挂深度或者改变泵径等作业。为解决以上故障和调整泵参数,常需要起出井下抽油泵进行维修、调整或者更换。修井检泵是使井下抽油泵保持良好性能、维护油井正常生产的一项重要手段。

1. 一般检泵的步骤

(1)准备工作。具体工作包括立架子,穿大绳,拆除抽油井口,换上作业井口,转开驴头,以防作业时发生碰撞。如果需要压井,要按施工要求准备好足够的压井液和顶替清水。如果该井未被蜡或砂堵死,有热洗流程,则在压井前先热洗井筒。

(2)把活塞提出泵筒。具体方法是先把驴头停在上死点,用方卡子卡紧光杆坐在防喷盒上,松开悬绳器的光杆紧固器,把驴头降至最低位置。再卡紧光杆紧固器,松开坐在防喷盒上的方卡子,开动电动机,把驴头停在上死点的位置,直至把活塞提出泵筒。接着再用方卡子卡紧光杆,坐在防喷盒上,切断电源,拔掉驴头固定销子,把驴头转向一边。用抽油机上提活塞时,要防止抽油杆接箍撞击防喷盒。

(3)接好反压井管线,先放套管气。管线试压8~10MPa,压井前要先替入热水,清洗管壁结蜡,替出井内油气,然后泵入压井液,按照日常压井操作进行压井。

(4)压井以后,提起抽油杆,卸掉防喷盒,起出全部抽油杆及活塞。起完抽油杆后,要在井内注满压井液。起出的抽油杆要整齐地排放在至少具有5个支撑点的架子上,要注意保护螺纹,不要弄脏,然后用蒸汽刺洗上面的砂、蜡。

(5)新泵下井,采用正压井,然后加深油管探砂面,并提上2~3m进行冲砂,冲出井底的脏物。

(6)起出井内全部管柱,用蒸汽刺洗干净,并排放整齐。要详细检查深井泵、活塞、阀等,然后准确丈量油管、抽油杆长度,做好单根记录,按设计要求计算好下泵深度。

(7)对出砂结蜡比较严重和气油比较高的井,应在泵的下部装砂锚、磁防蜡器和气锚,泵下部应接2~3根油管作尾管沉砂作用。下井的泵一定要保持干净。上卸扣时管钳要搭在接头上。最后下泵至设计深度,并装好采油树或偏心井口。

(8)下活塞与抽油杆。根据泵筒的下入深度,丈量计算活塞的下入深度,准备好活塞与抽油杆连接的接头。当活塞下到泵筒附近时,要正转抽油杆,使活塞平稳缓慢地下入泵筒中,严防下入速度过快,猛烈撞击固定阀罩。

(9)活塞下入泵筒后,提起抽油杆缓慢活动2~3次,深度确定后,再用滑动车上提下放试抽十几次,泵工作良好后,上紧防喷盒,对好防冲距,卡好方卡子。

(10)转回驴头,放至下死点,上紧悬绳器上的光杆紧固器。交采油队,对电路、流程进行全面检查后,启动抽油。

2.检泵注意事项

(1)要取全取准下井泵的各项资料。资料包括泵型、泵径、泵长、活塞长度;光杆、抽油杆规范、型号、根数、长度、接头规范长度;油管规范、根数、长度;泵下入深度;其他附件规范、深度。

(2)下泵深度要准确,防冲距要合适。

(3)下井油管螺纹要涂上密封脂,要求油管无裂缝、无漏失、无弯曲、螺纹完好,并用内径规逐根通过。

(4)抽油杆应放在具有5个支点以上的支架上,不许拖地。有严重弯曲或螺纹有损坏的抽油杆不允许下井。

(5)起抽油杆时如果遇卡,不允许硬拔。否则,会使抽油杆发生塑性变形,使抽油杆报废。

(6)深井泵的起下与拉运过程要注意防止剧烈震动,以免将泵的衬套震乱。泵下井前要仔细检查,各个部件性能良好才能下井。上卸扣时管钳不能咬在泵筒上。

二、大泵检泵

1.大泵检泵作业及施工步骤

ϕ83mm和ϕ95mm的大泵活塞不能直接通过油管下入泵筒,活塞必须在泵筒下井时随泵筒一起下井。然后在抽油杆下部接上脱接器,后下入的抽油杆通过脱接器与先下入的活塞在泵筒内对接在一起。在需要进行作业时,上提抽油杆又可以把抽油杆与活塞分开,分别起出抽油杆、油管及泵筒。

大泵检泵与一般检泵在工序上稍有不同。

(1)热洗。因为泵径大,要求检泵时彻底热洗,老井转抽要彻底刮蜡。

(2)把活塞提出泵筒。压井前把活塞提出泵筒时要特别注意,上提高度不可超过脱接器脱开的距离,否则脱接器脱开后活塞仍会坐回泵筒内。

(3)反压井。按一般抽油井的方法反压井后,卸掉防喷盒,起抽油杆时,注意观察上提负荷的变化,若上提负荷明显减小,说明脱接器已经脱开。

(4)起出抽油杆和油管,并进行刺洗、检查、丈量。

(5)组配下井管柱。将活塞上部与脱接器下端相连接,上紧后送入泵筒内;将泵筒上端连接好4m的加大内径短节,同时连接好脱卡接头;用3in油管与脱卡接头连接后将大泵下入井内。

(6)加深油管替喷。下完油管与抽油杆后,用抽油杆悬挂器将抽油杆悬挂在油管内,加深油管进行反替喷,替喷必须干净。

(7)对接脱接器。对接脱接器要求在清水中进行,对接时要求缓慢下放抽油杆,然后用作业机上提下放试抽,判断对接成功后卡好方卡子。

2. 注意事项

(1)大泵的泵身长,易发生弯曲变形,拉运大泵要用专用的拉泵车。

(2)抽油杆必须用扭力扳手上紧。

(3)对接脱接器必须在清水中进行。

(4)对防冲距或需将活塞提出泵筒时,一定要计算好上提的距离。如果上提过大,使脱接器进入释放接头就会造成脱接。

3. 脱接器

1)卡簧式脱接器

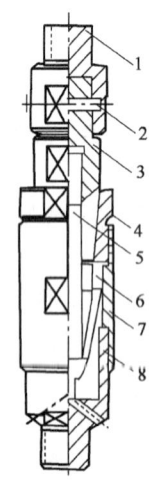

图4-6 卡簧式脱接器结构示意图
1—上接头;2—销钉;3—脱卸接头;4—压帽;
5—连杆;6—卡簧;7—外套;8—下接头

当脱接器的内螺纹接头随泵下入井内后,即可将接在第一根抽油杆脱接器的外螺纹接头下入井内,在接近泵筒时放慢下放速度,当外螺纹接头连杆进入内螺纹接头卡簧时,则完成对接。此时活塞与抽油杆通过脱接器连为一体,即可进行正常抽油。

当需要起抽油杆时,压帽上行至与其配套的泄油器遇阻,打开泄油器,但压帽不能通过泄油器,此时将销钉剪断,上接头随抽油杆起出,其余部件留在井内随泵起出。

卡簧式脱接器结构如图4-6所示。

下井前认真检查脱接器各个部件是否灵活好用,并涂好黄油;对接时一定要缓慢下放,对接后进行试抽,确认对接成功后方可完井交采油队;检泵施工上提脱接器时应慢提,不可操作过猛,以免拔坏其他部件。

2)锁球式脱接器

锁球式脱接器依靠外套与大锁球和小锁球的移动实现对接和脱开动作,其结构如图4-7所示,其实物图见图4-8。

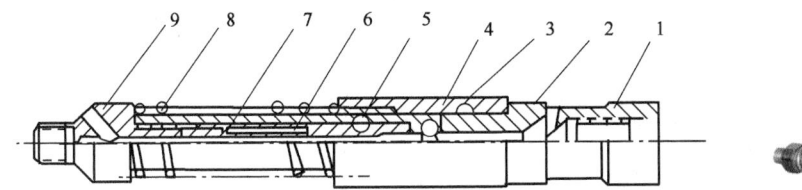

图4-7 锁球式脱接器结构示意图

1—脱接头;2—主体;3—大锁球;4—外套;5—小锁球;
6—止推套;7—小弹簧;8—大弹簧;9—接头

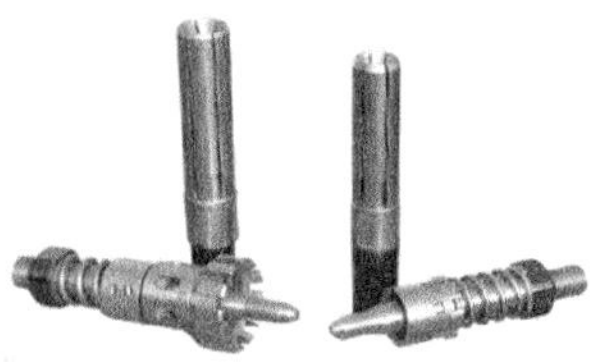

图4-8 脱接器实物图

下井时应在内螺纹接头内装满黄油,防止脏物进入内螺纹接头而对接不上;压井作业必须替喷干净,确保对接在清水中进行;起出后清洗干净,认真检查磨损情况,送车间进行检修。

三、不压井检泵作业

1. 不压井作业装置

1) 井口控制部分

井口控制部分由自封封井器、半封封井器、全封封井器、法兰短节和连接法兰组成。其作用是在不压井起下作业时控制井口压力,使作业施工安全顺利进行。下面主要介绍三类封井器。

(1) 自封封井器:它由壳体、压盖、压环、胶皮芯子等组成,如图4-9所示。其原理是依靠井内油套环形空间的压力和胶皮芯子的伸张力使胶皮芯子扩张,起到密封油套环形空间的作用,并使管柱和井下工具能够顺利起下。

(2) 全封封井器:它由壳体、全封芯子总成和丝杠等组成,用于井内无油管时封闭井口。其结构见图4-10。

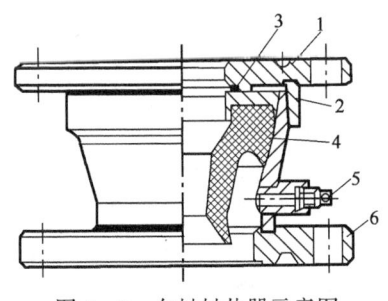

图4-9 自封封井器示意图

1—压盖;2—压环;3—密封圈;4—胶皮芯子;5—堵头;6—壳体

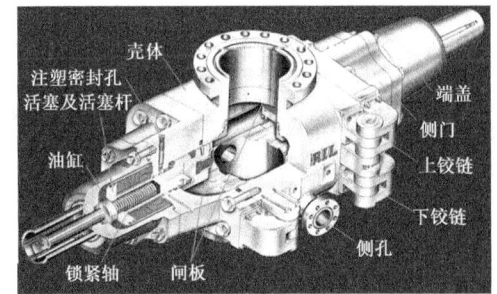

图4-10 全封封井器示意图

(3) 半封封井器:它由壳体、半封芯子总成和丝杠等组成,如图4-11所示。靠装在半封芯子总成上的两个半圆孔的胶皮芯子为密封元件,转动丝杠,便可带动半封芯子总成里外运动,从而达到开关井的目的。

2) 加压部分

加压部分包括加压支架、加压吊卡、安全卡瓦等,其作用是解决油管的上顶问题。

(1) 加压支架。加压支架固定在法兰短节上,由支架、固定螺钉、滑轮、滑轮轴等组成,如图4-12所示。它的作用是承受加压钢丝绳的力并转变力的方向,把绞车的上提力变为控制油管上顶的下压力和井内压送油管的下压力,从而达到安全顺利地起出(或下入)作业中最后(或最初)的几根或几十根油管,完成施工任务。

图 4-11 半封封井器示意图

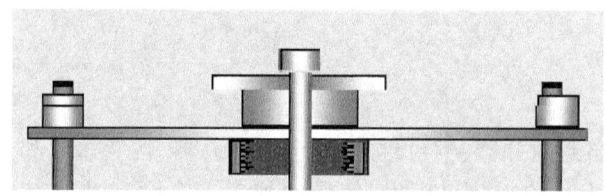

图 4-12 加压支架示意图

(2)加压吊卡。加压吊卡是加压起下油管的专用吊卡,由壳体、滑轮、活门等组成,如图 4-13 所示。它的作用是在加压起下油管时压送和扶正油管。加压吊卡下部与普通吊卡相似。

(3)安全卡瓦。安全卡瓦是依靠卡瓦卡住油管,防止油管上顶飞出的不压井起下安全设备,由主体、手把、连杆机构和卡瓦等组成,如图 4-14 所示。

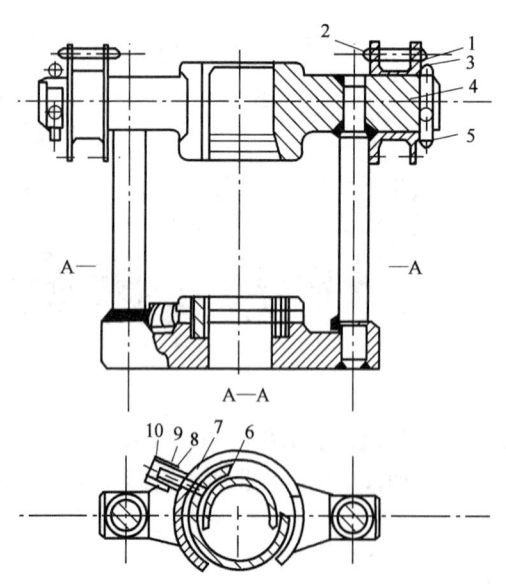

图 4-13 加压吊卡示意图
1—螺栓;2—螺母;3—滑轮;4—壳体总成;5、7—销子;
6—活门;8—弹簧;9—圆柱螺母;10—手把

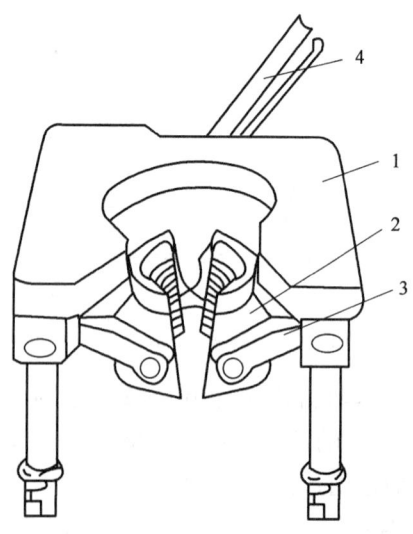

图 4-14 安全卡瓦结构示意图
1—主体;2—卡瓦及壳体;3—连杆机构;4—手把

3)油管密封部分

油管密封部分是靠工作筒、堵塞器来完成的。使用时,工作筒接在管柱的最底部,随下井管柱下入井内。下井之前在地面上将堵塞器装入工作筒内,下完全部油管后再捞出堵塞器,油管内畅通可投产。如果起油管,则在起油管之前投入堵塞器,即可密封油管,顺利起出井内管柱。

(1)工作筒。工作筒由工作筒主体、密封短节组成,如图4-15所示。工作筒主体上部为 $\phi62mm$ 油管螺纹,可与油管相连接。密封短节在工作筒主体下部,与堵塞器配合使用,可以起密封作用。

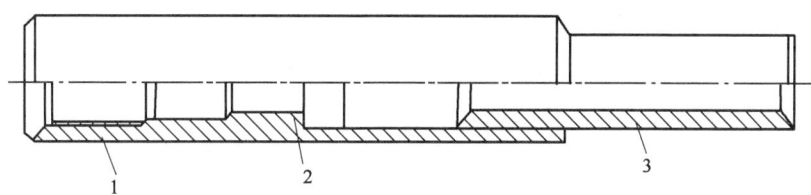

图4-15 工作筒结构示意图
1—上接头;2—台阶;3—密封短节

(2)堵塞器。堵塞器由打捞头、提升销钉、支撑卡体、调节环、密封圈、密封圈座、心轴、螺母等组成,如图4-16所示。其实物图见图4-17。它的作用是装(投)入工作筒内,密封油管。堵塞器的尺寸有 $\phi50mm$、$\phi54mm$、$\phi55.5mm$ 三种,与工作筒配套使用。

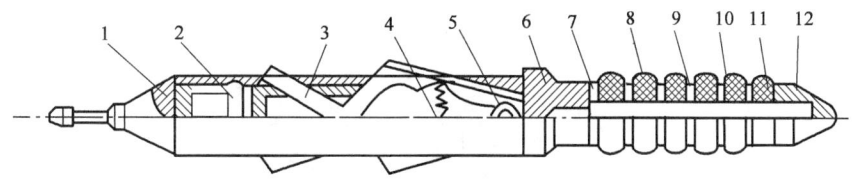

图4-16 堵塞器结构示意图
1—打捞头;2—提升销钉;3—支撑卡;4—弹簧;5—心轴;6—支撑卡体;7—调节环;8—密封圈;
9—密封圈座;10—密封圈心轴;11—螺母;12—导向螺母

(3)打捞器和安全接头。打捞器是打捞井内堵塞器的专用工具。常用的是爪块式打捞器,由本体、扭簧、销钉、打捞爪等组成,如图4-18所示。其实物图见图4-19。打捞井下堵塞器时,用通井机钢丝绳或油井钢丝绳将打捞器下入油管内,当打捞器下到井下,接触到堵塞器的打捞头后,打捞爪卡住堵塞器的打捞头,向油管内满灌清水,平衡油管和套管的压力,然后方可上提打捞器,将井下堵塞器捞出。

安全接头是与打捞器配套使用的工具,如图4-20所示,在打捞井下堵塞器时,当井下堵塞器由于沉砂或其他原因有卡阻时,可以在安

图4-17 堵塞器实物图

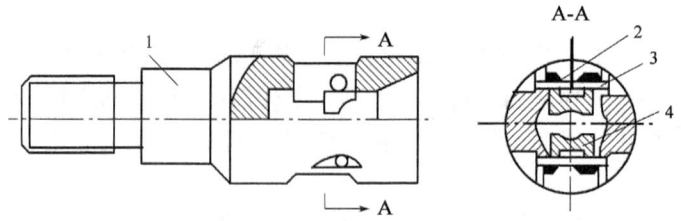

图 4-18 打捞器结构示意图
1—本体;2—扭簧;3—销钉;4—打捞爪

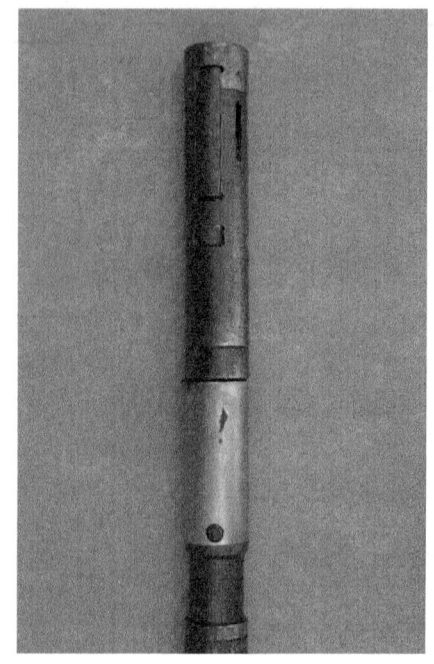

图 4-19 打捞器实物图

全接头销钉处拉断脱开,脱开后井下余留部分顶端为打捞头,便于下次打捞。如果在打捞堵塞器时不安装安全接头,那么在打捞遇阻时就可能拔断钢丝绳或钢丝,造成油管内落物事故。

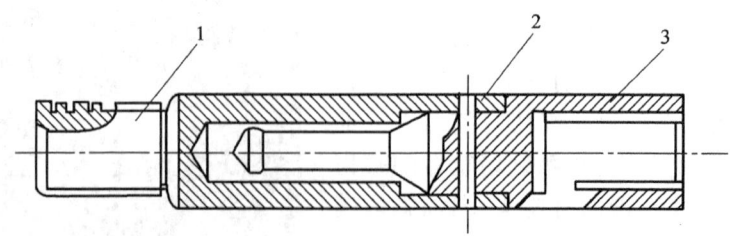

图 4-20 安全接头结构示意图
1—上接头;2—安全销钉;3—下接头

2. 不压井检泵作业施工步骤及注意事项

不压井检泵作业的优点是解决了压井作业起下抽油泵的问题,只要装上抽油杆自封就可以把抽油杆、活塞起出,将固定阀捞出地面。

1)施工步骤

(1)热洗。先用泵站热洗流程将井筒及油管中的死油、结蜡反洗出地面。

(2)起抽油杆。装上抽油杆自封,不压井起出井内全部抽油杆及活塞。

(3)打捞固定阀。用直径为2.4mm录井钢丝(或打捞车)把固定阀打捞上来。

(4)投堵塞器。用水泥车将堵塞器送入工作筒内升压至10MPa观察密封无泄漏,即可抬井口安装控制器。

(5)不放喷起出全部油管及深井泵。

(6)对起出的油管、抽油杆、活塞、可捞式固定阀等井下工具进行仔细检查,并送检泵车间进行鉴定,做好记录。

(7)起出的油管冲洗干净,丈量准确后按照工艺要求组装下井管柱,装好堵塞器。

(8)不压井下泵筒及全井油管。

(9)向井内灌满清水,用打捞车打捞堵塞器。打捞时必须接上安全接头,钢丝绳上做好记号。

(10)投入可捞式固定阀,下入活塞及全部抽油杆,将可捞式固定阀压入泵筒内,上提抽油杆,对好防冲距,即可试抽。

2)施工注意事项

施工时除了应注意压井施工的注意事项外,还应注意以下几点:

(1)必须将油管中的结蜡清洗干净,保证打捞、投堵顺利进行。

(2)下完泵筒打捞堵塞器时,灌水要干净;必须先将打捞工具下到井底后再开始灌水,防止脏物沉淀卡住堵塞器。

(3)在打捞固定阀或用活塞将固定阀压入泵筒时,都应放慢下放速度,平稳操作,防止碰弯打捞头。

第四节　注水井作业

一、试注与油井转注

在油田开发方案确定以后,为确定能否将水注入油层并取得有关油层吸水启动压力和吸水指数等资料,在正式注水之前必须经过一定的试注阶段。

1. 试注、转注前的准备

试注就是注水井完成之后,在正式投入注水之前进行试验性注水。试注的目的在于确定地层的启动压力和吸水能力。经过试注阶段,摸索经验,找出规律,为以后正常注水准备条件。试注对油田开发来讲,是为了提供注水的初步经验,取得注水多方面资料,从而为油田开发方案提供依据。对注水井来讲,试注在于清除完井或转注前所造成的井壁、井底的滤饼杂质和脏物,并确定井的吸水指数。

1)排液

排液的目的是在井底附近造成适当的低压带,清除油层内的堵塞物(特别是钻井、完井过程中造成的近井地带堵塞),同时还可以采出部分原油。排液时间应根据油层性质和开发方案确定,排液的强度以不伤害油层结构为原则。排液的方法有自喷排液和抽汲排液两种。

2)调查注水系统完善情况

(1)调查了解井身结构是否完好,有无套损井史和其他井况。

(2)调查井口装置是否符合注水要求。

(3)了解注水系统、流程是否完善。

3)施工设计要求

根据地质和工程方案要求编制施工设计,设计必须有设计人、审批人签字,设计一般内容按常规施工设计编制,有特殊要求必须逐条注明。变更方案、设计必须经审批后方可实施。

2.施工准备

(1)立井架,校正井架。

(2)搬迁,设备就位。

(3)搭油管桥。

(4)根据施工设计,准备下井工具及原材料。

(5)填写交接书。

3.施工步骤及技术要求

(1)起原井管柱,执行 SY/T 5587.5—2004。

(2)通井、刮蜡,执行 SY/T 5587.5—2004。

(3)探砂面、冲砂,探人工井底。

①探砂面。一律采用光油管硬探,不许带其他工具,砂面深度以油管管柱悬重下降 5~20kN 时连续 3 次数据一致的深度为准,其管柱深度为砂面深度。

②冲砂。当冲砂管柱下至距砂面 1~2m 处大排量冲洗,冲至人工井底,至出口返液含砂小于 0.2% 为合格。冲砂时平稳缓慢加深,要求管柱不喷、不堵、不卡。冲砂必须连续进行,若中途因故不能继续冲砂时,必须立即上提管柱,严防沉砂埋卡下部管柱。

③探人工井底。当冲砂至人工井底时,核实人工井底,误差每 1000m 不得超过 ±0.3m。

(4)清洗、丈量、组配试注管柱。

①清洗油管达到无死油结蜡、无泥土、无杂物。

②防腐油管必须用标准内径规逐根通过,有弯曲、防腐层起泡、脱皮、螺纹损坏等不得使用下井。

③试注管柱下入深度至射孔井段底界以下 5~15m。

④在油层射孔顶界以上 10~15m 处下一级可洗井套管保护封隔器,对套管进行保护,其结构自上而下依次为保护封隔器、工作筒、喇叭口。

(5)洗井。洗井是整个注水井试注工作中很重要的一个环节,排液结束后,在试注之前要进行洗井。

洗井的目的就是反复冲洗注水层的渗滤表面、套管内壁、油管内外及井底,将腐蚀物、杂质等污物冲洗出来,以确保注水井的清洁。

洗井步骤如下:

①冲洗来水管线,在洗井之前用排量 25m³/h 以上把配水间到井口之间的注水管线冲洗干净。

②接好反冲井管线,油管、套管安装压力表。

③装上校对水表,校对排量,进出口误差不得超过 5%。

④倒流程洗井,按时计量进出口排量,做好记录。

⑤洗井排量由小到大分 3 个台阶:10～15m³/h,20m³/h,25～30m³/h,累计洗井水量不少于 300m³。

(6)混气水洗井。在地层压力和静水柱压力之差较大时,若用清水洗井中发现漏失严重,则应采用混气水洗井。在用混气水洗井时应按以下要求进行:

①进出口管线必须用高压硬管线连接,地面管线要平直、少弯。

②进口管线必须装放空阀门、单流阀、气压表,出口要装回压表。

③若管线有刺,不可带压操作,一定要放空后再上紧,泄压时人员必须远离高压管线。

④停洗时,一定要先停水后停气,洗井时一定要先供气后供水。

⑤混气水洗井要大排量连续进行。

⑥洗井合格,直到进出口水质一致。

(7)释放封隔器,按照下井封隔器的型号打压达到释放压力值,稳压 30min,观察套管无溢流,即证实释放成功。

(8)试注、转注。经排液洗井合格后开始试注,步骤如下:

①关井,倒好注水流程,上紧井口丝堵并装好压力表。

②装好并校对计量水表。

③将洗井流程改为注水流程,投入试注。先放大注水一周,测绘吸水指示曲线,确定启动压力,然后再控制注水量达到配注水量,记录油压、套压。

④测绘注水指示曲线:试注的目的在于确定地层的启动压力和吸水能力,通常采用吸水指数来表示,在实际工作中一般采用测绘注水指示曲线的方法来计算。计算吸水指数的公式如下:

$$K = (Q_2 - Q_1)/(p_2 - p_1) \qquad (4-1)$$

式中 K——吸水指数,m³/(d·MPa);

Q_2, Q_1——不同压力下的注水量,m³/d;

p_2, p_1——不同日注水量时对应的注水压力,MPa。

测绘指示曲线要在注水井吸水量稳定以后进行,一般 3～10d 以内。吸水指示曲线如图 4-21 所示。

对一些地层具有盐敏、速敏、碱敏、酸敏等特性的油层要在试注前采取相应的油层保护措施,如注入黏土防膨剂、稳定剂等。

有些井由于钻井、完井过程中油层伤害严重,虽经强

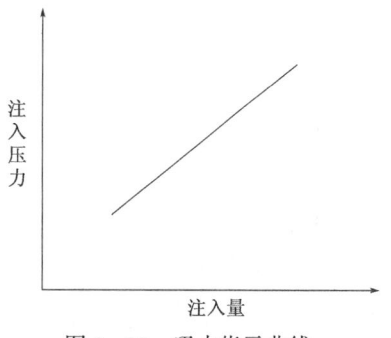

图 4-21 吸水指示曲线

烈排液和反复洗井,试注效果仍然不好。这种情况通常需要预先选用高质量深穿透射孔弹射孔以及进行酸化、压裂等增注措施后再试注。

注水井经过排液洗井及试注阶段,在取得相关的资料后即可按地质方案要求转入正常的注水生产。

二、试配

试配就是针对各油层不同的渗透性能,采用不同的压力注水。对渗透性好、吸水能力强的地层,适当控制注水;对渗透性差、吸水能力低的地层,则加强注水。尽可能把水有效地注入地层,使注入水在高、中、低渗透层中都能发挥应有的作用,从而使层间矛盾得到调整,地层能量得到合理补充,控制油井含水上升速度。因此,注水井实行分层配注,是实现油田长期高产稳产、提高油田无水采收率和最终采收率的有效措施。

要想搞好试配,首先要把注水井的层段划分清楚,然后根据注水井和油井连通层渗透率的好坏,合理地确定层段性质。一般注水层段可划分为加强层、接替层和限制层三种。根据全井笼统注水测得的指示曲线和吸水剖面、受效油井的开采情况以及其他地质资料,经综合分析,选择确定各层段的合理水嘴大小,以达到对各层段定量注水的目的。

1. 试配前的准备工作

(1)按照地质方案与工程方案的要求,做好施工设计,设计要有设计人、审批人签字。设计一般内容按常规施工设计编制,有特殊要求必须逐条注明,变更方案必须经审批后方可实施。

(2)现场调查。除按常规施工井要求调查外,还应取得该井的套管接箍磁性定位深度资料,以备计算卡封隔器深度时避开套管接箍位置。

(3)准备井下工具。按照施工设计到工具车间领取井下工具,领取工具时必须逐件与设计型号、出厂合格证认真核对,三者一致时方可装车。搬运时要轻拿轻放,拉运途中不能让工具在车上乱滚动,卸车时不能从车上摔下,应将工具摆放在井场地形较高、干净的地方。

2. 试配前的井下调查工艺

在注水井进行分层配注前,必须对井下情况进行全面和细致的调查,因为分层配注时井内要下入外径较大的分层注水工具,要求注水井有一个比较完好的井身结构和一个干净的井筒和井底,这样分层配注才能收到良好的注水效果。进行井下调查的内容有探砂面、冲砂、探人工井底、检查套管内径变化、检查射孔质量、检查管外窜槽等。

1)探砂面、冲砂、探人工井底

有些注水井在排液阶段就有出砂现象,若排液后直接转注,砂子就会沉积在井底,分层注水前必须将砂子冲出地面。探砂面、冲砂、探人工井底,可在试注管柱加深后进行,有关内容参见常规施工要求进行。

2)检查套管内径变化

分层配注要下入注水封隔器把油层分隔开来,如果封隔器卡在套管变形部位,就会使封隔器不密封或密封不好,这样就达不到分隔油层的目的,无法进行分层注水。如果套管变形部位在射孔井段以上,则封隔器有下不去或被刮坏的可能。因此,在分层注水前,必须查清套管内径变化情况。其方法是用微井径仪进行检查,也可下入不同直径的铅模进行通井。

3) 检查射孔质量

如果用 58-65 型聚能式射孔弹射孔,由于炮弹爆炸的能量大,往往会使套管发生较大变形,甚至会发生破裂。如果不进行检查,把封隔器正好卡在套管变形较大或发生破裂的地方,封隔器就不能密封。因此对射孔层段部位更要详细检查,其方法也是用微井径仪进行检查,但是径向要用 1:200 的放大比例来测井。如发现有误射应进行补孔。

4) 检查管外窜槽

分层注水是通过下入注水封隔器密封油套环形空间,把油层分隔开来,使其互不连通。如果套管外窜槽,尽管在套管内分隔了地层,而在管外两油层之间仍然是相互连通的,这样就达不到分层配注的目的。因此要进行分层配注,必须查清两油层之间在管外是否存在窜槽,如有窜槽就要进行封堵。

3. 试配施工步骤

(1) 组配管柱。

① 在射孔井段顶界以上 10~15m 处,下保护套管封隔器一级(可洗井型)。
② 注水管柱使用防腐油管。
③ 偏心配水器之间距离不应小于 8m,撞击筒与尾管底部距离不小于 5m。
④ 配水器应下至对准油层中部位置。
⑤ 封隔器卡点位置不能在炮眼、套管接箍和套管损坏部位。
⑥ 管柱完井深度应下至射孔底界以下 5~15m。当井底口袋不足时,可适当提高 3~5m。
⑦ 丈量、计算管柱误差,油管每 1000m,实际累计长度与丈量累计长度误差不超过 ±0.2m,可用磁性定位校深来检查。
⑧ 要求对下井油管丈量 3 遍,计算结果一致。

(2) 下管柱。

① 油管螺纹抹上密封脂或厌氧胶等。
② 上正扣、上紧扣,上扣扭矩达到标准要求值。
③ 当管柱下至设计深度后,用磁性定位校对下井封隔器深度,如需调深度,可用油管短节对井内管柱的深度进行微调,达到设计要求后,方可坐井口。

(3) 坐井口、安装采油树。

① 把井口钢圈用柴油清干净,将钢圈擦洗干净,把钢圈放平、放正。
② 对角上紧井口螺栓。

(4) 反洗井。

① 连接好反洗井管线,油管、套管装上压力表。
② 校对水表,进出口误差不超过 5%。
③ 倒反洗井流程,按时计量进出口排量,做好记录。
④ 洗井排量按试注井要求进行至洗井合格。

(5) 释放封隔器。

按照下井封隔器的型号,打压达到释放封隔器的释放压力要求,稳压 30min,观察套管至无溢流,即证实释放成功。

(6) 投捞堵塞器。

按设计配水嘴下入,如下井水嘴为可溶性的水嘴,则可待 24h 水嘴溶化后,即可进行验封。

(7)验证封隔器密封。

(8)转入正常注水。

(9)交井。

取得验封、注水和测试资料后,即可把井正式交给采油队管理,并在交接书上签字,作为验收、结算依据。

三、重配与调整

注水井在分层配注后,常常因地层情况发生变化,实际注入量达不到配注要求时,需要进行重新配水嘴,把换水嘴这一施工过程称为重配。或根据油田地下的需要,改变了原来的配注方案,配注量和封隔器位置都有改变时,把这一施工过程称为注水井的调整。

在井下工具损坏或失灵后,不能进行正常注水时,也要动管柱作业,起出检查更换井下工具。

根据下井管柱结构的不同,如果是活动式配水管柱,在封隔器和其他井下工具没有失败的情况下,需要调整水量或检查更换水嘴时都可以不动管柱,而只用小型绞车下入录井钢丝打捞出活动芯子,换上适合的水嘴即可。对于井下管柱为固定式配水管柱,若需进行上述工作,则必须动管柱作业。

1. 准备工作

(1)有地质、工程方案,有设计人、审批人签字,变更方案必须经审批。

(2)现场调查,取得常规作业应有的资料。

(3)按试配井对准备井下工具的要求进行准备。

(4)提前24h通知管井单位关井降压。若在高寒地区,注意防止冻坏井口设备和冻结管线,应采取放溢流降压的方式,开始2h溢流量控制在$2m^3/h$以内,以后逐渐增大,最大不超过$10m^3/h$。

2. 施工步骤及技术要求

(1)抬井口,安装控制井口装置。

(2)试提管柱,负荷正常,井内管柱无卡阻方可起油管。

(3)起油管,在起油管时观察油管有无穿孔漏失或螺纹刺漏。

(4)鉴定原管柱。对起出的管柱要详细检查,并把井下工具卸成单件,编号后送往工具车间进行试压鉴定,并填写鉴定结果。根据鉴定情况与施工设计相结合,最后选择出合适的水嘴,装配好后,一次把全部新下井工具运往井场。

(5)检查、丈量、组装管柱。对起出的防腐油管要认真检查,有死油要求用蒸汽刺净,对有弯曲和损坏的油管要调换好的备件。准确地丈量油管,对下井的管柱要做到三丈量、三对扣;按设计要求组装配好下井管柱,并详细检查两遍,无差错时方可下井。

(6)下配水管柱,油管螺纹涂抹密封脂或厌氧胶,上扣扭矩达到质量标准要求。

(7)电磁定位校对封隔器卡点深度,当准确无误即可坐井口,安装采油树。

(8)反洗井,按洗井质量要求洗井至水质合格。

(9)释放封隔器,按照设计封隔器型号对释放时的技术要求正打压,并稳压至套管保护封隔器密封无溢流,即证实释放成功。

(10)投捞配水堵塞器。如下井水嘴为死嘴子,则需捞出死嘴子,投入配注水嘴;如下井的是可溶性水嘴,则可待水嘴溶化后即可进行投注验封。

(11)验证封隔器密封。

(12)按全井配注水量,转入正常注水。

(13)交井,备齐验封资料、注水和测试资料后,即可进行交井验收结算。

复习思考题

1. 什么是清蜡作业？常用的清蜡方法有哪些？
2. 根据循环通道的不同,热流体循环清蜡法可分为哪几种方式？
3. 热力清蜡法包括哪几种？
4. 不压井检泵作业,井口控制部分由哪几部分组成？
5. 不压井检泵作业的加压部分的作用是什么？由哪几部分组成？
6. 不压井检泵作业的油管密封部分是由什么来完成的？
7. 安全接头的作用是什么？
8. 什么是试注？试注的目的是什么？
9. 试注时排液的目的是什么？
10. 试注的施工步骤是什么？
11. 试注时探砂面的要求是什么？
12. 试注时洗井的目的是什么？
13. 什么是试配？
14. 试配前为什么要进行井下调查？井下调查的内容有什么？
15. 什么叫重配？什么叫注水井的调整？

第五章 井下事故处理

第一节 概 述

在油水井生产过程中,往往由于多种原因,使油水井不能正常生产。特别是由于卡钻和井下落物,造成油井停产,使油水井的利用率下降,严重时可造成油水井报废。因此,迅速有效地处理井下事故,是保障油田正常生产的一项重要措施。

本章主要针对套管内卡钻及落物造成的井下事故进行分析,并介绍常用的处理方法——打捞解卡工艺。打捞解卡主要是解决井下生产管柱由于各种原因被卡阻在井内而不能正常生产的问题,包括打捞和解卡两方面技术内容,是井下作业施工的一项基本手段,也是一项技术含量较高的综合性修井技术,在大修井施工过程中应用较普遍。

一、处理井下事故的基本原则和要求

井下事故处理的目的是恢复井筒畅通,以满足作业、增产措施及注采的需要。根据井下事故处理的目的,处理井下事故应遵守的基本原则是:保护油水层不受污染和破坏;不损坏油层套管(或不损坏井身)。井下事故处理必须是越处理越简单、落物越少,不能越处理落物越多、越复杂。处理井下事故的设备能力、人员素质必须能满足工艺需要,不得因处理井下事故而造成人员伤害、设备损坏、污染环境等事故。

因此,从技术管理角度出发,应做好以下几点工作:

1. 查清井况

处理井下事故要做到"四清":

(1)历史状况清:修井前要查清采油、注水、修井、试油、增产措施、含水及周围水井影响程度与本次修井目的等。

(2)鱼头清:查清目前鱼头形状、规范,是否靠边,有无残缺等。

(3)复杂情况清:查清鱼顶(视频3)周围套管是否损坏,损坏程度如何;井内是否出砂,鱼头是否砂埋,鱼头内外是否有其他落物等。

(4)井深数据清:了解送修数据、下井钻具及捞出物长度等数据与井深或鱼头位置是否一致,若有差异,则应分析产生的原因等。

这"四清"是制定正确措施的依据。

2. 正确选择用具

选择合适的打捞工具很关键,必须考虑套管规范、鱼头尺寸与形

视频3

状、工具下井的安全性等。在上述前提下,应尽可能选用结构简单、操作方便、灵活的用具。在一些特殊井况下,系列工具往往满足不了井况需要,此时必须加工一部分特殊工具,只有这样,才能为解决各种复杂井况提供必要条件。

3. 采取可行的打捞措施

正确的打捞措施是复杂井处理的关键,同一种工具,操作方法和辅助措施不同,捞获效果明显不同。如果操作方法不当,不仅影响打捞成功率,甚至可能造成新的事故。

4. 严格执行操作规程

在打捞过程中,严格执行措施、认真操作是处理事故的有利因素。

二、打捞与解卡常用术语

(1)打捞:采用相应的措施、工具捞出井下落物的作业过程。

(2)管柱:下入井中的油管或钻杆及工具的总称。

(3)落鱼:凡是断落在井内的钻杆、钻铤、钻头、油管、抽油杆、下井工具、仪器以及从井口落入井内妨碍生产的物体统称为井下落物,俗称落鱼。

(4)鱼顶:又称鱼头,指落鱼的顶部。鱼顶位置是指鱼顶所在井下位置的深度,为钻井时转盘的方补心到鱼顶的距离。

(5)鱼长:指落鱼的长度。

(6)印痕:铅模从井内打出的痕迹。

(7)卡钻:凡是所下管柱及工具在井内不能上提、下放或转动的现象均称为卡钻。

(8)卡点:管柱或落鱼被卡位置的上限深度。

(9)测卡:确定卡点深度的工艺过程。

(10)解卡:解除各种管柱或落鱼卡阻的施工过程。

(11)悬重:指工艺管柱下入井内后,反映在拉力表或指重表上的重力。

(12)钻压:修井施工中采取钻磨铣、打印、打捞、切割等措施时,工艺管柱下放加给钻头、印模、打捞工具、割刀等的载荷。

(13)套管技术规范:指套管本身的完好程度,如径向尺寸变化、腐蚀孔洞、固井质量、落物情况等。

三、井下事故处理常用计算

在修井过程中,无论是打捞作业还是解卡作业,都必须弄清楚井下管柱被卡情况,从而为下一步作业施工提供依据。

1. 卡点计算

在解卡过程中,首先要弄清楚卡点位置。管柱在遇卡受拉时,会产生弹性变形,在纵向上表现为纵向伸长,根据胡克定律,管柱受拉伸长量为

$$\Delta L = \frac{HP}{ES} \tag{5-1}$$

式中　H——卡点深度,m;

　　　P——上提拉力,kg;

　　　E——材料弹性模量系数,油管用钢的弹性系数为 $2.1 \times 10^6 \text{kg/cm}^2$;

S——油管截面积,cm^2;

ΔL——油管受拉伸长量,cm。

为了便于计算,可以将式(5-1)中E、S以及单位进行换算,式(5-1)可变为

$$H = K\frac{\Delta L}{P} \quad (5-2)$$

式中 H——卡点深度,m;

K——计算系数,无量纲;

P——上提平均拉力,kN;

ΔL——在拉力P的作用下管柱平均伸长量,cm。

计算系数K可由表5-1查得。

表5-1 钻杆、油管参数表

管柱类别	规范,in	内径,mm	壁厚,mm	计算系数K
钻杆	2⅞in	73	9	3800
	3½in	89	9	4750
			11	5650
油管	2in	50	5	1820
	2½in	62	5.5	2450
	3in	76	6.5	3750

计算时,将3次上提的负荷相加,再除以3,得出平均上提负荷P,作为计算的分母;将3次上提时管柱的受拉伸长量相加,再除以3,得平均伸长量ΔL,作为计算的分子;再根据管柱类别所查得的计算系数,采用式(5-2)计算H即可。

例5-1 某井井深为1500m,井内下有2½in油管1450m,发现油管砂卡。测定卡点位置时,第一次上提拉力为80kN,油管伸长40cm;第二次上提拉力为100kN,油管伸长50cm;第三次上提拉力为120kN,油管伸长60cm。求卡点位置。

解:3次上提的平均拉力为

$$P = (80 + 100 + 120) \div 3 = 100 (kN)$$

3次上提的平均伸长 $\Delta L = (40 + 50 + 60) \div 3 = 50 (cm)$

由表5-1可查出2½in油管$K = 2450$,则卡点深度为

$$H = K\frac{\Delta L}{P} = 2450 \times \frac{50}{100} = 1225 (m)$$

2. 复合钻具卡点深度计算

复合钻具卡点深度计算的具体步骤如下:

(1)通过大于钻柱原悬重量的实际拉力提拉被卡钻具,量出钻柱总伸长ΔL(一般取多次提拉伸长量的平均值)。

(2)计算在该拉力下,每段钻具的绝对伸长(假设有3段钻具):

$$\Delta L_1 = \frac{10^5 L_1 P}{EF_1}; \Delta L_2 = \frac{10^5 L_2 P}{EF_2}; \Delta L_3 = \frac{10^5 L_3 P}{EF_3} \quad (5-3)$$

式中 ΔL_1、ΔL_2、ΔL_3——自上而下 3 种钻具的伸长,cm;

ΔL——总伸长,cm;

P——上提拉力,kN;

L_1、L_2、L_3——自上而下 3 种钻具的下井长度,m;

F_1、F_2、F_3——自上而下 3 种钻具的截面积,cm²;

E——钢材弹性系数,$E = 2.1 \times 10^5$ MPa。

(3)分析 ΔL 与 $\Delta L_1 + \Delta L_2 + \Delta L_3$ 值的关系:

①如果 $\Delta L \geq \Delta L_1 + \Delta L_2 + \Delta L_3$,说明卡点在钻头上;

②如果 $\Delta L \geq \Delta L_1 + \Delta L_2$,说明卡点在第三段上;

③如果 $\Delta L \geq \Delta L_1$,说明卡点在第二段上;

④如果 $\Delta L \leq \Delta L_1$,说明卡点在第一段上。

(4)计算 $\Delta L \geq \Delta L_1 + \Delta L_2$ 的卡点位置:

①先求 ΔL_3,$\Delta L_3 = \Delta L - (\Delta L_1 + \Delta L_2)$;

②计算 L_3^* 值:$L_3^* = \dfrac{\Delta L_3 \cdot E \cdot F_3}{P \times 10^5}$,$L_3^*$ 为第三段钻具未卡部分的长度;

③计算卡点位置:$L = L_1 + L_2 + L_3^*$。

(5)其他情况可类推。

3. 中和点计算

管柱遇卡时往往是在上提过程中出现或者被发现的。在上提管柱时,可以这样分析管柱的受力状况:管柱上部受拉,下部受压,而中间的某一点既不受拉也不受压,称为中和点,将中和点以上管柱长度设为 L_1,将中和点以下管柱设为 L_2,那么中和点处有

$$P = HS(\rho - \rho_0)g \tag{5-4}$$

式中 P——上提负荷,kN;

H——中和点深度,m;

S——油管截面积,cm²;

ρ——钢的密度,kg/cm³;

ρ_0——井内液体密度,kg/cm³;

g——重力加速度,N/kg。

于是,中和点位置为

$$H = \dfrac{P}{S(\rho - \rho_0)g} \tag{5-5}$$

将式(5-5)进行简化,则有

$$H_0 = \dfrac{P_0}{q_0} \tag{5-6}$$

式中 H_0——中和点深度,m;

P_0——上提负荷,kN;

q_0——每米管柱在液体中的重量,kN/m。

例 5-2 某井下有 2½ in 油管 2000m,由于油层出砂,油管被卡,用清水压井处理事故,现上提 100kN 倒扣,试算在什么位置倒开。

解: $P_0 = 100$ kN,$q_0 = 8.3 \times 10^{-2}$ kN/m

故

$$H_0 = \frac{P_0}{q_0} = \frac{100}{8.3 \times 10^{-2}} = 1205(\text{m})$$

预计在 1205m 处倒开。

第二节 打 捞

一、打捞作业的分类

打捞是针对不同的井下落物,采用相应的打捞工具,将落物捞出的工艺方法。打捞施工往往根据不同的落物情况,采取相应的工艺措施。可以从不同角度对打捞作业进行分类。

1. 按落物种类划分

(1)管类落物打捞,如油管、钻杆、封隔器、工具等落物打捞。

(2)杆类落物打捞,如(断脱的)抽油杆、测试仪器、抽汲加重杆等落物打捞。

(3)绳类落物打捞,如录井钢丝、电缆等落物打捞。

(4)小件落物打捞,如铅锤、刮蜡片、压力计、取样器和阀球、牙轮等落物打捞。

2. 按打捞作业的难易程度划分

这是现场上按照工程处理难易程度对打捞作业进行分类的一种方法,分为简单打捞和复杂打捞两种。这种划分方法便于施工准备和制定施工措施。

凡掉入井内的管类、封隔器和绳类等,没有卡钻遇阻等复杂情况,一般作业队的设备及技术力量能够解除的故障,不需要采用转盘倒扣、套铣、磨铣等工艺的作业。在采油、注水、修井过程中掉入井内的铅锤、刮蜡片、压力计、钢丝和钢丝绳等,或在修井过程中没有按操作规程,造成修井工具、管类、绳类掉入井中,或管柱被卡断落在井内,用简单提拉、震击解卡可以解除的,均属于简单打捞。

凡掉入井内或卡在井内的管类、绳类等,一般作业队设备及技术力量无法处理,须使用倒扣、套铣、钻磨及爆炸措施处理才能恢复正常生产的作业,均称为复杂打捞。

3. 按打捞作业的所处位置划分

根据打捞工具打捞时所处的位置,可将打捞作业分为外捞和内捞。外捞是指打捞时打捞工具在落物之外,用于打捞的工具主要有打捞筒、打捞篮、母锥、三球打捞器及内钩等;外捞适用于打捞杆类、管类、绳缆类及小件落物,打捞时将落物含在工具腔内。内捞是指打捞时打捞工具处于落物内,用于内捞的工具主要有打捞矛、公锥、外钩等;内捞适用于打捞杆类、管类、绳类落物,打捞时将工具插入落物内。

二、常用的打捞工具

根据不同类型的井下落物,技术人员设计出了相应的打捞工具。

1. 管类落物打捞工具

常用管类落物打捞工具有公锥、母锥、滑块卡瓦打捞矛、接箍捞矛、可退式打捞矛、可退式打捞筒、开窗打捞筒等。

2. 杆类落物打捞工具

常用杆类落物打捞工具有抽油杆打捞筒、组合式抽油杆打捞筒、活页式捞筒、三球打捞器、摆动式打捞器、测试井仪器打捞筒等。

3. 绳类落物打捞工具

常用绳类落物打捞工具有内钩、外钩、内外组合钩、老虎嘴等。

4. 小件落物打捞工具

常用小件落物打捞工具有一把抓、反循环打捞篮、磁力打捞器等。

5. 辅助打捞工具

常用的辅助打捞工具有铅模、各种磨铣工具、各种震击器（上击器、下击器、加速器和地面下击器等）、安全接头和各种井下切割工具等。

6. 大修常用钻具和井口工具

大修常用钻具有正反扣钻杆、钻铤、方钻杆。

常用的井口工具有轻便水龙头、液压钳、吊钳、安全卡瓦、各种规格的活门吊卡、井口卡瓦、方钻杆补心、钻铤提升短节、接头等。

7. 倒扣工具和钻具组合

常用倒扣工具有倒扣器、倒扣捞矛、倒扣捞筒、倒扣安全接头、倒扣下击器。

常用的钻具组合有两种（自下而上）：一是倒扣捞筒（捞矛）+倒扣安全接头+倒扣下击器+倒扣器+正扣钻杆（油管）；二是倒扣捞筒（捞矛）+倒扣安全接头+反扣钻杆。

三、井下落物打捞

1. 打捞的基本原则

打捞井下落物时要遵循以下原则：打捞过程中要确保油水层不受二次污染与破坏；不损坏井身结构；处理事故过程中不能越处理越复杂。

2. 铅模打印的要求

在打捞作业前，一般先通过铅模打印来判断井下事故的性质。

(1) 铅模起出后，从铅模上可以直观看出套管的损坏程度。

(2) 铅模侧面有擦痕，说明套管有毛刺或卷边。如擦痕严重，则说明套管错断，更严重的可直观地在铅模上反映出来。

(3) 对有规则的管类、杆类和井下工具，通过打印可以直接反映落鱼的内外径、在井下的状态、鱼顶好坏。

(4) 对绳类落物可以通过打印判断其所处的状态和落物的性质。

(5) 对有规则的小件落物可直观地在铅模上反映出来，对无规则的小件落物也可通过打印来判断其尺寸大小、所处状态，为下一步打捞提供依据。

(6) 在铅模打印时，要平稳操作，一趟管柱只能打一次印。

3. 管类落物打捞

管类落物包括油管、钻杆、管类工具、封隔器、套铣管等。

打捞管类落鱼时,现场常用的打捞管柱组合(自上而下)如下:钻杆(油管)+上击器+安全接头+打捞工具。

根据选择的打捞工具不同,打捞管柱分别称为公锥打捞管柱、母锥打捞管柱、滑块捞矛打捞管柱、可退式捞矛打捞管柱、卡瓦打捞筒打捞管柱、开窗捞筒打捞管柱。对于自由下落的落物可以不下上击器,对于鱼顶偏的落物要视情况下扶正器和引鞋。

打捞时,判断是否捞上落鱼的方法是:校对造扣方入;观察指重表悬重变化;对比打捞前后泵压;造扣后,上提钻具若干米再下放,观察钻具深度的变化,一般捞上落鱼后放不到原来的深度。

4. 杆类落物打捞

抽油杆断脱有两种情况:一种是断脱在油管内;另一种是断脱在套管内。在油管内打捞抽油杆比较容易,如抽油杆脱扣时,可下抽油杆对扣打捞或下卡瓦打捞筒进行打捞。在套管内打捞就比较复杂,因为套管内径大,抽油杆本身很细、刚度小、易弯曲、易拔断,打捞难度和工作量都较大。

打捞杆落物常用的钻具组合有:

(1)油管内打捞:抽油杆对扣杆柱;抽油杆捞筒打捞管柱;活页式捞筒+钻杆。

(2)在套管内打捞:活页式捞筒+钻杆(油管);三球打捞器+钻杆(油管);钢丝打捞筒+钻杆(油管);摆动式打捞器+钻杆(油管)。

当断脱在井下的抽油杆被压成团时,需要用内外钩打捞。打捞方法是:下钻遇阻后记下方入,然后上提钻具,从不同的方向下放,找出一个方入最大的地方,缓慢加压力(严禁加重压,以防事故恶化)。起钻时不许用钻盘卸扣。

当抽油杆在井下被压实,而且用上述方法无法捞获时,则用套铣筒套铣或用大水眼的磨鞋进行磨铣。套铣后,再用磁铁打捞器和反循环打捞篮打捞碎屑。

5. 小件落物打捞

在修井工作中经常碰到螺钉、钢球、钳牙、牙轮、撬杠等小物件落井,这会给井下作业带来一定困难。打捞这些落物时,要根据落鱼的大小、形状选择合适的工具。必要时还要根据具体情况设计、制造出相适应的工具。设计的打捞工具必须具备易捞、足够的强度、结构简单、操作方便等特点。

打捞小件落物时的钻具组合(自鱼顶向上)为:打捞工具+钻杆(油管)。根据打捞工具不同分为反循环打捞篮打捞管柱、一把抓打捞管柱、磁力打捞器打捞管柱。

6. 绳类落物打捞

绳类落物主要有录井钢丝和电缆。现场常用的打捞该类落物的钻具组合(自鱼顶向上)为:打捞工具+钻杆(油管)。

根据所用的打捞工具可分为内钩、外钩、内外组合钩、老虎嘴等。

加工内外钩时应在打捞工具上加装隔环,防止绳类落物跑到工具上端造成卡钻。

四、预防井下落物的管理措施

在各种各样的井下工具遇卡和井下落物中,除了由于油井产状较差造成的砂卡、蜡卡事故以外,大量的事故是由于管理和操作不当而造成的井下落物,其中不乏油水井维护、改造和大修作业中造成的二次事故。在油水井生产管理和作业过程中要严格管理制度和操作规程,尽量避免人为事故。

预防井下落物应从以下几个方面加强管理：

(1)对下井的工具、钻具必须认真、严格检查，并测绘草图留查。对不合格、有怀疑的工具、钻具严禁下井。

(2)严格按照操作规程施工，情况不明时切忌施工。

(3)注意施工中的情况变化，及时分析并调整施工方案，以免造成事故。

(4)起下钻时须安装自封封井器，井内无钻具时，应将井口加盖或密封。

(5)在井口操作时，使用的工具、用具应清理记录。施工结束后要逐一检查，发现丢失工具、用具应特别登记、上报。

(6)不允许随便往油管内存放东西，下钻时要逐根通径，以防管内存物掉入井中。

五、电动潜油泵打捞技术

随着电动潜油泵(简称电泵)增加，作业过程中卡泵、电缆击穿、脱落、掉泵、砂卡电泵、套管变形卡泵事故不断发生，且电泵结构复杂、外径大，加上电缆因素，人们曾一度被打捞电泵问题所困扰。

1. 电泵井下事故的原因

(1)间隙很小易卡泵：油层套管多为 $\phi140mm$ ($5\frac{1}{2}in$)，内径 $\phi121\sim124.5mm$，而电泵机组最大外径为 $\phi116mm$，且很长，约为 70mm 左右。套管与电泵之间的间隙只有 $4\sim5mm$，若油层出砂，就很容易产生砂卡。

(2)连接环节薄弱：电泵机组之间的相互连接均为 8 条 $\phi8mm$ 螺栓，在启泵时，若有卡泵现象，容易从此处拉断，造成事故。

(3)电缆击穿：由于电缆质量问题，或长期使用老化，或电缆受到腐蚀等因素影响，容易发生击穿，启泵时电缆断掉、滑脱，甚至堆积而发生井下事故。

(4)与一般机泵井相同的事故：油管滑扣、套管卡泵、砂卡、落物卡等所有造成其他泵卡、落井的事故，同样会造成电泵落井事故。

2. 电泵事故分类

电泵事故主要有：电泵不能启动，原管柱等未损坏(A 类)；全套电泵机组、部分电缆、油管落入井内(B 类)；只剩电泵机组或部分电泵机组在井内(C 类)。

3. 电泵打捞

1)上下活动打捞

在原管柱未损坏，或其他情况下捞获后，可在油管、地面设备允许的负荷内上下活动，以达到松动解卡捞获电泵的目的，且不可转动管柱，更不能倒扣。

2)打捞电缆、管柱

活动无效时，对 A 类情况可从电泵泄油器以上把油管与电缆全部切断，起出油管和电缆；对于 B 类情况，捞获后可采用震击解卡，若无效，也可采用切割或套、磨、铣等工艺把油管和电缆全部捞出。

3)打捞电泵

冲洗鱼顶，下电泵卡瓦捞筒(需要时还要套铣电泵)对电泵进行打捞。捞获后，可用上下活动、震击解卡，若仍无效，就从泵连接螺栓处提断，一节一节地提捞，直至把全部电泵捞出。

4)破坏性打捞

倒掉上接头,用特制工具抽出转子、定子,最后磨掉电动机外壳。

六、绕丝筛管打捞技术

金属绕丝筛管防砂是易出砂砂岩油田最有效的防砂技术之一。绕丝筛管防砂能最大限度地防止油井出砂,提高油井生产周期,使用寿命长达 2~3 年。但是绕丝筛管管柱结构复杂,中心管强度低,外径大,给大修打捞带来不利,长期以来制约着修井速度和修井成功率。经油田工程技术人员多年实践,创造总结出了一套有效的工艺技术,完善配套了专用打捞工具,打捞成功率达 100%。

1. 绕丝筛管难以打捞的原因

(1)筛管外径大,套管内径较小,间隙比较小,且环空充填了砾石,提捞时筛管所受阻力相对较大,不易顺利起出。中心管强度低,易拔断。

(2)筛管防砂失效后,易砂埋筛管,造成卡死筛管。

(3)悬挂丢手封隔器坐封加压超重,造成封隔器卡住。

(4)充填施工失败,会造成充填工具、筛管卡钻。

2. 打捞绕丝筛管

查清井下落物规范、数量,将鱼顶清理干净,并修磨规则;下反扣钻杆(或倒扣器),下带隐窗套铣工具,对绕丝筛管进行套铣;套铣一根套铣筒长度,试提是否捞住;倒扣。这样多次套铣倒扣,直至把全部绕丝筛管捞完。

3. 破坏的绕丝筛管打捞

在破坏绕丝筛管打捞过程中,将绕丝捣乱呈乱团钢丝状,先捞乱丝,再捞中心管。

(1)打捞乱丝。对于提断的筛管,常存在乱丝,无法进行正常套铣时,下隐窗打捞筒,大排量冲洗。启动转盘,将乱丝引入筒内,加压至套铣筒下不去为止,提出捞筒,取出乱丝。这样反复进行,直至把乱丝全部捞出为止。

(2)打捞中心管。修整鱼顶,下中心管打捞筒,把中心管倒出来。

(3)打捞余下的完好筛管。把损坏段的筛管全部捞完后,用前面讲的打捞筛管的方法,下隐窗打捞筒套铣,打捞余下的完好筛管,直至将全部筛管捞出。

第三节 解 卡

使用与井下管柱重力相等的拉力,但不能提起管柱的现象称为卡钻。

一、砂卡的处理

1. 砂卡的原因

(1)有的油井生产时,油层中的砂子随着油流进入套管,逐渐沉淀埋住封隔器或一部分油管;在注水过程中,由于压力不稳定,或者停注造成倒流现象,使砂子进入套管而造成砂卡

(视频4)。

(2)冲砂施工时的排量不够,液体上返速度小,携砂能力差,不能将砂子完全携带到地面,在停止循环时,冲砂液中的砂子下沉造成砂卡。

(3)在压裂、填砂等工艺过程中,措施不当也会造成砂卡。图5-1为砂卡示意图。

图5-1 砂卡示意图

2. 活动解卡

卡钻时间不长或卡得不严重的井,可采取上提、下放井内管柱,使砂子疏松而解除卡钻事故。

活动解卡有不同形式,有上提时慢慢增加载荷到一定值后立即松开刹把,迅速卸载;也有活动一段时间后,提紧管柱刹住车,使管柱在拉伸情况下悬吊一段时间,使拉力逐渐传到下部管柱。两种活动形式都有可能奏效,但每次活动5~10min后稍停一段时间,以防管柱疲劳而断脱。

3. 憋压恢复循环解卡

砂卡后,应立即开泵循环。若泵不启,可采用憋压的办法,若能憋开,则卡钻解除。憋压解卡时,压力应由小到大逐渐增加,不可一下憋死。当不易憋开时,可多放几次回水,同时与上下活动钻柱一起进行。

4. 冲洗解卡

冲洗解卡有两种冲砂方法,即内冲洗管冲砂和外冲洗管冲砂。内冲洗管冲砂是用小直径的冲管在油管内进行循环冲洗,以解除砂堵。外冲洗管冲砂是用小于套管内径而大于油管外径的冲管下入油管和套管之间,冲洗油管与套管之间环形空间中的砂子,从而解除砂卡。最下面的冲管要有斜切口,用于捣松砂堵和防止憋泵。

5. 大力上提解卡

在上述方法无效的情况下,在设备负荷及井下管柱许可范围内,采用大力上提,以克服砂子对管柱的阻力,把管柱拔出,从而解卡。若井内管柱强度较大,修井机的绞车、井架等负荷达不到要求时,可用井下液压增力器来解卡。

6. 爆炸松扣解卡

爆炸松扣解卡的原理是:施工时用单芯测井电缆将炸药送至卡点以上第一个接头螺纹处,提拉钻具并施加足够的反扭矩,然后通过引爆炸药,炸药在爆炸时在接头螺纹处瞬间产生高速冲击力,使螺纹牙间的摩擦和自锁性瞬时消失或大大减少,这样就使接头螺纹在预先施加的反扭矩作用下松开,达到在该点倒扣的目的。图5-2为爆炸松扣装置示意图。

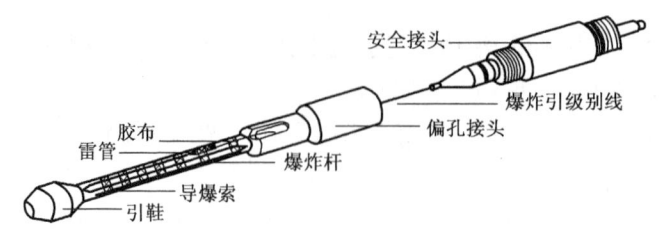

图5-2 爆炸松扣装置示意图

爆炸松扣解卡施工步骤为：

(1)组装井下工具；(2)调试地面仪表；(3)组装松扣炸药包；(4)上部管柱分段紧扣；(5)上提遇卡管柱；(6)工具下井；(7)施加反扭矩；(8)爆炸点火；(9)松扣。

7. 震击解卡

在卡钻事故处理中，可以利用震击器(必要时还要配上加速器)对遇卡管柱反复震击，使卡点松动解卡。这种解卡方法应用范围广，在实际工作中收效也很大，目前在修井作业中广泛应用。

8. 倒扣套铣解卡

这种方法是用正扣钻杆下接倒扣器和反扣打捞工具，或者反扣钻杆下接反扣打捞工具，将井内被卡管柱砂面以上部分倒出。用套铣管套冲管柱外面的砂子，再倒出这些刚套冲出来的管柱。这样套、倒交替进行，直到起出全部被卡管柱为止。

二、水泥卡钻的处理

1. 水泥卡钻的原因

(1)打完水泥塞以后，没有及时提油管，水泥凝固把井下管柱卡住。

(2)憋压挤水泥时，没有检查上部套管的破损，使水泥浆上行至套管破损位置溢出，将上部管柱凝固。

(3)挤水泥时间过长或催凝剂用量过大，在施工中凝固。

(4)井下温度过高，或遇到高压盐水层，水泥早期凝固。

水泥卡钻的处理可分为两种情况，一种情况是能够开泵循环；另一种是憋泵开不了泵。

对第一种情况，可用15%浓度的盐酸进行循环，破坏水泥环而解卡；对于卡得牢开不了泵的井(包括树脂等卡钻)，则采用倒扣套铣解卡、喷钻法解卡、磨铣法解卡。

2. 倒扣套铣解卡

倒扣套铣解卡是将被卡水泥面以上管柱倒出，再用套铣筒将套管和油管之间环空内的水泥铣掉。铣出一根，倒出一根，直至将被卡管柱全部倒出。

3. 喷钻法解卡

当被卡管柱偏靠管壁一侧，套铣筒不易下入时，可采用喷钻法解卡。喷射器是由两根直径为19.6mm的无缝钢管并排焊接(目的是避免插入鱼腔内)而成的，下部各接朝下的喷嘴。下钻时，距鱼顶3~5m处应放慢速度，遇到鱼顶后上提转动从环空中放入，探明水泥面后上提1m开泵循环，正常后加砂喷钻。到能下入套铣筒后，再套铣倒扣捞出落物。

4.磨铣法解卡

当套管内径较小或被卡管柱较小时,先将水泥面以上油管取出,再用磨鞋将被卡管柱连同水泥环一起磨掉。为防止在磨铣处理事故中磨损套管,磨鞋上部应接扶正器。磨铣一段时间后,可用磁铁打捞器或反循环打捞篮捞净碎铁,再继续磨铣,直到事故解除。

三、落物卡钻的处理

责任心不强或工具质量低劣是造成落物卡钻的主要原因,处理的原则是:
(1)切忌大力上提,以防卡死;
(2)轻提慢转管柱有可能挤碎或拔出落物;
(3)正洗井方法开泵憋压建立循环;
(4)用壁钩拨正鱼顶后再捞。

四、套管变形卡钻的处理

套管卡钻通常分为变形卡、破损卡、错断卡,图5-3为套损卡钻示意图。
不论处理哪种形式的卡钻,都要将卡点以上的管柱倒出,修好套管后才能解卡。

五、封隔器卡钻的处理

图5-4为封隔器卡钻示意图。

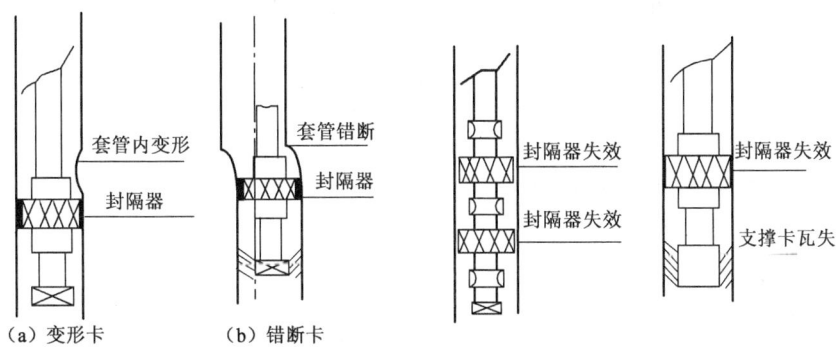

图5-3 套损卡钻示意图 图5-4 封隔器卡钻示意图

1.封隔器卡瓦卡钻的原因和处理办法

1)卡钻原因
(1)弹簧失效导致卡瓦无法收拢;
(2)胶皮破裂导致卡瓦无法释放。

2)处理办法
(1)大力上提解卡和正转解卡;
(2)把封隔器以上的油管倒出,再下公锥打捞,然后正转钻具解卡。

2.封隔器胶皮卡钻的原因与处理办法

封隔器坐封后胶皮压缩严重,上提时胶皮外翻,造成卡钻。
(1)先把封隔器以上的管柱倒出,把封隔器上接头倒掉;
(2)若无法解卡,则下入套铣鞋进行铣磨,把胶皮磨烂,再下打捞矛捞出剩余部分。

六、潜油电泵卡钻的处理

1. 电泵卡钻的原因

(1)由于套管变形、错断、破裂等造成卡电泵；

(2)由于电泵上部的电缆护套或电缆卡子脱落，或其他小物件掉入环形空间，造成卡电泵；

(3)由于套管壁上结蜡或附着砂，在启电泵时因电泵机组与套管壁之间的间隙较小，刮挤成堆，造成砂蜡卡。

2. 电泵管柱的特点

(1)油管外从井口到电动机有扁平电缆，且有电缆卡子；

(2)电泵外的电缆有护套保护；

(3)外径大，管柱结构复杂，不便于不压井作业。

3. 电泵卡钻的处理步骤

(1)首先给油管紧扣，在允许的负荷范围内上下活动管柱；

(2)若不能解卡，则在油管内下入切割弹，从单流阀以上把油管和电缆一起切断，将油管和电缆起出；

(3)下入打捞管柱、震击器及打捞工具，捞获后震击解卡；

(4)震击解卡无效时，可采用套铣、倒扣等办法，注意防止电缆卡钻。

复习思考题

1. 井下事故处理的目的和应遵守的基本原则是什么？
2. 处理井下事故要做到"四清"，是哪四个方面？
3. 什么是落鱼？
4. 什么是鱼顶？什么是鱼长？
5. 什么是卡钻？
6. 什么是钻压？
7. 现场上按照工程处理难易程度将打捞作业分为哪两种？
8. 根据打捞工具打捞时所处的位置，将打捞工作分为哪两种？
9. 根据不同类型的井下落物，常用的打捞工具可分为哪几类？
10. 打捞管类落鱼时，现场常用的打捞管柱组合是怎样的？
11. 电泵井下事故的原因是什么？
12. 电泵事故的分类有哪些？
13. 砂卡解卡有哪几种方法？

第六章 封堵作业

第一节 找水与堵水

一、油井所产水的来源

油井产水,其来源是多方面的,可分为下列几种类型。油井出水和出油分别见视频5、视频6。

视频5

视频6

1. 注入水及边水

由于油层性质不均匀以及开采方式不当,使注入水及边水沿高渗透层及高渗透区不均匀推进,在纵向上形成单层突进,在横向上形成舌进,致使油井过早水淹而大量出水。注入水及边水突进示意图分别如图6-1(a)和图6-1(b)所示。

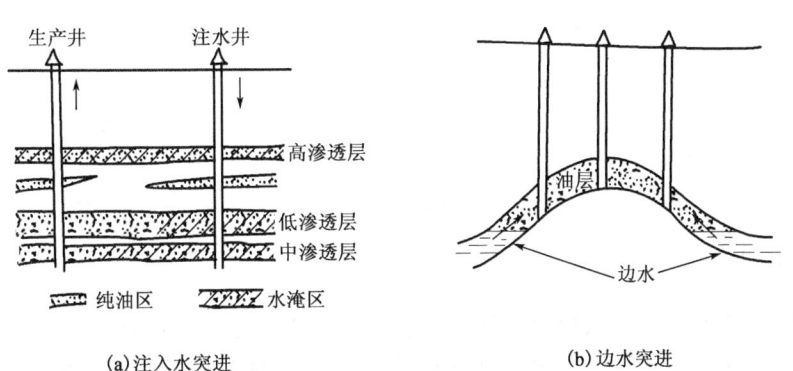

图6-1 注入水及边水突进示意图

2. 底水

当油田有底水时,由于油井生产时在地层中造成的压力差破坏了由于重力作用所建立起来的油水平衡关系,使原来的油水界面在靠近井底时呈锥形升高,这种现象称为底水锥进,如图6-2所示。底水锥进随着原油一起采出,造成油井含水上升,产油量下降。

注入水、边水、底水在油藏中虽然处于不同的位置,但它们都与油在同一层中,可统称为同层水。同层水推入油井是不可避免的,但要缓出水、少出水,只要采取控制和封堵措施,还是能够办到的。

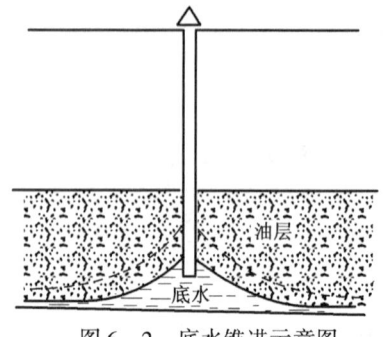

图6-2 底水锥进示意图

3. 上层水、下层水和夹层水

上层水、下层水和夹层水是从油层上部或下部的含水层及夹于油层之间的含水层中窜入油井的水。由于它们是油层以外的水,故统称为外来水。外来水往往因固井质量不高或套管损坏而窜入油井,或者是由于误射水层使水层油井出水。凡是外来水,在可能的条件下都是采取将水层封死的措施。

二、油井出水的危害及防水的措施

1. 出水的危害

(1)消耗地层能量。随着油井产液量的增加,地层压力逐渐降低,油井产水就是地层产能的浪费。在注水开发油田中,注入水若从高渗透条带或裂缝流进油井而被采出,必然会降低驱油效果;要保持注采平衡,还必须增加注入量,从而增加注水费用,当然也增加了采液负担。

(2)油井大量出水,使油井出砂更为严重。砂岩地层见水后,会引起胶结物中黏土成分水化膨胀、分散溶解而降低砂岩胶结强度,致使油井出砂加重,严重时迫使油井停产。

(3)危害采油设备。油井大量出水不但会加重深井泵的负荷,而且也会使地面管线和设备的结垢更为严重,还会使它们受腐蚀的速度加快。

(4)加重脱水泵站负担。油井大量出水,产液量增加,加大了脱水泵站工作量。这势必要增加脱水设备,增加动力、破乳剂的消耗,从而增加了采油成本。

2. 防水的措施

(1)制定合理的油田开发方案,特别是要根据油层的特点,合理地划分注采系统,采取分采分注;规定合理的油水井工作制度,以控制油水边界均匀推进。

(2)在工程上要提高固井质量和射孔质量,避免采取会造成套管损坏的井下工艺技术措施,以保证油井的密封条件,防止油层与水层窜通。

(3)加强油水井的管理与分析,及时调整分层注采强度,保证均衡开采。

三、油井出水层位的确定

各种原因造成的油井出水都会给油田开发带来极大的危害。因此,在采油过程中必须尽量避免油井过早水淹。如果油井出水,就必须采取措施封堵。但是要想堵水成功,必须使用一切可能而必要的手段,取得出水层位的第一手资料,并根据所得资料正确判断出水层位。目前常用的找水方法有以下几种。

1. 机械法找水

1) 找水仪找水

找水仪找水是指在油井正常生产的情况下,下入专门仪器——找水仪,不停产确定主要出水层位和流量的找水方法。找水仪的结构如图 6-3 所示。其中,集流器用于汇集地层来液,涡轮流量计测量流量,电容电极测量含水率。找水仪的工作原理为:仪器下到预定位置后,电磁振动泵工作,将集流器皮球打胀密封仪器与套管的环形空间,使液流全部由仪器的内部通过;液流冲击涡轮流量计的涡轮,由地面仪器记录涡轮转动的频率,从而得出该层的总液量;自下而上逐层段测量液体流量和含水率,用递减法计算各层段产油量和产水量,从而确定出水层位。

2) 封隔器找水

采用封隔器将各层分开,然后分层求产,求出出水层位。这种方法工艺简单,能准确确定出水层位,但施工时间长,在窜槽井上或油水层之间的夹层很薄的井上无法确定油水层。封隔器找水示意图如图 6-4 所示。

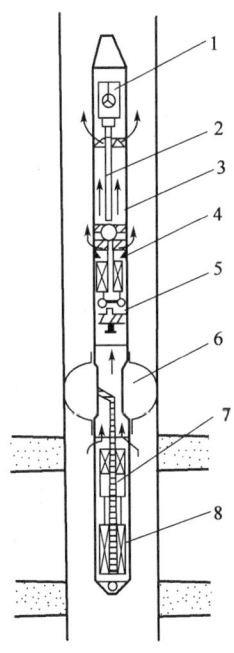

图 6-3 找水仪结构原理示意图

1—电子线路;2—油水比例计电极;3—取样筒;4—锥度阀—球阀继电器;5—涡轮变速器;6—皮球式集流器;7—泄压阀;8—电磁振动泵

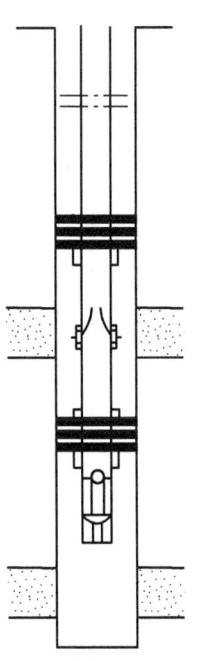

图 6-4 封隔器找水示意图

2. 水化学分析法找水

水化学分析法找水是利用产出水的化验分析结果来判断其为地层水或注入水的方法。该方法主要是依靠地层水和注入水在组成上的明显不同而进行判断。地层水一般具有高矿化度,或含有硫化氢及二氧化碳等特点。不同深度的地层水,其矿化度和水型也不同。

3. 物理资料分析找水

1) 流体电阻法

流体电阻法是指根据不同矿化度的水具有不同的导电特性(即电阻率不同),利用电阻计测出油井流体电阻率变化曲线,从而确定出水层位的方法。如图6-5所示。流体电阻法的测试步骤如下:先注入不同含盐量的水,将井内液体循环替出,测量井内的电阻率曲线;随后将液面抽汲至下一指定深度,再测量井内电阻率曲线;之后再将液面抽汲至下一指定深度,再测量井内电阻率曲线;如此循环测试,直到根据曲线变化找到水。

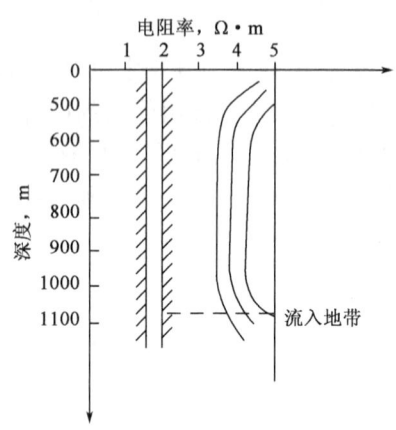

图6-5 流体电阻法找水示意图

2) 井温法

井温法是指利用地层水具有较高温度的特点来确定出水层位的方法,如图6-6所示。其具体的测试步骤为:关井一定时间后,下入测井仪器测量井筒静止井温曲线;静止井温曲线测量之后,开泵向井内挤入一定量的液体,注入一定排量液体后,在注入的同时测量加压注入条件下的井筒温度曲线;加压井温曲线测量之后,停止注入并开井生产,生产一段时间后,在生产的同时测量生产条件下的井筒温度曲线。通过静止井温曲线、加压井温曲线、排液井温曲线的对比来分析出水位置。

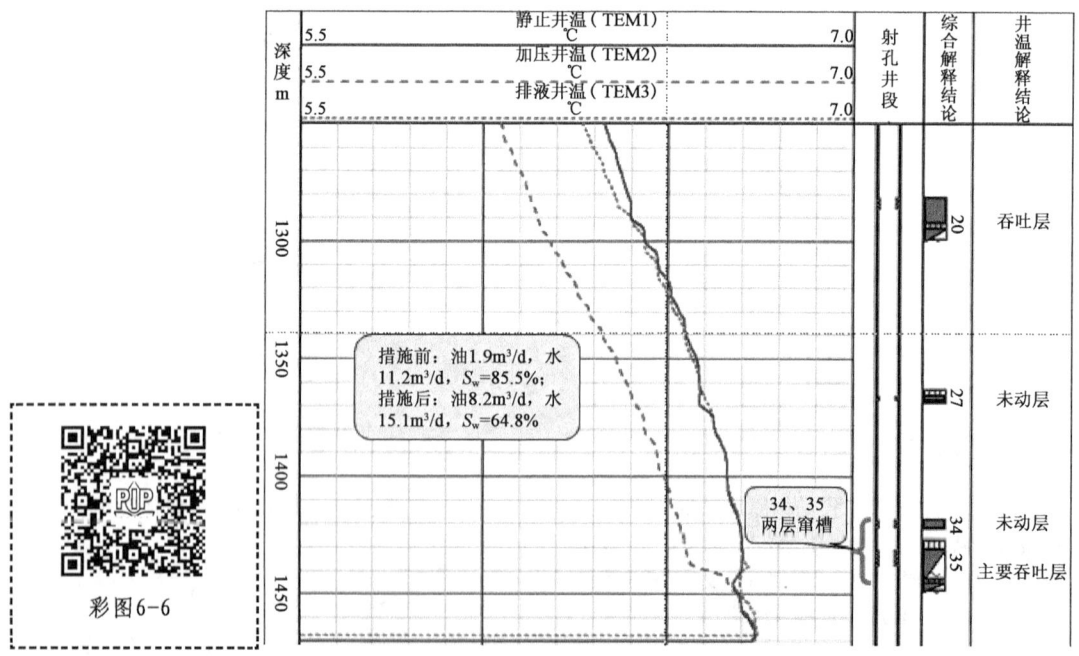

图6-6 井温法找水示意图

3) 放射性同位素法

放射性同位素法是指向井内注入同位素液体,人为地提高出水层段的放射性同位素强度来判断出水层的找水方法(图6-7、图6-8)。其测试步骤为:先测井内自然放射性曲线,再往井内注入一定数量含同位素的液体(一般1.5~3m³),并用清水将其替入地层;洗井后,再测放射性曲线。对比前后两次测得的曲线,如后测曲线在某处放射性强度异常剧增,则说明套管在该处吸收了放射性液体。根据此异常,结合射孔资料,便可确定套管破裂位置连通的渗透地层。

放射性同位素法测套管破裂及管外窜流如图6-7、图6-8所示。

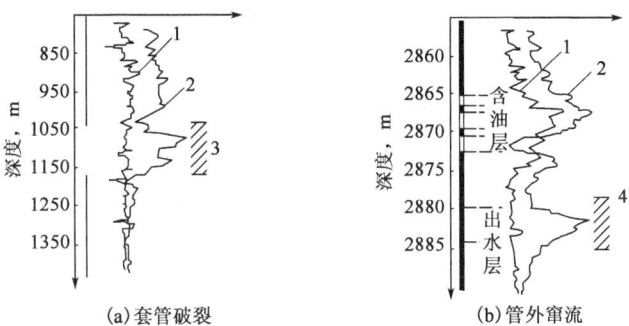

图6-7 放射性同位素法测套管破裂及管外窜流示意图
1—注同位素液体前测得的曲线;2—注同位素液体后测得的曲线;
3—套管破裂位置;4—管外窜通段

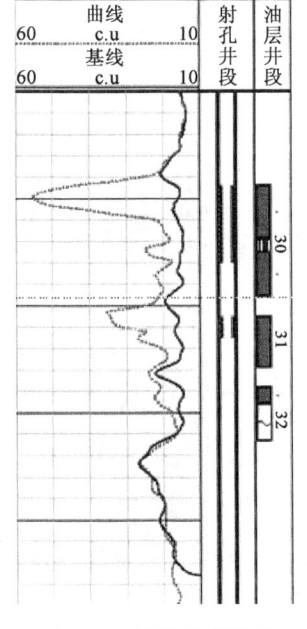

图6-8 同位素曲线图

彩图6-8

4)氧活化中子水流法

氧活化中子水流测井是一种测量水流速度的测井方法,氧活化中子水流仪器结构见图6-9。氘氚反映加速器中子源发射14MeV快中子可以和水中的氧核发生反应($n + {}^{16}O \rightarrow {}^{16}N + p$)而产生的${}^{16}N$要以7.13s的半衰期进行衰变,其反应式为:${}^{16}N \rightarrow {}^{16}O + {}^{16}N$。衰变发射出γ射线能量不是单一的,主要是6.13MeV能量的γ射线。通过对${}^{16}N$发射的γ射线进行探测,可以知道仪器周围${}^{16}O$的分布,从而判断出仪器周围水流动的情况。中子发生器发射一段时间的中子,使井筒内(纵向上约30cm)水溶液中的氧元素活化。如果水流动,γ射线探测器就可以测出水的流动信号,进而测出水的速度。采用一个较短的活化期(1~10s,视水流的速度而定),选择一个较长的数据采集期(一般为60s)进行活化测量,用不同源距的探测器测量这段水流到达每个探测器的时间,根据源距和时间可确定流体流速,从而确定出水层位。水流的速度是根据中子源至探测器的距离、活化水通过探测器的时间确定出来的,是一种已知距离的时间测量。数据的采集由现场测井软件自动实时监控,确保每一次采集的有效性。氧活化中子水流仪器结构示意图见图6-9。

图6-9 氧活化中子水流仪器结构示意图

A1—仪器传输及磁定位、井温、压力测量部分;A2—中子发生器;A3—探测部分;A4—中子发生器

测井时,根据井下管柱及井下工具的情况判断水流方向。当水流方向向下(下水流)时,中子源在上,探测器在下(图6-10);当水流方向向上(上水流)时,探测器在上,中子源在下(图6-11)。

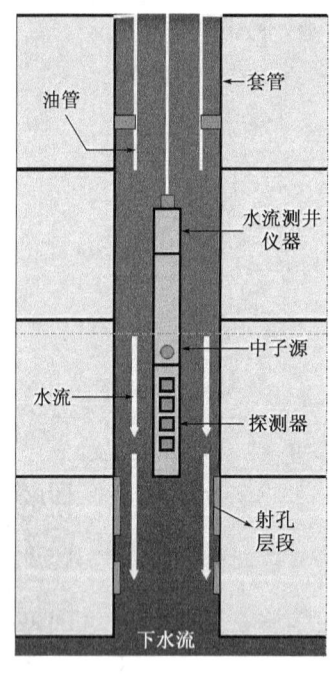 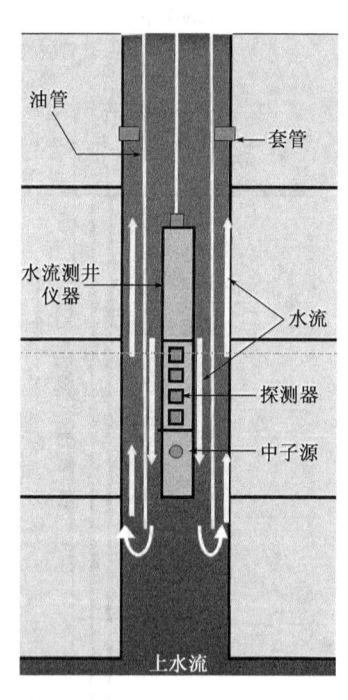

图6-10 下水流方式示意图　　图6-11 上水流方式示意图

氧活化中子水流测井的特点:
(1)可测量管内、管外的水流速度。
(2)可测量窜槽及出水层位。
(3)可同时连接上下采集器,一次下井可完成双向水流的测量。
(4)不受吸水层孔道的影响。
(5)不受管柱中油污的影响。
(6)不使用任何放射性示踪剂,对井筒和地层不造成沾污、沉降、污染等问题,是新一代环保型测井仪器。

(7) 能完成磁定位、井温、压力、自然伽马等多参数测量，便于综合解释。

氧活化中子水流找水实例图如图 6-12 所示。

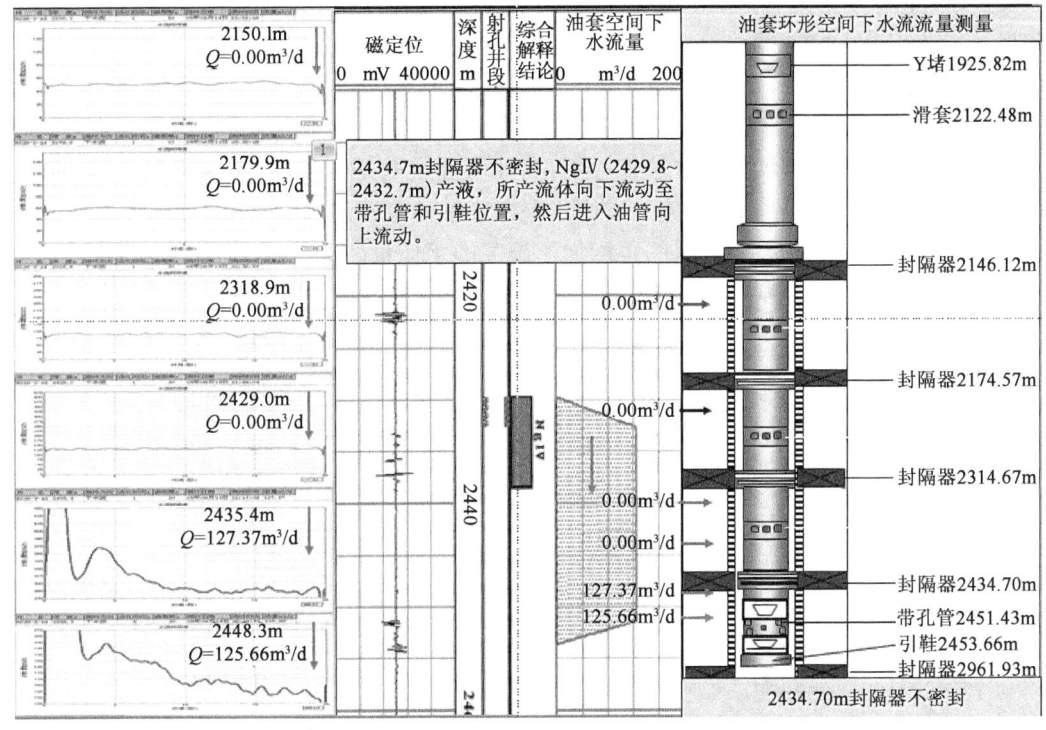

图 6-12　氧活化中子水流找水曲线

四、油井堵水

在油井内所采用的堵水方法可分为机械堵水和化学堵水两类。

根据对油层和水层的堵塞作用，化学堵水可分为非选择性堵水和选择性堵水。

非选择性堵水所用的堵剂对水层和油层均造成堵塞；选择性堵水所用的堵剂只与水起作用，而不与油起作用，只在水层造成堵塞，而不堵塞油层。

油井出水原因不同，采取的封堵方法也就不同。对于外来水或水淹后不再准备生产的水淹油层，在搞清出水层位并有可能与油层封隔开时，采用非选择性堵剂堵死出水层位；在不具备与油层封隔开时，采用具有一定选择性堵剂进行封堵。对于同层水，则普遍采用选择性堵剂进行堵水；为控制个别水淹层的含水，消除合采时的层间干扰。大多采用封隔器来暂时封住高含水层。对于底水，在有条件的情况下则采用在井底附近油水界面处建立隔板，以阻止锥进。

1. 机械堵水技术

采用封隔器将出水层位在井筒内卡开，以阻止水流入井内。它适合于多油层开采时，暂时将高含水层封住，而生产低含水层的油井。在选井选层时，应选择同时生产多层，且层间渗透率差异大，并出水严重的油井。施工时要注意封隔器坐封位置要准确，坐封要严密。

1) 机械堵水管柱

机械堵水要借助于井下管柱来实现。各种机械采油井（简称 JC）用的堵水管柱一般采用丢手管柱结构，所用的堵水管柱有 5 套。

(1)JC 支撑防顶堵水管柱。它主要由 KQW 防顶器、KNH 活门、KPX 配产器、Y141 封隔器和 KQW 支撑器等井下工具组成,如图 6-13 所示。卡堵层段的管柱丢手在井内,以便各类抽油机械设备在井内安装。该管柱的主要优点在于可进行不压井作业检泵及投捞、验封、找水和堵水等各类工艺措施;卡堵水可靠性高,但施工工序多,难度大,周期长。该方法适用于中深井。

(2)JC 整体堵水管柱。它主要由 Y141 封隔器、KPX 配产器(或 KHT 堵水器)等井下工具组成,如图 6-14 所示。卡堵层段的管柱与抽油泵的管柱为一个整体,管柱底部支撑井底,管柱自重使封隔器处于良好状态。在该管柱中,抽油泵固定阀是可捞的,实现了找水、堵水和采油用同一管柱。该管柱结构简单,施工方便。但由于抽油泵固定阀为可投捞阀,因而降低了泵效,且检泵作业必须起出卡堵水管柱,也增加了施工的工作量。

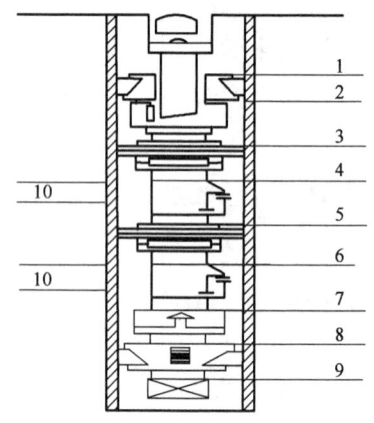

图 6-13 JC 支撑防顶堵水管柱
1—KQW 防顶器;2—KNH 活门;3、5—Y141 封隔器;
4、6—KPX 配产器;7—撞击筒;8—KQW 支撑器;
9—丝堵;10—油层

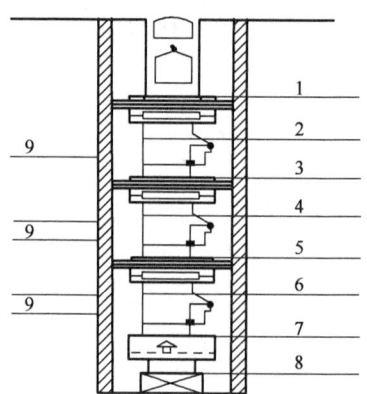

图 6-14 JC 整体堵水管柱
1、3、5—Y141 封隔器;2、4、6—KPX 配产器;
7—撞击筒;8—丝堵;9—油层

(3)JC 堵底水管柱。它主要由 Y141 丢手封隔器等井下工具组成,如图 6-15 所示。封堵层之间允许工作压差小于 15MPa。下入打捞管柱,上提一定值的张力负荷,封隔器即可解封。施工成功率高,工作可靠。

(4)JC 平衡丢手堵水管柱。它主要由 KSQ 丢手接头、KNH 活门、Y344 封隔器、KQS 配产器等井下工具组成,如图 6-16 所示。该管柱的卡堵段丢手于井内,尾管下至井底。油层上部 2~5m 和油层下部 2~5m 各下一个平衡封隔器,以平衡相邻封隔间液压产生的作用力,确保管柱安全可靠地工作。该管柱结构简单,能实施不压井作业检泵,工作可靠,封隔层间允许压力差小于 8MPa。但封隔器采用液压解封时性能较差。

(5)JC 固定堵水管柱。它主要由 KSQ 丢手接头、Y443 封隔器、Y443 密封段、KDK 短节和 KXM 导向头等井下工具组成,如图 6-17 所示。该管柱也适用于斜井,卡堵层之间允许工作压力差为 30MPa,能与各类机械采油井井下抽油设备相适应。主要缺点是必须逐个安装封隔器,作业工作量大,封隔器不能解封,只能采用磨铣工艺才能清除。

2)机械堵水施工工艺

(1)选井选层。机械堵水主要是解决层间矛盾问题,必须准确判断出水层位,这是提高堵水成功率的重要保证。

(2)封隔器坐封要严密准确。只有封隔器位置准确、坐封严密,才能把水层与油层分开。

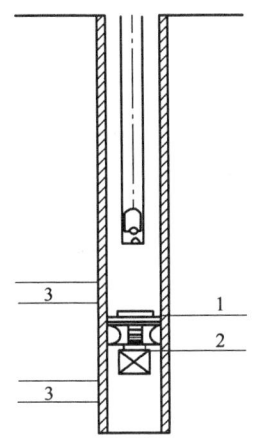
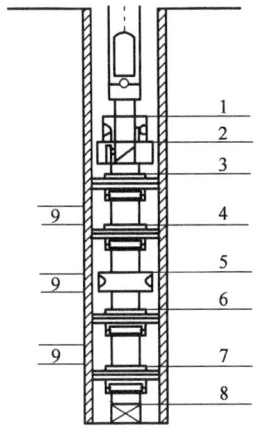
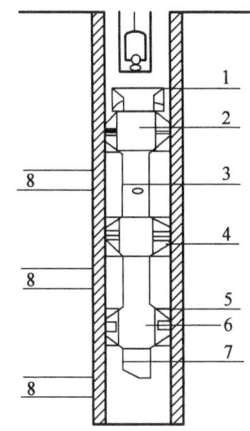

图 6-15 JC 堵底水管柱图
1—Y141 丢手封隔器；2—丝堵；
3—油层

图 6-16 JC 平衡丢手堵水管柱图
1—KSQ 丢手接头；2—KNH 活门；
3、4、6、7—Y344 封隔器；5—KQS
配产器；8—丝堵；9—油层

图 6-17 JC 固定堵水管柱
1—KSQ 丢手接头；2、4、6—Y433 密封段；
3—KDK 短节；5—Y433 封隔器；
7—KXM 导向头；8—油层

（3）机械堵水的 4 种方式是封上采下、封下采上、封中间采两头、封两头采中间。一口井究竟采用哪种方式，要视每口井层位多少、出水层的位置及数量而定，然后配以合适的堵水管柱，即可达到堵水的目的。

2. 化学堵水技术

化学堵水技术是用化学剂控制油气井出水量和封堵出水层的方法，可分为非选择性堵水和选择性堵水。

1）非选择性堵水技术

非选择性堵水是指在油井上采用适当的工艺措施分隔油水层，并用堵剂堵塞出水层的化学堵水方法。

（1）水泥浆封堵：水泥是一种非选择性堵剂，利用它凝固后的不透水性进行封堵。该方法常用于打水泥塞封下层水；挤入窜槽井段堵窜槽水或挤入水层堵水。

（2）树脂封堵：将液体树脂挤入水层，在固化剂的作用下，成为具有一定强度的固态树脂而堵塞孔隙，以达到封堵目的。一般用酚醛树脂堵水和糠醇树脂堵水。用树脂堵水有易挤入地层、封堵强度大、效果好等优点，但成本高、施工麻烦。

（3）硅酸钙堵水：利用水玻璃和氯化钙溶液，中间以柴油隔离，依次挤入地层，使水玻璃与氯化钙在地层内相遇，则生成白色硅酸钙沉淀，堵塞地层孔隙。这种封堵剂来源广、成本低，施工安全简便，封堵效果较好，但在施工中必须采取有效保护油层的措施，否则会堵塞油层。

2）选择性堵水

选择性堵水是指通过油井向生产层注入适当的化学剂堵塞水层或改变油、水、岩石之间的界面张力，降低油水同层的水相渗透率，而不堵塞油层或对油相渗透率影响较少的化学堵水方法。

（1）部分水解聚丙烯酰胺堵水：出水层的含水饱和度较高，部分水解聚丙烯酰胺可以较容易地进入出水层。在出水层中，部分水解聚丙烯酰胺中的酰胺基和羧基可通过氢键吸附在砂岩的羟基表面，而不吸附部分则留在空间堵塞出水层。进入油层的部分水解聚丙烯酰胺，由于砂岩表面为油所覆盖，所以在油层不发生吸附，不堵塞油层。

在油水两相流动的孔道中部分水解聚丙烯酰胺有只堵水不堵油的作用,这是因为部分水解聚丙烯酰胺上的亲水基因使留在空间的不吸附部分向水中伸展,因而对水有较大的流动阻力,起到堵水作用;但当油通过吸附部分水解聚丙烯胺的孔道时,由于其不亲油,所以分子不能在油中伸展,因此对油的流动阻力很小。

(2)泡沫:由于泡沫是气体分散在水中所形成的分散体系,它的分散介质是水,所以它也是优先进入出水层通过气阻效应的叠加产生堵塞。

泡沫的堵水效果取决于泡沫的稳定性。为了提高泡沫的稳定性,除了选择起泡剂外,还可加入稳定性。

3. 底水封堵技术

为了防止和减少底水锥进,广泛采用的方法是在靠近油水界面的上部以一定的工艺措施注入封堵剂,在井底附近形成人工隔板,即采用人工隔板法堵水。所用的封堵剂有树脂、硅酸钙、硅酸溶胶、稠油、油基水泥等。

建立人工隔板如图6-18所示。首先在需要建立隔板的位置(油水界面以上1~1.5m)处加密射孔,向井内下入封隔器,将油管与套管环形空间分开;从油管注入封堵剂,通过补孔的地方进入油层下部,在井底附近建立人工隔板,同时从油套管环形空间注入平衡油,使封堵剂不致上升到油层上部形成堵塞。

由于距井底越近,锥进越厉害,可用强度较大的封堵剂;距井越远,锥进越少,可用便于向油层深处挤入的弱强度封堵剂(如用稠油);中间可用硅酸溶胶等封堵剂。这就是所谓建立混合隔板堵水技术,如图6-19所示。

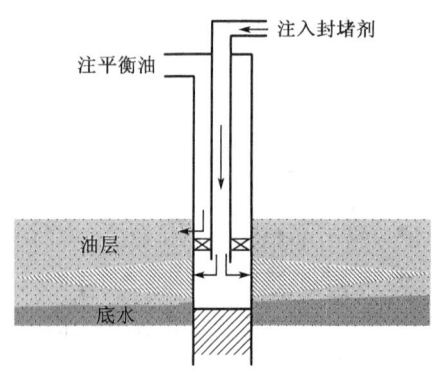

图6-18 建立人工隔板示意图

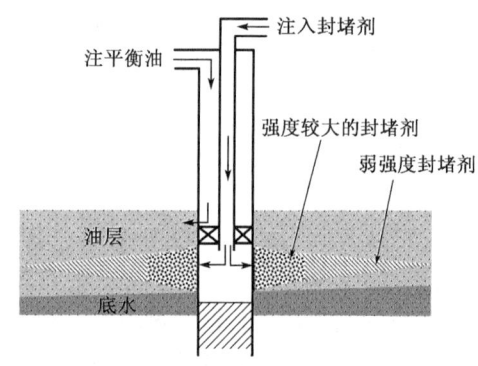

图6-19 建立混合隔板示意图

当用油基水泥作人工隔板时,需要采用选择性压裂的方法在欲建立隔板的位置形成裂缝,将水泥浆挤入裂缝,在井底形成比较大的人工隔板。

第二节 找窜与封窜

一、油水井窜通的原因及危害

在多油层油田的开发中,由于各油层的层间差异而需要进行分层作业。但是由于固井及地层结构等因素的影响,常常会造成部分油水井的层间和管外窜通,从而使各种井下分层作业无法实现。

1. 油水井窜通的类型

油水井窜通的类型有两种:一种是地层窜通,另一种是管外窜通。

1) 地层窜通的原因

地层窜通主要是由于地层裂缝造成的。由于地层中存在着多种形式的天然裂缝,从而造成单口井地层甚至多口井间地层窜通。

2) 管外窜通的原因

管外窜通是指套管与水泥环、水泥环与井壁之间的窜通。管外窜通大致由以下原因造成:固井质量差引起窜通;射孔时震动太大,在靠近套管壁处的水泥环被震裂,形成窜通;管理措施不当引起窜通,如注水井洗井时形成的倒流或井喷;正常注水时倒泵压差过大;采油时参数不合理等均会引起地层出砂和坍塌,造成窜通;分层作业引起窜通;套管腐蚀造成窜通。

2. 油水井窜通的危害

(1) 不能对多层油藏进行分层开采;
(2) 使油井正常生产受到严重影响;
(3) 影响油田开发速度;
(4) 降低油井寿命;
(5) 影响油田最终采收率;
(6) 给油田管理和修井作业带来困难,影响经济效益。

3. 油水井窜通的预防

(1) 确保固井质量;
(2) 施工作业时避免对套管猛烈地冲击和震动;
(3) 对油层进行技术改造前应对套管采取保护措施;
(4) 修井时应避免和减少对套管的磨损撞击;
(5) 在满足要求的前提下,尽量减少射孔孔眼数;
(6) 采取有效措施防止套管腐蚀,延长套管使用寿命;
(7) 不宜过高提高注水压力,要实行增注措施;
(8) 分层压裂或酸化时应采用套管平衡压力的办法。

二、找窜的方法

1. 声幅测井找窜

声幅测井原理为:由声源发出的声波经井内的液体、套管、水泥环和地层各自返回接收器。通常声音在套管中的传播速度大于在其他介质中的传播速度,而声波幅度的衰减与水泥和套管、水泥和地层的胶结程度有关。声波幅度的衰减,反比于套管的厚度,正比于水泥的密度。利用声波测井这一原理,就可以检查套管外水泥环的固结情况及水泥面的上返高度,图 6-20 为声幅测井原理图。

当水泥环完好时,声波曲线呈低幅度;相反时,声波曲线呈高幅度。

当声幅曲线呈高值显示时,可以判断为无胶结及无水泥两种情况,但要具体分析。在水泥面以下的井段,只能判断为无固结或固结不良。

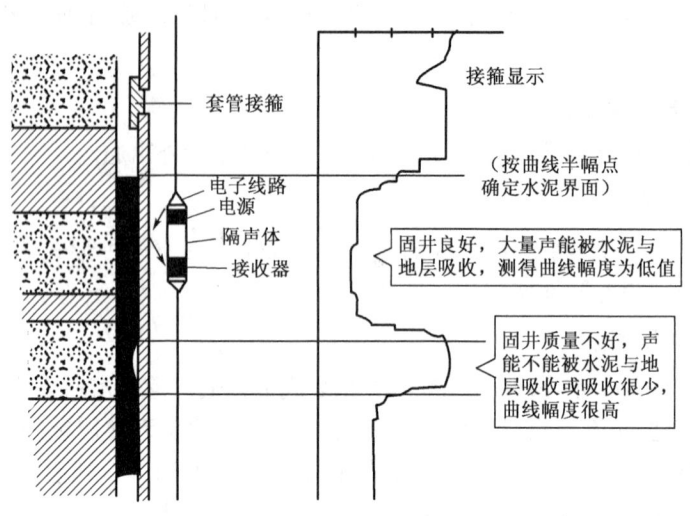

图 6-20 声幅测井原理图

声幅测井找窜是比较成功的。但这只能提供水泥环与管壁(第一界面)窜通的资料。若水泥环与井壁(第二界面)封固不好而形成窜通,用声幅测井就难于判断。因此,目前现场应用的是以声幅为先行的组合找窜法,其中包括声幅与封隔器及声幅与同位素的组合找窜。声幅测井前,要求清理井底,并用直径和长度大于测井仪的通井规通井。如遇到套管变形破损,应先进行修理,以保证声幅测井仪器起下畅通。

2. 同位素找窜

同位素找窜的原理是利用往地层内挤入含放射性的液体而取得放射性曲线,与油井的自然放射性曲线作对比,来鉴别地层的窜通情况。放射性同位素测井曲线如图 6-21 所示。如封隔器上、下层段(非同位素挤入层段)的放射性强度有明显增加时,则说明有窜通。

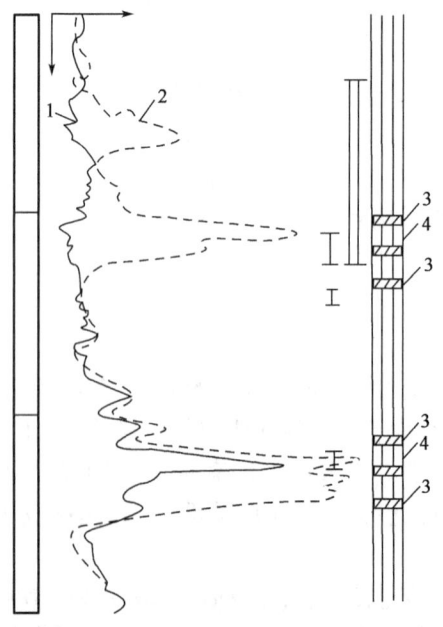

图 6-21 放射性同位素测井曲线
1—挤同位素前测得的曲线;2—挤同位素后测得的曲线;3—封隔器;4—配水器

同位素找窜施工步骤如下:
(1)通井,测自然放射性曲线;
(2)下入找窜管柱;
(3)配置同位素溶液;
(4)投球,开泵正挤入同位素;
(5)挤入顶替液、清水;
(6)关井24h,地层充分吸收;
(7)反循环大排量洗井;
(8)对比前后放射性曲线。

3. 封隔器找窜

封隔器找窜是一种比较简单可靠的找窜方法。目前现场常用水力压差式封隔器找窜。根据找窜时封隔器数目的不同,可分为双水力压差式封隔器找窜和单水力压差式封隔器找窜两种,如图6-22和图6-23所示。单水力压差式封隔器找窜是将封隔器下至欲测两层的夹层上,封隔器下部接745-5型定压阀,最下面接单流阀。

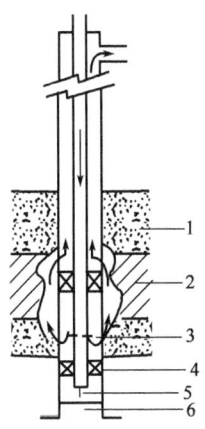
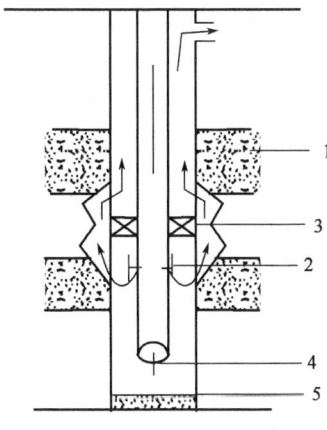

图6-22 双水力压差式封隔器找窜管柱结构示意图
1—油层;2—夹层;3—节流器;4—水力压差式封隔器;
5—单流阀;6—人工井底

图6-23 单水力压差式封隔器找窜管柱结构示意图
1—油层;2—节流器;3—封隔器;4—单流阀;
5—人工井底

双水力压差式封隔器找窜与单水力压差式封隔器找窜的区别是定压阀下部再接一个水力压差式封隔器,两个封隔器刚好卡在下部射孔段的两端。

通常在多油层井找窜而下部层又有漏失的情况下采用双水力压差式封隔器找窜。

(1)低压井找窜:将封隔器下至预定位置后,先测井口溢流量,再循环洗井,投球;当压力起来以后,测定退出液量。如返出量小于或等于溢流量时,则证明管外不窜;如果返出量大于溢流量,即将封隔器提至射孔段以上,验证封隔器的密封性;如封隔器是密封的,则证明地层是窜通的。

(2)高压井封隔器找窜:高压自喷井找窜时,可用不压井不放喷的装置将封隔器下至预定位置;油管及套管应装压力表。测窜时,从油管泵入液体,使油管与套管造成压差,并观察套管压力是否随着油管压力变化。如套管压力随着油管压力变化,且封隔器经验证完好,则证明管外是窜通的。

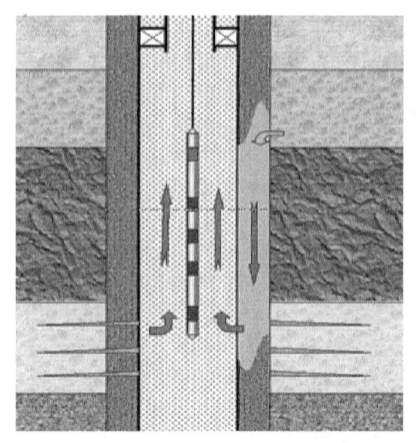

图6-24 氧活化中子水流找窜示意图

(3)漏失井封隔器找窜:在地层漏失、找窜液无法构成循环的情况下,在水力封隔器下至预定位置后,采用油管打液体、套管测动液面的方法,或换其他类型封隔器,采用套管打液体、油管内下压力计测压的方法进行找窜。

4. 氧活化中子水流找窜

由于中子发生器也可以将管外的水活化,因此当存在管外窜流的时候,被活化的水流方向、速度和流量大小可以被氧活化仪器采集到,以此来寻找和确定出水以及窜流的层位。氧活化中子水流找窜示意图如图6-24所示。

三、封窜的方法

1. 循环法封窜

对窜通时间不长、窜通量不大的管外窜通井,可以采用循环法封窜。所谓循环法封窜就是将水泥浆以循环而不憋压的形式替入窜槽,使水泥浆凝固。其优点是对油井的污染较少,一般不会有封窜后堵死全部孔段的问题。根据管柱的连接方法不同,循环法封窜又分为单水力压差式封隔器封窜和双水力压差式封隔器封窜。

循环法封窜的施工步骤如下:
(1)人工填砂,下封窜管柱,使封隔器坐于设计位置;
(2)投球冲洗窜槽至返出液体不夹带大量泥砂,且当泵压平稳时为止;
(3)按设计的性能和数量泵入水泥浆;
(4)替液至节流器以上10~20m处,并略待水泥浆稠化;
(5)上提管柱,使封隔器至射孔段以上,反洗井,洗出多余水泥浆;
(6)起出1~2根油管,关井候凝;
(7)试泵至合格。

2. 挤入法封窜

当井壁坍塌,窜槽体积大,形状不规则,且堆积有大量岩块时,如仍用不憋压的循环法封窜,则水泥浆很难充满窜槽部位而使封窜失败。遇到这些情况时,应采用挤水泥浆的方法进行封堵。

挤入封堵法的缺点是在封窜中会有大量的水泥浆进入油层,从而易挤死油层;同时封堵工艺比较复杂,容易造成井下事故。

由于井况的不同,挤入法封窜可分为以下几种。

1)封隔器法封窜

这种方法封窜时,其钻柱结构自上而下由单流阀球座、节流器(745-5型定压阀)、水力压差式封隔器、油管等组成。为了避免挤水泥时挤死其他油层,封隔器下入位置应根据层段的不同而有所选择,见图6-25。

封隔器法封窜的施工步骤如下:

(1)下入封窜管柱,封隔器下至预定的夹层;
(2)反洗井;
(3)投球试挤清水;
(4)按设计要求挤入水泥浆;
(5)用清水将水泥浆替挤至节流器以上 10~20m;
(6)解封封隔器,上提管柱至射孔井段以上;
(7)反洗井至合格;
(8)起出 1~2 根油管,关井候凝。

2)油管法封窜

油管法封窜是当窜槽复杂或套管破损不易下封隔器时,将欲封夹层以下段用填砂(或打悬空水泥塞)的办法全部掩盖,油管下至窜层以上 30~50m,水泥浆自钻具内注入,出口(套管阀门)处接一个水泥车量取自井中返出液体数量;当水泥浆快出钻具(一般控制在 100m 左右)时即关套管阀门,将水泥浆挤入窜槽;水泥浆挤完后,正反替清水至孔段处,关油、套管阀门,憋压候凝,见图 6-26。

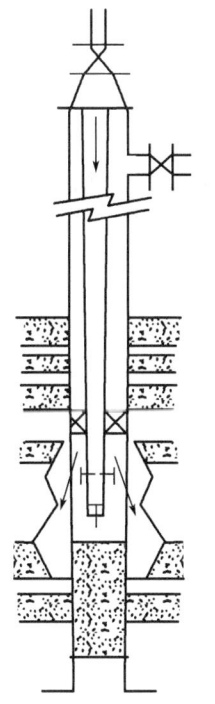
图 6-25 封隔器法封窜示意图

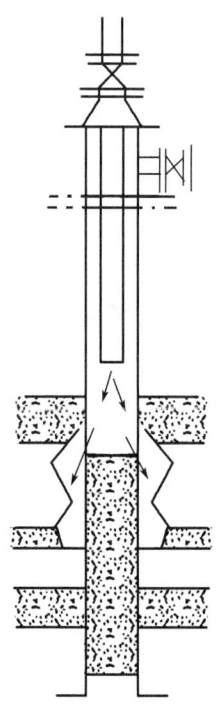
图 6-26 油管法封窜示意图

3)循环挤入法封窜

循环挤入法封窜实际上就是循环与挤入两种方法的联合使用,它使水泥浆在不憋压的方式下进入窜槽,再用挤入的方法使水泥浆充填好。其封堵过程是水泥开始进入窜槽时,套管阀门是打开的,当进入足够的水泥浆后,关闭套管阀门挤入剩下的水泥浆,再替够清水,静止一定时间,上提封隔器至孔段以上,反洗井冲去多余的水泥浆,再上提 1~2 根油管,关井候凝。这种封窜方法污染小、挤入可靠。

4)填料水泥浆法封窜

在封堵窜槽时,也可用填料水泥浆封窜。为了防止水泥浆由于重力而下沉,在水泥浆挤入并充满窜槽后,接着挤入填料水泥浆堵死窜槽的进口,避免水泥浆反吐,以达到封堵的目的。

第三节 水泥浆堵漏

油水井在开发生产的过程中,由于介质腐蚀、增产措施以及维修作业等施工中多种原因造成的套管漏失,致使油井不能正常产油或者注水井目的层不能按配注要求注水,都会严重影响油田的开采速度和最终采收率。因此,有必要对套管漏失井段进行封堵,目前最经济、最成熟的工艺还是水泥浆封堵。

水泥浆堵漏其实质就是二次固井。经油层套管破裂或腐蚀穿孔处,将水泥浆注入套管与井眼的环形空间内,待关井凝固后,将漏失井段封堵住。

例如,某井井深2153m,油层套管直径为5.5in,壁厚7.72mm,长2160.0m,水泥返深2039.0m,生产井段为1247.73~1256.53m,需进行打塞及堵漏施工。具体施工步骤如下。

一、打塞

(1)下光油管(底部带接箍)压送ϕ118mm底部木塞至井深1290m处;

(2)上提油管至1287m,清水大排量反洗井至进出口平衡;

(3)用A级水泥配制密度为1.80~1.85g/cm³水泥浆0.7m³;

(4)正替入水泥浆0.7m³、清水3.62m³;

(5)迅速上提油管至1262m,清水大排量反洗井至出口见水、灰浆、水;

(6)迅速上提油管至1200m,关井48h候凝;

(7)加深油管探灰面。

二、挤堵

(1)下入2.5in光油管(底部带接箍)长度为1051m;

(2)地面管线试压为15MPa,油套管阀门不渗漏;

(3)试挤,测吸水量及泵压,同时观察套管短节是否渗漏;

(4)用A级油井水泥配制密度为1.80~1.85g/cm³水泥浆8m³;

(5)正挤水泥浆8m³;

(6)正顶挤清水3.2m³;

(7)油套同顶挤清水2.2m³(油管顶挤0.7m³,套管顶挤1.5m³);

(8)关井候凝48~72h。

三、钻塞验封

(1)加深油管探灰面(预计灰面深度为1230m);

(2)下入螺杆钻具带ϕ118mm三牙轮钻头,钻塞至井深1260m;

(3)下入2.5in平式油管带2in大小头(变扣短节)1000m抽汲验效,抽深800m;
(4)若液面不上升,则说明漏失段被封堵;
(5)下入螺杆钻具带 ϕ118mm 三牙轮钻头,钻掉底塞,将木塞压至油层底部以下。

复习思考题

1. 什么原因导致油井过早水淹而大量出水?
2. 一般是什么原因使水层油井出水?
3. 油井出水的危害是什么?
4. 油井出水的防水措施有哪些?
5. 找水的方法有哪几种?
6. 水化学分析找水的原理是什么?
7. 在油井内所采取的堵水方法可分为哪两类?
8. 根据对油层和水层的堵塞作用,化学堵水可分为哪两种?其概念与区别是什么?
9. 一般来说,机械堵水管柱有哪几种?
10. 什么叫人工隔板法堵水?
11. 油水井窜通的类型有哪两种?其原因分别是什么?
12. 声幅测井的原理是什么?
13. 找窜的方法有哪些?
14. 封窜的方法有哪些?
15. 循环法封窜和挤入法封窜的主要区别是什么?

第七章 套管修复与侧钻

第一节 套管损坏的原因及判断

随着油水井开采年限的增长以及工程因素和地质因素的影响,油水井套管必将出现不同程度的损坏而影响生产。油田工作者按照"预防为主、防修并重"的方针,一是研究套管损坏(简称套损)的机理,制定配套的防护措施;二是研究套损井修复技术,增强大修作业修复能力,尽可能地减缓套管损坏速度,延长油水井的使用寿命,提高油田后期开发的经济效益。因此,进行套管损坏原因分析、采取套管保护措施及套管的整形作业,就成了开发后期的一项重要工作。

一、套管损坏的原因

1. 地质因素

地层(油层)的非均质性、地层(油层)倾角、岩石性质、地层断层活动、地震活动、地壳运动、地层腐蚀等情况是导致油水井套管技术状况变差的客观存在条件,这些内在因素一经引发,产生的应力变化是巨大的、不可抗拒的,这无疑将使油水井套管受到严重损害,导致成片套管损坏区的出现及局部小区块套管损坏区的出现。这将严重地干扰开发方案的实施,威胁油田的稳产,给作业、修井施工增加极大的困难。

1)地层(油层)的非均质性

对于陆相沉积的砂岩、泥质粉砂岩油田,由于沉积环境不同,油藏渗透性在层与层之间、层内平面都有较大的差别。即使划分了层系,但同一层系内各小层渗透率仍相差很大,有的相差10倍(如大庆油田)。有的相差几十倍(如胜利油田)。在注水开发过程中,油层的非均质性将直接导致注水开发的不均衡性,这是引发地层孔隙压力场不均匀分布的基本地质因素。图7-1为非均质地层渗透率分布示意图。

2)地层(油层)倾角

对于陆相沉积的油田,一般储油构造多为背斜构造和向斜构造,由于背斜构造是受地层侧压应力为主的褶皱作用,一般在相同条件下,受岩体重力的水平分力的影响,地层倾角较大的构造轴部和陡翼部比倾角较小的部位更容易出现套损,如图7-2所示。由图可以看出,地层(油层)构造不同的背斜构造油层,当倾角 $\alpha > \beta$ 时,左侧比右侧容易发生套损。

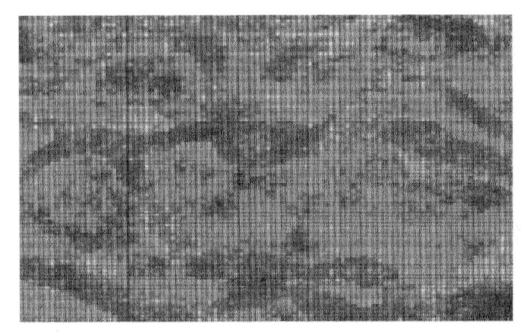

图7-1 非均质地层渗透率分布示意图

彩图7-1

3) 岩石性质

在沉积构造的油气藏中,储存油气的多为砂岩、泥砂岩、泥质粉砂岩。如大庆油田、辽河油田、胜利油田大都是这种泥砂岩沉积构造。

对于注水开发的泥砂岩油田,当油层中的泥岩及油层以上的页岩被注入水侵蚀后,不仅使其抗剪强度和摩擦系数大幅度降低,而且会导致套管受岩石膨胀力的积压。同时,当具有一定倾角的泥岩遇水呈塑性时,可将上覆岩层压力转移至套管,使套管受到损坏。

如图7-3所示,注入水长期作用在泥岩、页岩上,使之膨胀。地应力变化将套管挤压变形,当地层倾角较大时,在上覆岩层重力及注入水作用下,沿地层沉积层理、地层间移动摩擦系数减小,产生滑动,迫使套管错断损坏。

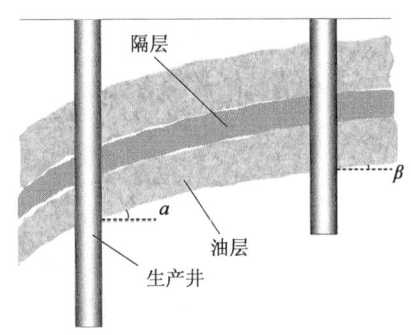
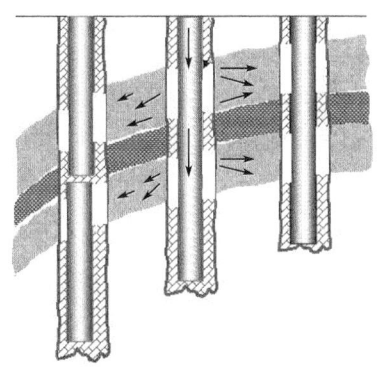

图7-2 地层倾角的影响　　图7-3 岩性变化对套损的影响示意图

4) 地层断层活动

在沉积构造的油田中,由于地球不断运动,各地区地壳沉降速度不尽相同。在地层沉降速度高的地区和油层断层本身所处的构造位置均会促使断层活动化,特别是注入水侵蚀后,更加剧对套管的破坏作用,造成成片套损区的发生。套损深度与断层通过该井区的深度相同,断层活跃程度高的地区也恰好是现代地壳运动沉降速度较高的地区,而且是在油层构造的顶部和陡翼部。

如图7-4所示,在注水开发过程中,由于断层附近是地应力相对集中的地区,也是产生断层滑移的基本条件。由于断层面的倾角一般都较大,在长期注入水侵蚀、重力的水平分力和断层两侧地层压差的作用下,会出现局部应力集中,使上下盘产生相对滑移,挤压套管,从而导致套管严重损坏。

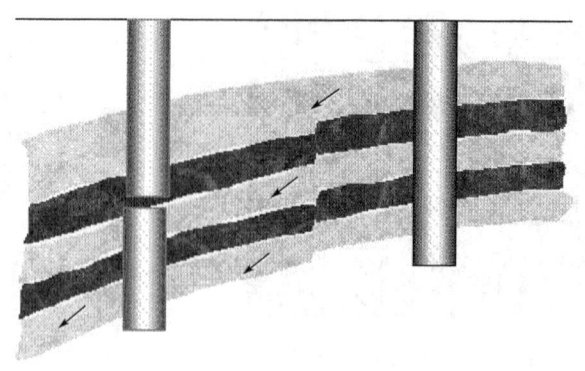

图7-4 断层活动对套损的影响示意图

一个区块被多条断层切割,而且标准层和断层面都形成大范围的侵水域时,在区块压差的作用下将导致成片套损的出现。

5) 地震活动

地球是一个不停运动的天体,地下地质活动从未间断。根据微地震监测资料,每天地表、地壳的微地震达上万次,较严重的地震可以产生新的构造断裂和裂缝,也可以使原生构造断裂和裂缝活化,因此,它也是导致套管损坏的一个重要因素。

例如,美国的某油田在1947年地震后,100多口井的套管在井深为470～520m处损坏。1949年和1951年两次地震都使成片油水井套管损坏。套管损坏的直接原因是岩层产生水平位移,使套管被剪切错断,严重弯曲变形。

地震后,大量注入水通过断裂带或因固井胶结第二界面问题进入油顶泥岩、页岩,泥岩、页岩吸水后膨胀又产生黏塑性,使岩体产生缓慢的水平运动。这种缓慢的蠕变速度超过10mm/a时,油水井套管将遭到破坏。

6) 地壳运动

地球在不断地运转,地壳也在不停地缓慢运动,其运动方向一般有两个:一个是水平运动(板块运动);二是升降运动。地壳缓慢的升降运动产生的应力可以导致套管被拉伸损坏,而损坏的程度和时间则取决于现代地壳运动升降速度和空间上分布的差异。如苏联的巴拉哈内—萨布奇—拉马宁油田是一个典型短轴背斜构造,1937—1982年间,由于构造顶部和构造翼部现代地壳运动的升降速度达到了30～18mm/a,油水井套管损坏时间为3～4a。当不同地区升降速度减缓到4～5mm/a时,套损时间延长到16～20a。因此,地壳运动不仅能损坏套管,而且升降运动的速度也直接影响套管损坏的速度。

7) 地层腐蚀

地层腐蚀是不可忽视的套损原因之一。这是因为浅层水(300m以上)在硫酸盐还原菌的作用下,产生硫化氢,这将严重腐蚀套管。有硫化物的浅层水在含氧量只有十亿分之几的条件下,将会引起套管的腐蚀,这将在作业过程中的压力作用下穿孔,或在生产压差下产生孔洞。地表地面的化学作用,将会引起注水井套管的腐蚀,这些已被各油田修井工作陆续证实。

2. 工程因素

地质因素是客观存在的因素,往往在其他因素引发下成为套损的主导因素。采油工程中的注水,地层改造中的压裂、酸化,钻井过程中的套管本身材质,固井质量,固井过程中的套管串拉伸、压缩等因素是引发诱导地质因素产生破坏性地应力的主要原因。因此,对于一个油田的某一区域、某一口井,这些因素综合作用的结果便出现了套损井、套管损坏区块。

1) 套管材质

套管本身存在微孔、微缝,螺纹不符合要求及抗剪、抗拉强度低等质量问题,在完井以后的长期注采过程中将会出现套管损坏现象。

套管螺纹加工不符合要求,或由于损伤而不密封。完井后,由于采油生产压差或注水压差长期影响,导致管外气体、流体从螺纹不密封处渗流进入井内,或进入套管与岩壁的环空,分离后并聚集在环空上部,形成腐蚀性强的硫化氢气塞,将逐渐腐蚀套管,造成套损,如图7-5所示。在图7-5中,由一处(或多处)螺纹不密封处渗漏管外气体、流体进入无水泥的环空井段,经长期注水、采油,环空的聚集物将分离出硫化氢等气体而腐蚀套管,造成孔洞型管外漏失。

如果腐蚀性流体长期作用于套管接箍处,则有可能造成套管脱扣的现象(视频7)。

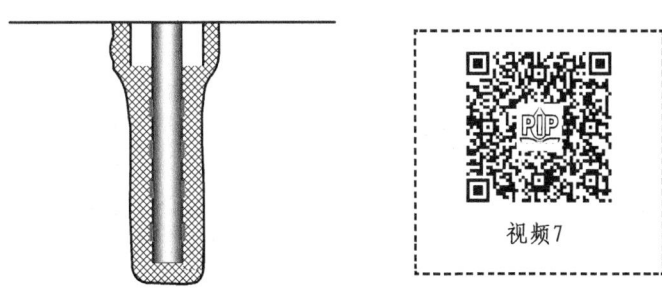

图7-5 螺纹失效对套管的影响示意图

2) 固井质量

固井是钻井完井前极其重要的工序,它直接关系到井的寿命和以后的注采关系。固井施工由于受各方面因素影响较多,固井质量难以实现最优状况。如果钻井井眼不规则,井斜,固井水泥不达标,顶替水泥浆的顶替液不符合要求,水泥浆的密度低或高,注水泥后套管拉伸载荷过小或过大等,都将影响固井质量,而固井质量的优劣将直接影响套管完井质量与寿命。

在固井过程中,由于水泥问题、钻井液滤饼问题、固井前冲洗井壁与套管外干净程度等问题,往往造成水泥与套管、水泥与岩壁胶结固化不好,即所谓两个界面胶结不好。这将使套管未加固部分又增添了压缩载荷,再加上驱替水泥浆过程中,顶替液密度低,使套管外部静液柱压力大于套管内部静液柱压力,套管实际处在被压缩状态中。因此,在水泥浆固结后,胶结不好的部分常常会出现套管弯曲。

3) 完井质量

完井方式对套管影响是很大的,特别是射孔完井法(视频8),射孔工艺选择不当,一是会出现管外水泥环破裂,甚至出现套管破裂,部分井套管内径在射孔后增加2~4mm。二是射孔时深度误差过大,或者误射。射孔准确恰当与否对于二次加密井、三次加密井的薄互层尤为重要。误将薄层中的隔层泥岩、页岩射穿,将会使泥岩、页岩受注入水侵蚀膨胀,导致地应力变化,最终使套管损坏。三是射孔密

度选择不当将会影响套管强度。如在特低渗透的泥砂岩油层采用高密度射孔完井,长期注水或油井油层酸化、压裂改造,短时间的高压也会将套管损坏。

4) 井位部署

断层附近部署注水井,容易引起断层滑移而导致套管损坏。注水井成排部署,容易加剧地层孔隙压差的作用,增大水平方向的应力集中程度,最终导致成片套损井的出现。大庆油田在预防新套损井的出现方面做了有利尝试,见到明显的效果。如在井网调整过程中,一般断层两侧不再部署新注水井,对断层两侧已有的注水井停注或降低注水强度控制注水,将已有的行列注水井网调整为面积注水井网。这样一来,既有利于提高剩余可采储量,又有利于油水井之间的附加水平应力相互抵消,防止因水平应力单方向集中而出现成片套损井。

5) 开发单元内外地层压力大幅度下降

对于注水开发的油田,由于开采方式的转变,加密、调整井网的增多,以及对低渗透、特低渗透地层提高压力注水等,注水井提压注水、控制注水、停注、放溢流降压等措施,使地层孔隙压力大起大落,岩体出现大幅度升降。如新钻调整井、加密井需在同一区块内停注、放溢流降压等,由于地层孔隙骨架是一弹性体,在恒定的上覆岩层压实作用下,其体积随油层孔隙压力大小而变化,当油层孔隙压力升高时,将引起孔隙骨架膨胀(即长期大量注水);当孔隙压力降低时,将引起孔隙骨架的收缩(如长期停注、欠注、大量放溢流等)。

在同一区块内,因油层的非均质性和井网部署的影响,使油层孔隙压力分布不均匀,从而引起孔隙骨架不均匀地膨胀和收缩,导致局部地面升降,造成局部应力集中而出现零星套损井。当区块之间形成足够大的孔隙压差时,特别在行列注水开发条件下,泥页岩和断层面大面积水侵时,会导致成片套损井的出现。

6) 注入水侵入泥页岩

在注水压力较高(一般为 13.5MPa 以上)条件下,注入水可从泥岩的原生微裂缝和节理侵入,也可沿泥砂岩界面处侵入。注入水对页岩则是沿其层理或泥页岩、砂岩界面侵入,形成一定范围的侵水域。这种侵水域在相当长时间内会导致岩体膨胀、变形、滑移,最终导致套管的损坏。

7) 注水不平稳

在笼统注水条件下,对非均质油层其层间差异增大,高渗透区的吸水能力大成为高压区,低渗透区的吸水能力低成为低压区,层间压差增大,分层注水差的层间压差也较大。在层间、区块之间注采不平衡,有的超压超注或低压欠注,超压注水区将促进侵水域扩大,增大岩体的不稳定性,造成成片套损井的出现。另外,由于井下作业开发调停等,注水井时关时开,开关不平稳;钻调整井时关停注水井,成片集中停注,之后又集中齐注,使套管瞬时应力变化幅度过大,这些都将影响岩体的稳定,最终会导致套损井的出现。

8) 注水井日常管理

注水井日常管理是非常重要的,按"六分四清"要求,应做到注水量清、注水压力清、分层产液量清、分层含水清,但由于日常对注水井管理不严,管阀配件损坏,管线漏水且维护不及时,对全井注水量或分层注水量不清,对异常注水井发现不及时或发现后未采取措施,或采取措施不当,造成非油层部位长期进水,对套损井不及时处理而成为水侵通道,进一步扩大侵水范围。所有这些都是导致套损井出现的因素。

二、套管损坏的类型

根据国内外油田套管损坏资料,套管损坏基本类型有径向凹陷变形型、套管腐蚀孔洞—破裂型、多点变形型、严重弯曲型、套管错断型(非坍塌型)、坍塌型套管错断。

1. 径向凹陷变形型

由于套管本身某局部位置质量差,强度不够,在固井质量差及长期注采压差作用下,套管局部某处产生缩径,而某处扩径,使套管在横截面上呈内凹形椭圆形,如图 7-6 所示。图中 A-A 截面上已不再是基本圆形,长轴 D 大于短轴 d,据资料统计,一般长、短轴差 14mm 以上。当此值大于 20mm 以上时,套管可能发生破裂。

这种径向凹陷变形型套管损坏是套损井的基本变形形式。

2. 套管腐蚀孔洞—破裂型

由于地表浅层水的电化学作用长期作用在套管某一局部位置,或者由于螺纹不密封等长期影响,套管某一局部位置将会因腐蚀而穿孔,或因注采压差及作业施工压力过高而破损,如图 7-7、视频 9 所示。

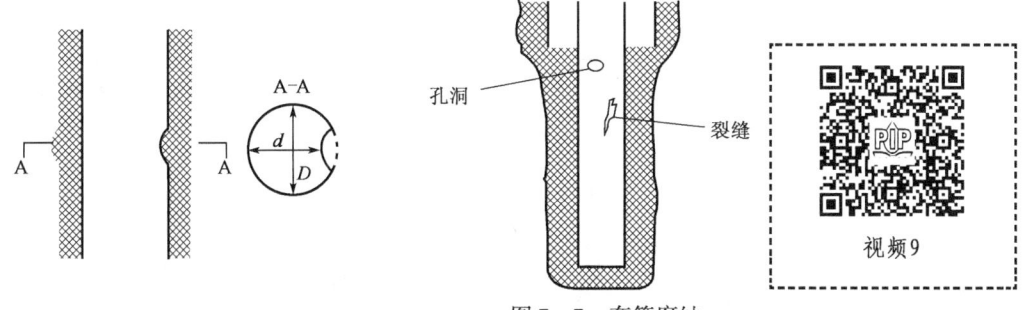

图 7-6 径向凹陷变形型示意图

图 7-7 套管腐蚀孔洞—破裂型示意图

腐蚀孔洞—破裂型等情况多发生在油层顶部以上,特别是在无水泥环固结井段,往往造成井筒周围地面冒油、漏气,严重的还会造成地面塌陷。

3. 多点变形型

由于套管受水平地应力作用,在长期注采不平衡条件下,地层滑移迫使套管受多向水平力剪切,致使套管径向内凹陷呈多点变形,如图 7-8、视频 10 所示。

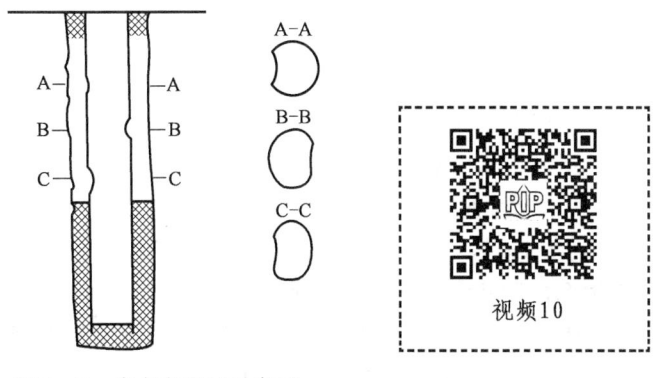

图 7-8 多点变形型示意图

多点变形型井不多,但却是一种极其复杂的套损井况。

4. 严重弯曲型

由于泥岩、页岩在长期水侵作用下岩体发生膨胀,产生巨大的应力变化,岩层相对滑移剪切套管,使套管按水平地应力方向弯曲,并在径向上出现严重变异(图7-9)。

严重弯曲变形的套管,内径已不规则,多呈基本椭圆变形,长短轴差不太大,但两点或三点变形间距小,近距点一般在3m以内。若两点变形距离过小,则形成硬性急弯(即小于150°),2m长的通井规不能通过。这是较多见的复杂套损井况,也是较难修复的高难井况。

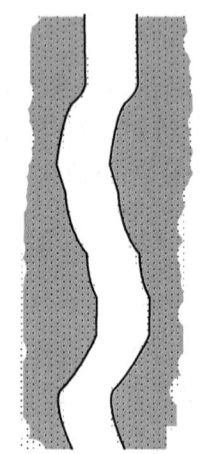

图7-9 严重弯曲变形套管示意图

5. 套管错断型(非坍塌型)

油水井的泥岩、页岩层由于长期受注入水侵入形成侵水域,泥岩、页岩经长期水侵,膨胀而发生岩体滑移。当这种地壳升降、滑移速度超过30mm/a时,会导致套管被剪断,发生横向(水平)错位。由于套管在固井时受拉伸载荷及钢材自身收缩力作用,在套管产生横向错断后,便向上、向下即各自轴向方向收缩。套管错断及位移情况如图7-10、视频11所示。

视频11

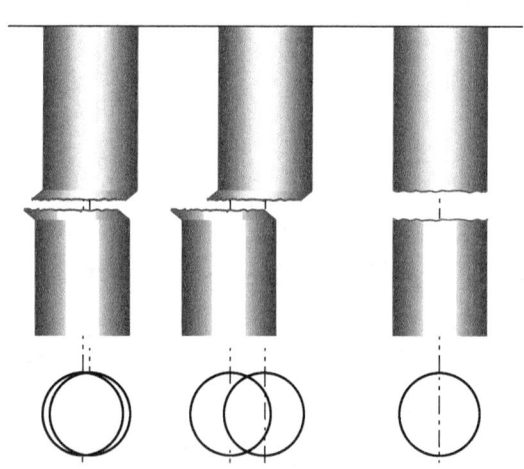

图7-10 套管错断型示意图

(1)65mm以上大通径型错断,即套管上、下断口横向位移,两断口间的上、下轴线间尚有65mm以上通道。这种井况尚可实施修复措施。

(2)65mm以下小通径型错断,即套管上、下断口横向位移,两断口间通道小于65mm或者无通道。这种小通道错断井是目前修复措施难以实施的复杂井况,尤其是断口以下还有原井部分管柱和井下工具,这给修复工作又带来很大困难。

(3)断口通径基本无变化的上下位移型,即上、下断口间水平通径大于118mm,上、下断口间距离一般小于30cm。这种井况相对容易采取措施,也便于措施的实施。

6. 坍塌型套管错断

地层滑移、地壳升降等因素会导致套管错断,其地应力首先作用在管外水泥环上,使水泥环脱落、岩壁坍塌,泥、砂和脱落的水泥环及岩壁碎屑、小直径的碎块等,则在地层压力流体作用下由错断口处涌入井筒,堆落井底并向上不断涌积,卡埋井内管柱及工具。在井筒内压力较高时,这种涌入不断向井口延展(图7-11)。这是目前极难采取修复或只能报废处理的复杂套损类型。

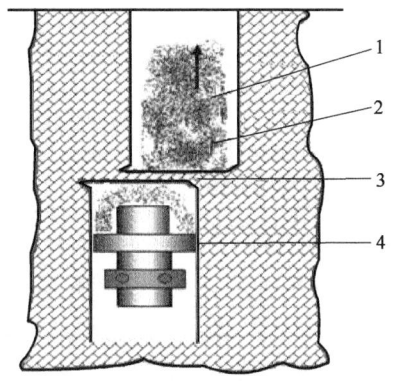

图7-11 坍塌型套管错断示意图
1—泥砂岩屑脱落;2—水泥环碎屑;
3—端口;4—井内工具管柱

三、套管损坏的判断

1. 套损井的判断方法

(1)作业施工过程中起下钻困难,有遇阻或挂卡现象;

(2)洗井中洗井液大量漏失,严重的会返出水泥块或钻井液;

(3)生产中突然发现大量淡水和钻井液;

(4)生产中井口压力下降,产量猛减;

(5)注水井突然发生泵压下降,注水量增大,但注不到目的层位;

(6)套管试压不合格,打不起压力;

(7)井口附近地面冒油。

当发现上述现象之后,应该进一步判断套管变形情况是凸凹、破裂,还是断裂错位,以及损坏位置、破裂大小、形状等。

2. 探损工艺

(1)套管变形:采用下述方法来确定套管变形的位置、形状以及最小直径等。

①使用不同直径的平底铅模、锥形铅模进行打印,根据印痕进行分析。

②使用小直径工具、钻具试下,以判断变形程度。

③应用井径测量和小电极距、电阻测量,以求得变形的位置及变形后的内径。

④井壁成像测井。

(2)破裂:无论是哪一种破裂,都必须首先找出破裂的位置、大小及形状。目前常用的判定方法有同位素测井、微井径测井、双水力封隔器找漏及压木塞等。在确定了套管破裂的位置、形状和大小以后,就可以根据其破裂情况及以后的技术要求进行修理。

(3)错断:套管错断的位置及错位情况可通过通井打印的方法来确定。一般根据套管错断位移的不同可分为3种情况:断裂但没有错位;错断并错位,但错位不严重;发生严重错位,以至打印时摸不着下段套管,铅模下部呈现出打在地层上的形迹。

第二节 套管整形

一、机械整形

机械整形方法的原理是利用钻杆柱及配重钻铤传递动力,如快速下放的重力及加速度产生的冲击力、转盘旋转带动钻具的扭转动力等,使冲胀式整形工具、旋转碾压整形工具、旋转震击冲胀整形工具等产生上下往复式、旋转碾压挤胀式、旋转震击挤胀式动作,对变形或错断部位的套管做功。当整形工具做功足以克服或大于地应力对套管的挤压力和套管本身的弹性应力时,变形部位的套管则逐渐被冲胀、碾压、敲击而恢复径向尺寸,从而完成对变形或错断部位的套管整形修复。

1. 冲胀法

(1)第一次整形时,胀管器工作面尺寸大于变形或错断直径2mm;

(2)下放遇阻后上提2m左右的冲击距离,向下快速下放钻柱,反复挤胀变形套管,直到顺利通过为止;

(3)更换大一级差胀管器,再次挤胀,直到通径达到要求。

2. 旋转碾压法

旋转碾压法利用钻具传递转盘扭转动力带动旋转碾压整形工具(偏心辊子和三锥辊子)转动,在一定的钻压下旋转对变形部位的套管整形碾压、挤胀,在不断连续碾压、挤胀作用下,变形部位的套管逐渐恢复到原径向尺寸。三锥辊子示意图如图7-12所示。

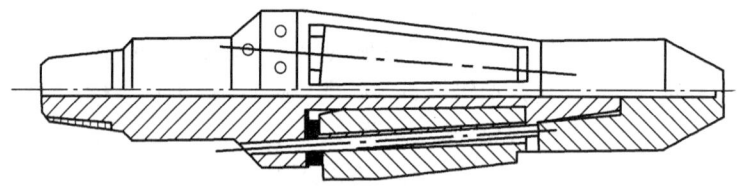

图7-12 三锥辊子示意图

3. 旋转震击整形法

旋转震击整形法利用钻杆及配重钻铤传递转盘扭转动力,带动旋转震击器转动,因工具结构设计中整形头为一螺旋形曲面,等分成3个高低不同的台肩,因此钻柱每转动一周,工具的锤体即对整形头有3次震击,从而对变形部位的套管产生3次冲击挤胀。

二、爆炸整形

爆炸整形复位最适合于变形、错断通径小于95mm,机械整形无法实施的井况。

原则上要求爆炸后无任何金属碎片产物落井,且整形效果达原套管径向尺寸95%~105%。图7-13为爆炸整形装置结构图。

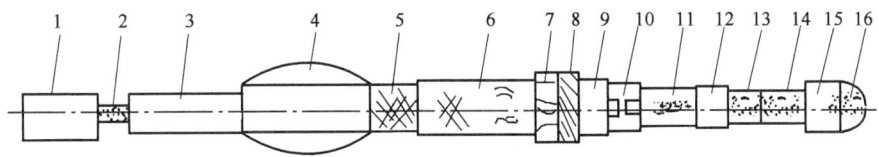

图 7-13 爆炸整形装置结构图

1—磁定位器；2—安全电缆；3—加重杆；4—扶正器；5—胶塞；6—雷管室及雷管；7—压帽；8—胶圈；9—接头；10—变扣接头；11—药柱；12—短节；13—炸药；14—药柱；15—短节；16—导向丝堵

三、磨铣整形

对于套管由于射孔、腐蚀破坏后形成的卷边和毛刺，以及套管缩径比较严重的井与错断井，通常采用磨铣法打通道。磨铣打开通道后通常需要进行套管补贴、下入衬管、注水泥封固等以加固套管修复段。常用的磨铣工具主要有长锥面铣锥、短锥面铣锥、螺旋线型铣柱等，磨鞋体的铺焊部分有直线型、斜线型和螺旋线型3种。遇有套管中度或严重变形并已产生破裂的情况，使用一般的胀管器修复效果不大时，可使用锥形磨鞋进行整修，把突出部分磨掉，并从坏套管处挤入水泥浆进行封固。

近几年来，针对不同的套损情况，在套管打通道技术上开发出了系列新式修套工具，如图7-14所示。

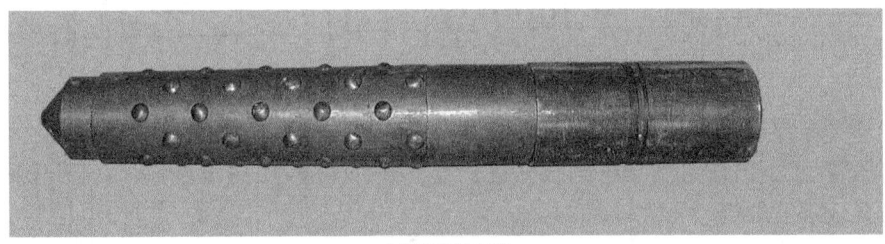

(a) 滚珠整形器

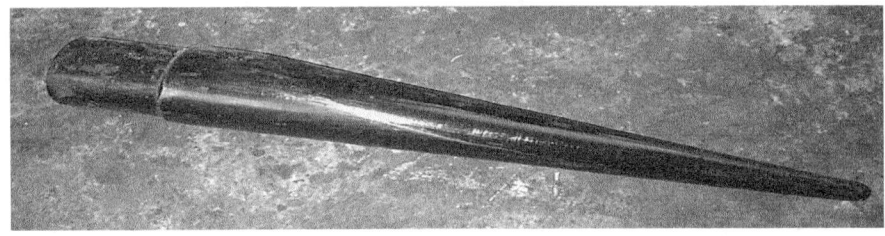

(b) 偏心胀管器

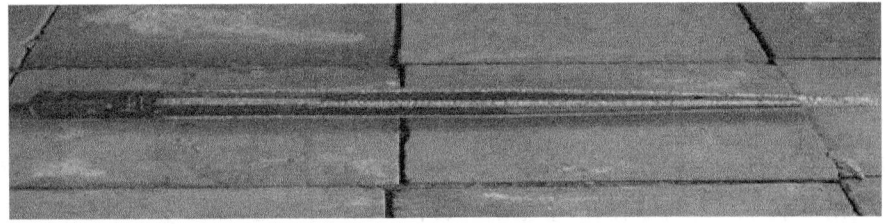

(c) 探针式铣锥

图 7-14 新式修套工具

第三节 套管补贴

一、套管补贴的原理及工具

1. 套管补贴的原理

套管补贴装置是在耐高压橡胶筒（即封隔器）上套着波纹管，波纹管靠两端的卡环固定，上连树脂缸和扶正器，下连用于平衡压力的喷嘴。套管补贴工具示意图见图7-15。进行套管补贴时，将套管补贴器下到套管损坏位置，憋压将胶筒膨胀，撑圆波纹管；靠波纹管口所带树脂缸里挤出的环氧树脂黏合剂使波纹管紧贴于套管损坏处；泄压，活动钻具，等候树脂固化24h后试泵起钻。

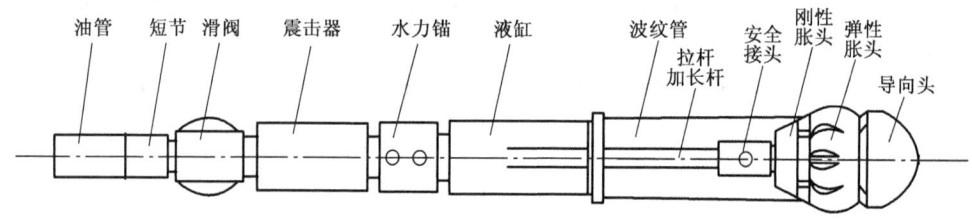

图7-15 套管补贴工具示意图

遇有套管破损段较长情况，采用长波纹管补贴法较适宜。其具体方法是用两个封隔器接带眼的传压管，根据波纹管的要求连成任意长度，两端先用胶皮筒胀起；然后打开中间定压阀，靠水压胀开全部波纹管。

2. 补贴套管封隔器

补贴套管封隔器具有水力压差式封隔器的性能，憋压时胶筒胀大，泄压时胶筒收缩。此封隔器胶筒长、耐压高、直径小、适应性强，还可以多次使用。

3. 波纹管

补贴套管用的波纹管应具有一定的耐腐蚀性，特别要求其塑性和韧性要好，最理想的是用普通低合金结构钢按《金属材料 弯曲试验方法》（GB/T 232—2010）冷拔成壁厚为2.5~3mm的无缝钢管。在未拉波纹管之前，无缝钢管的外径比所补贴套管的内径小3~5mm，经过退火处理后，用波纹管拉制器将其拉制成具有10个槽的波纹管，波纹管外径要求比补贴套管的内径小8mm以上，以便顺利进行起下。波纹管截面示意图及外形图如图7-16所示。

4. 环氧树脂黏合剂

环氧树脂黏合剂是一种高强度、多组分的黏合剂，对各种材料都有良好的黏合性能。环氧树脂黏合剂以环氧树脂为基体，添加增塑剂、填料及稀释剂等配制而成。

该黏合剂黏合能力强，固化后具有收缩小、耐腐蚀、耐化学药品及溶剂等的性能，同时，在不加入固化剂时可长期储存，而且使用方便；缺点是固化后耐热性及韧性差、较脆，固化前不耐油、不耐水，尤其是遇水后只要1min就变白而自动脱落，在下钻的过程中易被挤掉。

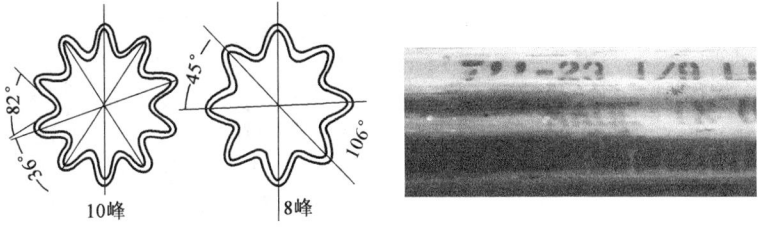

(a)示意图　　　　　　　　　(b)外形图

图 7-16　波纹管截面示意图及外形图

为确保补贴套管获得成功,预先应在地面进行试验。多次地面模拟试验证明,在空气中补贴效果最好,在原油和蜡中补贴就差些。封隔器胶筒以 12MPa 压力将原油、蜡和杂质等挤到胶皮筒两端及破裂处,补贴后套管耐压 8MPa 以上。

5. 滑阀

滑阀上扶正器的弹簧片与套管内壁紧密贴合,下井工作时,滑阀上端与油管柱相连,下端与震击器相连。由于套管壁与扶正器的摩擦作用,在上提或下放管柱时,滑阀分别处于关闭或打开状态,起切断或连通油管与油套环空的作用。图 7-17 为滑阀示意图。

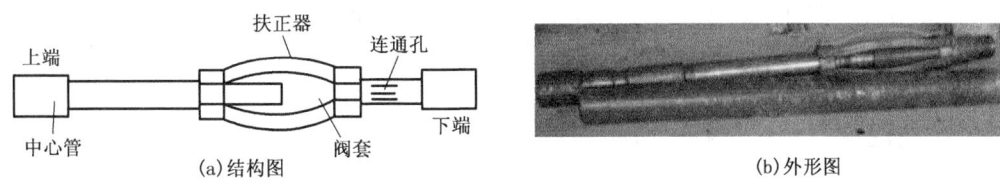

图 7-17　滑阀示意图

6. 震击器

开式震击器接在滑阀下部、水力锚上部。其作用是当水力锚失效、锚爪不能收回或胀头等工具遇卡阻提不动时,向下震击解卡,以保证管柱及补贴工具在泄压后可以自由上、下活动。图 7-18 为开式震击器示意图。

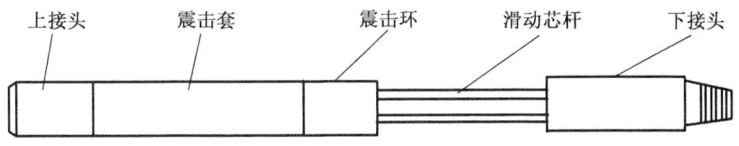

图 7-18　开式震击器示意图

7. 水力锚

水力锚的主要作用是在补贴波纹管入井到补贴井段后,在补贴工具开始工作时,固定波纹管在某一位置保持相对不动,使波纹管定位,以便保证补贴部位的准确。图 7-19 为水力锚示意图。

8. 双作用液压缸

双作用液压缸的主要作用是将液压力转变成活塞拉杆的机械上提力,实现胀头上行胀开、胀圆波纹管,完成补贴动作。图 7-20 为双作用液压缸示意图。

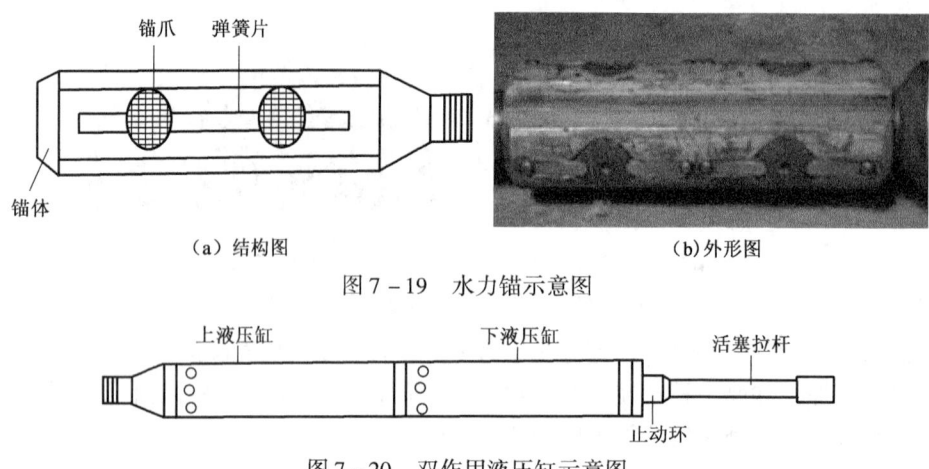

图 7-19 水力锚示意图

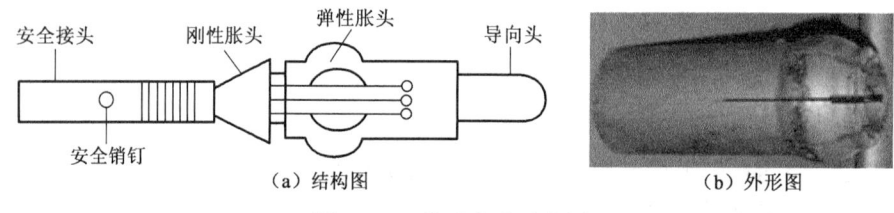

图 7-20 双作用液压缸示意图

9. 胀头部分

胀头部分的主要作用是将液压缸活塞及活塞拉杆的上提力变成刚性胀头和弹性胀头的上提力,对相对定位的波纹管做功。刚性胀头呈锥状,首先进入波纹管并将其初步胀圆胀大成喇叭口状。随后进入的弹性胀头呈瓣球状的工作面再次接触被胀成喇叭口状的波纹管,使其被充分彻底胀圆胀大,紧紧地补贴在套管内壁上,完成补贴。由于活塞上升行程只有1500mm,所以一次只完成1500mm的波纹管补贴,因此需1个行程完成后上提1500mm行程再次拉开活塞拉杆,完成第二行程补贴。如此反复,直到全部完成。胀头部分的结构图和外形图见图7-21。

图 7-21 胀头部分示意图

二、套管补贴施工工序及补贴方法

1. 套管补贴施工工序

(1)通井:按所下工具的最大外径确定通井规的外径和长度,通井到预定位置。

(2)找漏:用封隔器憋压的方法和磁性定位器确定套管损坏的位置。

(3)模拟通井。

(4)计算补贴管柱深度、连接补贴工具。

(5)配制固化剂。

(6)下补贴管柱。

(7)补贴:管柱下入到目标位置,开泵循环工作液1~2周,正常后,上提管柱1.5m,关闭滑阀。

(8)候凝固化。

(9)检测补贴深度位置。

(10)补贴井段试压,替喷完井。

2. 补贴方法

1)连续憋压法补贴

连续憋压法补贴的具体步骤为:工作液循环正常后,关闭滑阀,管柱内憋压。升压应缓慢,升压程序为10MPa—15MPa—25MPa—28MPa—32MPa,一般不使用35MPa的最高工作压力,当压力点达25.2MPa时,稳压2~5min。最后达32MPa时,应至少稳压5min。一般情况下,压力达32MPa时,补贴已经完成,即活塞拉杆第一个1.5m行程回缩完成,已将波纹管胀大胀圆约1.5m长距离。32MPa压力稳压完成后放净管柱内压力,缓慢上提管柱,悬重应与补前管柱相同,或再次拉开活塞拉杆,略有2~3kN(200~300kgf)的悬重增加。上提行程不超过1.5m,但也不应低于1.4~1.45m,使活塞拉杆第二次被拉出,做好第二行程的憋压补贴。上提1.5m行程正常后,即可开泵憋压按上述升压程序完成第二行程的补贴。重复上述憋压、放空、上提1.5m、憋压、放空、上提1.5m程序,一直将入井波纹管完全胀开胀圆,完成补贴。

2)憋压连续上提法补贴

憋压连续上提法补贴就是第一行程需经水力锚定位波纹管,靠液缸将液压力转变为胀头的机械上提动作,实现对波纹管的胀挤。

该方法的具体步骤为:波纹管下到补贴井段后,用憋压法完成第一行程的补贴,之后放净管柱内压力,缓慢上提管柱,在1.5m的空载行程(即再次拉开活塞拉杆的行程)内,管柱悬重应无明显变化;当行程已达1.5m时,管柱悬重已开始增加。一般情况下,当悬重增加较明显,已超过管柱净悬重10kN以上时,说明第一行程补贴已发生作用,上提补贴已开始,即胀头已对波纹管余下的长度做功,此时保持100kN以内的上提负荷完成补贴。

三、套管补贴工艺技术在修井工程上的应用

1. 修井类补贴

修井类补贴的主要内容是补漏。在施工中应抓住以下要点:

(1)掌握漏点的位置、几何形状和面积。

(2)由于波纹管厚度为3mm,其强度有限,故漏点面积超过10cm^2,或裂缝长度超过50cm,宽度超过2cm时,应采取其他修井工艺。

(3)套管补贴后,由于补贴一层波纹管,其内径缩小6~7mm,故在进行补贴施工设计时,应考虑到此点对于此井以后的修井作业和生产工艺的影响。

2. 工艺性补贴

工艺性补贴主要是封堵炮眼。考虑到一般套管经过射孔后其内径要扩大2~3mm的因素,又考虑到补贴工艺中胀头选用是根据补贴套管内径确定的,为了保证胀头能正常工作又不影响补贴段的质量,须采取如下措施:

(1)在应补贴的射孔段位置的波纹管外壁上加贴1mm厚的玻璃丝布。

(2)按射孔段实际扩径数值决定增贴玻璃丝布的层数。

(3)下井管柱必须丈量准确,下入位置必须准确。

(4)用磁性定位进行测井校对,确认下入位置无误时方可进行补贴。

3. 二次补贴

所谓二次补贴,就是指同一口井已经补贴过一次,由于又发现新的套损点或其他工艺需要

还需进行一次补贴。

如果二次补贴的补贴段位置在已补贴段的下部,为了能使弹性胀头顺利通过已补贴段,应使弹性胀头处于被压缩超过2.8mm的状态下通过已补贴段。在套管补贴工具的设计中已充分考虑到这个问题,并制订了相应的措施。

(1)用胀头卡紧器卡住弹性胀头的圆球工作面,用扳手分别将相对两瓣卡紧,当圆球工作面压缩7mm时,它头部的小台阶就可塞进刚性胀头下部的小圆槽内而被锁住。

(2)二次补贴前应准确掌握已补贴段的内径及其他情况。

(3)当工具和波纹管即将下到已补贴段时,应缓慢下放管柱和工具。

(4)当二次补贴结束后,管柱的上提速度要慢,直至指重表读数回到管柱及工具的正常悬重为止,然后可按正常管柱起出。

第四节 套管更换

利用套铣钻头、套铣筒、套铣方钻杆等配套钻具,在钻压、转速、循环排量3个参数合理匹配的情况下,以优质取套工作液造壁防坍塌、防喷、防卡、防断脱、防丢(鱼头),进行组合切割、适时取套、示踪保鱼(下断口)、修鱼(下断口)找正等措施技术,完成对套管外水泥帽、水泥环、岩壁及管外封隔器等的分级套铣、钻扩、磨铣,取出被套铣套管,下入新套管串补接或对扣,最后固井完井。

一、套铣综合措施

1. 适时取套

适时取套就是每套铣一定深度后,将被套铣套管从套铣筒中取出来,以免因被套铣套管过长而弯曲,严重磨损套铣筒造成循环不畅、内卡钻的发生。一般每套铣80~120m取套一次。

有两种取套方法,分别介绍如下:

(1)机械式内割刀切割打捞法。

采用机械式内割刀取套,当卡瓦在预定深度坐牢时,支撑点和刀片之间的距离非常短,可以避免割刀在井下切割套管时可能造成的导体弯曲、刀片震碎。割刀下井过程中,刀片不会自动张开切割套管,割刀可以根据需要收缩到刀架内,也可以在某一预定深度重新打开,操作安全且省时间,几分钟之内就可以把欲替换的损坏套管割断。

(2)倒扣打捞法。

倒扣打捞又分为单管柱倒扣和同心管柱倒扣。同心管柱倒扣时,井内需要下入内、外两套管柱。

2. 示踪保鱼

示踪保鱼就是在全部套铣过程中始终保持被套铣套管、鱼头(下断口)不被丢掉。管柱示踪法一般在断口上部套管被全部取出前进行,即断口以上还剩有30~50m套管时,在套铣筒内对断口处进行修整,使断口尽量复位、扩径。然后用2级压缩式封隔器直接相连,接在油管柱或钻杆柱尾端,封隔器尾部接尾管、丝堵。将管柱下入被套铣套管内,封隔器通过断口(如封隔器通过断口有困难,可改用套管捞矛通过断口)使上封隔器距离断口 3~5m,上封隔器以上管柱长度应小于井内套管长度 2~3m,以便确保套铣过断口后打捞套管有一定的余量。

3. 修鱼找正

修鱼找正措施是在套铣到断口附近(一般 2~4m),为下步新套管的补接或对扣而采取的重要技术措施,特别是针对断口通径较小,错断部位又有原井落物卡阻的井况,修鱼找正措施就显得更为重要。一般在修鱼找正后,应将断口以下不很规则的部分割掉,然后修理好切口以确保补接的顺利进行。

修鱼找正措施应根据套管技术状况即套损程度和有无原井落物卡阻情况而定。一般对断口通径较大无落物卡阻的井况和断口通径较小又有原井落物卡阻的井况分别采取不同措施。

1) 断口通径较大无落物卡阻的井况

可用铣锥或梨形胀管器修整断口,使断口复位,断口光滑平整。如断口以下弯曲,不能与上部原套管轴线保持重合,则应用整形器修整复位或用铣锥磨铣断口以下套管,裁弯取直,扩大断口通径,将井眼处理通畅、铅直,然后下丢手示踪管柱示踪。图 7-22 为修整端口示意图。

2) 断口通径较小又有原井落物卡阻的井况

套铣钻头套铣过下断口 2~3m 后,循环工作液 2~3 周,然后处理断口以上套管并将套管全部取出。这种取套用打捞法实施,将套管内的原井落物带出部分,余下的落物可在套铣筒内打捞处理。当下断口含在套铣筒内时,务必将原井落物处理干净。如处理不尽,则应继续套铣到下断口以下 10~20m,然后打捞套管并倒出这部分套管,带出套管内落物。如断口不很规则,断口以下有弯曲,则应磨铣处理,裁弯取直,然后修整鱼头,下入示踪管柱示踪。图 7-23 为套铣过断口示意图。

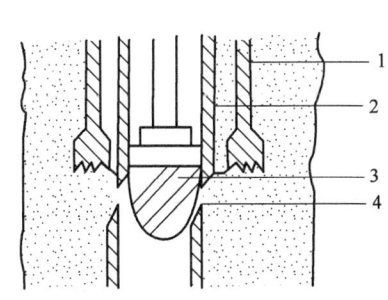

图 7-22 修整断口示意图
1—套铣钻头;2—套管上断口以上;3—梨形胀管器;
4—断口、下断口断面

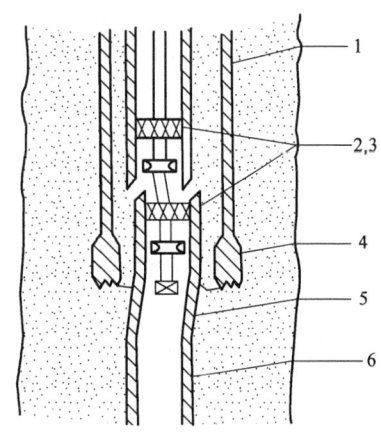

图 7-23 套铣过断口示意图
1—套铣筒;2,3—原井落物;4—套铣钻头;5—断口以下偏移套管;6—断口弯曲部位以下与原井眼铅直套管

二、施工步骤

1. 套铣前的准备

(1) 压井,起原井管柱;
(2) 核实套损点形状和深度;

(3)下示踪管柱,丢手,填砂;
(4)打导管,安装钻台;
(5)选配套铣钻具,配制套铣工作液。

2. 套铣取套

(1)套铣管外水泥帽;
(2)加深套铣;
(3)适时取套;
(4)套铣水泥封固井段;
(5)套铣断口或管外封隔器;
(6)修整鱼头。

3. 补接、固井与完井

(1)核探断口;
(2)补接;
(3)固井;
(4)测井;
(5)钻水泥塞,冲砂,捞封隔器;
(6)全井或补接井段试压;
(7)完井。

第五节 套管侧钻

侧钻工艺技术初期发展于钻井事故的处理,20世纪初应用于修井领域,成为恢复油井产能的一项重要工艺技术。它是钻井技术、定向井技术和水平井技术在油田开发过程中的特殊应用。

我国的侧钻工艺技术始于20世纪50年代,但限于当时的设备及技术条件没有得到广泛应用。20世纪90年代初,新疆、辽河等油田率先开展了套管内开窗侧钻工艺技术研究与应用,并得到了大力推广,由简单的换井底侧钻技术发展到定向侧钻、水平侧钻、侧钻分支井等多项工艺技术。侧钻工艺技术也由最初的恢复油井产能发展成为增储上产、提高油田采收率的一项重要措施。目前侧钻工艺技术分为两大类:一是修井侧钻;二是钻井侧钻。

修井侧钻是从工艺角度上解决油田老区块上具有开发价值的变形井、事故井恢复产能的重要手段,它包括自由侧钻和定向侧钻。

钻井侧钻是从油藏工程及地质的角度,为满足油田开发井网调整、老井综合治理及区块剩余油开采、提高泄油面积、降低开发成本而发展起来的侧钻工艺技术,它包括大位移侧钻、水平侧钻及分支侧钻。

在这里仅对修井侧钻工艺进行介绍。侧钻是指通过浅层(350~450m)取套作业将原井内一部分套管取出,然后在原井裸眼一定深度利用侧斜工具按设计的方位侧钻,避开下部井眼和套管,重新钻出新井眼,根据设计的井眼轨迹中靶,再下入新套管串固井的修井方法。

一、套管开窗定向侧钻工艺概述

套管开窗定向侧钻井是对井身轨迹中的井斜、方位、水平位移都有明确要求,从固导斜器开始到裸眼钻进的全过程均按预定设计方向进行,直至钻达目的层,使侧钻井井身轨迹在施工全过程中都能得到有效控制的侧钻方式。

套管开窗定向侧钻工艺技术施工流程如下:设备安装—提原井管柱结构—通井、洗井—挤灰封堵原射孔井段(或打底灰)—开窗—裸眼钻进—完井电测—下尾管、固井—测声幅—完井试压—完井收尾。

套管开窗定向侧钻井井身结构示意图如图7-24所示。

目前套管开窗工艺技术主要有两种方法:一是磨铣开窗;二是锻铣开窗。

二、磨铣开窗工艺

1. 工艺原理及特点

磨铣开窗侧钻原理是在设计井段下入导斜器,再用多功能铣锥将套管磨穿形成窗口,然后再用钻头钻出新井眼,如图7-25所示。

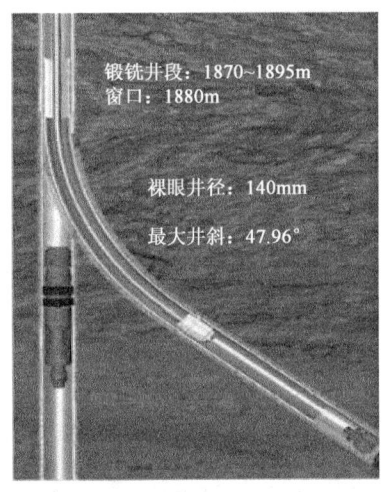

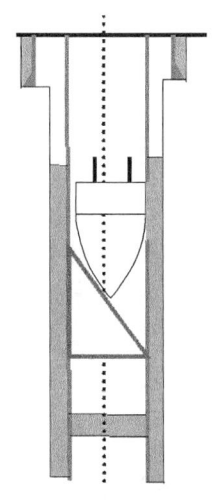

图7-24 套管开窗定向侧钻井井身结构示意图　　图7-25 磨铣开窗侧钻示意图

磨铣开窗侧钻的优点是侧钻开窗井段短,通常为2~3m,一次能穿过多层套管,切屑量少,容易侧钻出新井眼。缺点是下井工具多,工艺复杂;若窗口不光滑,会给下一步作业造成困难,且存在导斜器转动或移动的风险。

2. 常用工具

1)导斜器

导斜器在侧钻中取导斜和造斜作用。它是一个带一定斜度(一般为3°~4°)的半圆柱体,顶部厚约20mm,斜面长2m以上,硬度与套管相似,布氏硬度为260~360。开窗时使导斜器与套管均匀切削,窗口比较规则均衡。导斜器的主要形式有注灰插入式、直接注灰(带水眼)固定式与卡瓦式,目前常用液压卡瓦式导斜器。

液压卡瓦式导斜器由送斜器、斜向器、坐封结构、防漏总成组成,其结构示意图如图7-26所示。其中送斜器是将斜向器送到预计深度,通过液压打压方法坐封,用倒扣的方法分离送斜器与斜向器,坐封结构上有横向卡瓦 3 个,纵向卡瓦 3 个,主要用于固定斜向器,防止其向下移动和旋转。

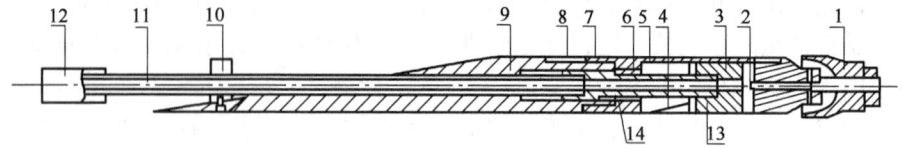

图 7-26 液压卡瓦式导斜器结构示意图

1—防漏装置;2—钢球;3—活塞;4—主卡瓦;5—液缸;6—锁紧套;7—中心管;8—上卡瓦;
9—斜轨;10—扶正块;11—送入管;12—送入接头;13—活塞固定销钉;14—销紧球

2) 多功能铣锥

多功能铣锥由 4 级不同锥度的锥体构成。最下面一级锥体的锥度为 20°~30°,具有底部切削刃,其作用是引导铣锥开窗,防止铣锥提前滑出套管。第二级锥体的锥度为 6°~10°,刀刃长度最长,是磨铣套管进行开窗的主要工作段。第三级锥体的锥度与导斜器斜度基本相同,其作用是稳定铣锥,扩大窗口。最上一级锥体的锥度为 0°,主要作用是修整窗口。

3. 施工工序

1) 开窗位置选择

套管磨铣侧钻的开窗位置选择一般遵循以下原则:

(1) 开窗部位以上套管完好,无变形及漏失;
(2) 套管外水泥封固良好;
(3) 选在完好套管本体处,避开套管接箍;
(4) 避开事故井段及复杂地层和坚硬地层;
(5) 窗口位置还应考虑定向侧钻井身剖面的结构安排。

此外,窗口长度依据以下公式确定:

$$L = (d_{cin} + \delta_{ba} - \delta_{ca} - d_b)/\tan\alpha \tag{7-1}$$

式中 L——窗口长度,mm;
d_{cin}——套管内径,mm;
δ_{ba}——套管壁厚,mm;
δ_{ca}——导尖厚度,mm;
d_b——复式铣锥引子端最大直径,mm;
α——导斜器倾角,(°)。

2) 原井眼准备

确定好开窗位置后,首先要进行通井、洗井。通井要通到开窗点以下 30~50m。必要时还要用陀螺仪复测原井井斜数据,以便更准确地确定新井眼的方位和位移。做完井筒准备后,注水泥封堵老井眼,水泥凝固后,下钻探灰面,试压,并钻水泥塞到预定位置。

3) 导斜器定向与固定

根据井眼尺寸、井深、井斜等参数确定合适的导斜器总成及相应的固定方法。导斜器定向有两种方法:一是在地面用罗盘定向、下钻划线对中法;二是利用陀螺仪进行定向。

在地面连接好导斜器,在地面对各部件进行认真检查,将工具下到预计深度,下陀螺仪进行定向(或在地面用罗盘定向);开泵打压 20~25MPa,卡瓦牙张开坐封,加压 3~4tf 确认导斜器坐封后,正转钻具 20~30r 倒开中心管,上提管柱取出送斜器,然后下入多功能铣锥进行开窗施工。

4) 套管开窗

套管开窗是套管侧钻施工中的重要环节。它是利用铣锥沿导斜器的斜面均匀磨铣套管及导斜器,在套管上开出一个斜长圆滑的窗口,以便于侧钻过程中钻头、钻具、测井仪器、套管等的顺利起下。窗口质量的好坏,对下一步施工影响很大。

套管开窗一般分为以下三个阶段:

(1) 初始阶段:从铣锥磨铣导斜器顶部至铣锥根部开始切削套管。这一阶段必须轻压慢转,使铣锥先铣出一个比较圆滑的孔洞。

此阶段钻铣参数一般要控制在适当范围,即钻压 W 为 0~5kN;转速 N 为 20~30r/min;排量 Q 为 10L/s;泵压 p 为 10~12MPa。

(2) 骑套阶段:从铣锥根部开始接触套管内壁到底圆刚刚铣穿套管内壁。此阶段容易出现开窗死点,因此应采取中压快转的技术措施,以保证铣锥沿套管外壁均匀钻进,保证窗口长度。

此阶段钻铣参数也应有适当范围,即钻压 W 为 20~40kN;转速 N 为 40~60r/min;排量 Q 为 10L/s;泵压 p 为 10~12MPa。

(3) 出套阶段:从铣锥底圆铣穿套管到铣锥最大直径全部铣过套管,这是保证下窗口圆滑的关键段。在此段稍一加压就会滑到井壁,因此要定点快速悬空铣进,其长度至少要等于一个铣锥长度。

此阶段钻铣参数要控制在如下的适当范围,即钻压 W 为 10~20kN;转速 N 为 40~60r/min;排量 Q 为 10L/s;泵压 p 为 10~12MPa。

5) 注意事项

(1) 开窗前必须对地面设备、钻井液性能、指示仪表、井下钻具进行全面检查,保证其性能合乎要求,保证钻井泵排量,使井底岩屑充分循环出来,保持井底清洁,避免铁屑的重复切削。

(2) 开窗时送钻要均匀,避免出现死点现象。一旦出现死点,则应下入梨形铣鞋或磨鞋及时消除。

(3) 更换铣锥时应保持其直径一致,更换大小不一的铣锥时应由小到大,以免出现台阶使铣进困难。

(4) 修套时铣锥容易悬空,高转速铣进容易脱扣,因此必须上紧钻具螺纹。对下井钻具要严格检查,防止断掉钻具事故的发生。

三、锻铣开窗工艺

1. 工艺原理及特点

锻铣开窗侧钻原理是在设计位置将原井眼的一段套管用锻铣工具铣掉,锻铣长度通常为 20~30m,以避免套管磁场对随钻仪器的影响,然后在该井段注水泥,再利用侧钻钻具定向钻出新井眼。锻铣开窗侧钻原理示意图见图 7-27。

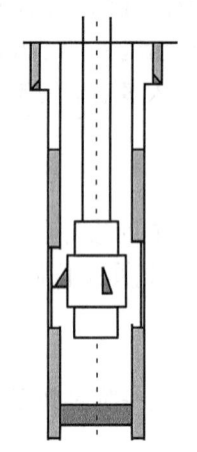

锻铣开窗侧钻的优点是工艺简单,易于掌握,可靠性强,可全方位定向侧钻,一旦侧钻失败,易于补救;对下步钻井和后期作业较安全。缺点是需要打水泥塞,套管锻铣段长,切削量大,施工周期长,不能一次切削多层套管。

2. 施工工序

套管锻铣工具与套管水力式内割刀的结构和工作原理相同,作业时首先将工具下到预定位置,启动转盘并开泵,刀刃从本体内伸出,进行套管切割作业。套管割断后,在调压机构作用下,泵压会有下降显示,刀片骑在套管断面上。此时均匀送钻加压,即可进行锻铣作业。图7-28为套管锻铣器结构示意图。

图7-27 锻铣开窗侧钻原理示意图

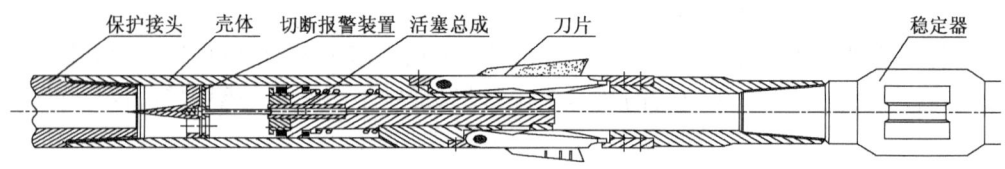

图7-28 套管锻铣器结构示意图

1)锻铣前的准备工作

造斜点的选择要尽量减少老井段套管报废长度,选择易开窗且地层相对稳定的井段,充分发挥工具应有的造斜能力;锻铣起始点要避开套管接箍,选在套管接箍以下5~6m处;锻铣刀片下井前要做张开试验,防止在下钻时因刀片张开遇阻而损坏刀片。

2)锻铣时的注意事项

锻铣时要配置高黏度高切力的钻井液,保证钻井液有足够的悬浮和携带能力;锻铣操作要平稳,送钻要均匀,每锻铣0.5~1m时要停止锻铣,循环25~30min钻井液,然后停泵让锻铣工具进入套管1~2m,以检查刀臂是否被卡;每次下入新刀片时,应在前次锻铣井段划眼;锻铣过程中要收集铁屑,分析返出量与锻铣套管长度是否相符,若返出量少,则要停止锻铣,循环一周,必要时提高钻井液黏度及切力。

3)锻铣完成后的工作

测井前要充分大排量洗井,清除残余铁屑。如果测井发现锻铣井段黏有大量铁屑或留有薄层套管,应再次下锻铣工具进行划眼,以免对测量仪器产生磁干扰。注水泥塞要求管柱下到锻铣段下部50m,水泥塞应有足够的强度和韧性,一般在固井水泥中加纤维。水泥凝固后即可进行定向侧钻。

四、侧钻裸眼钻进

1. 钻头

套管开窗侧钻井由于受原井眼井身结构的限制,钻头的选择比较有限,常用的有单牙轮钻头、PDC钻头和PDC偏心扩眼钻头等。

小井眼钻井由于其环空间隙小,给钻井、固井作业带来一系列问题,如环空压耗较大、井底水力作用能量较低、卡钻机会增大、固井质量不能保证等。目前普通的做法为:钻达目的层后,下扩眼钻头进行扩眼;在油层段及复杂地层采用偏心钻头进行扩眼,以利于钻井、固井作业顺利进行。

1) 单牙轮钻头

单牙轮钻头(图7-29)在绕运动着的牙轮轴做相对运动,对井底岩石产生冲击和压入作用的同时,牙轮表面相对井底有很大的滑移运动,对地层产生切削作用,因而单牙轮钻头兼有三牙轮钻头和PDC钻头的优点。单牙轮钻头由于只有一个轴承,因而轴承面积相对较大,同时单牙轮钻头是减速钻头,牙轮转速低于钻头转速,一般只有钻头转速的40%~80%,因而单牙轮钻头轴承使用寿命相对较长。

2) PDC 钻头

PDC 钻头(图7-30)的破岩机理主要是依靠钻头复合片的切削作用,适用于低钻压、高转速钻进,因而适合配合井下动力钻具,满足动力钻具对钻头高转速的要求。

图7-29 单牙轮钻头　　　　图7-30 PDC钻头

3) PDC 偏心扩眼钻头

PDC 偏心扩眼钻头(图7-31)具有两条中心轴线,即所钻井眼的中心轴线和正常通径的井眼轴线。

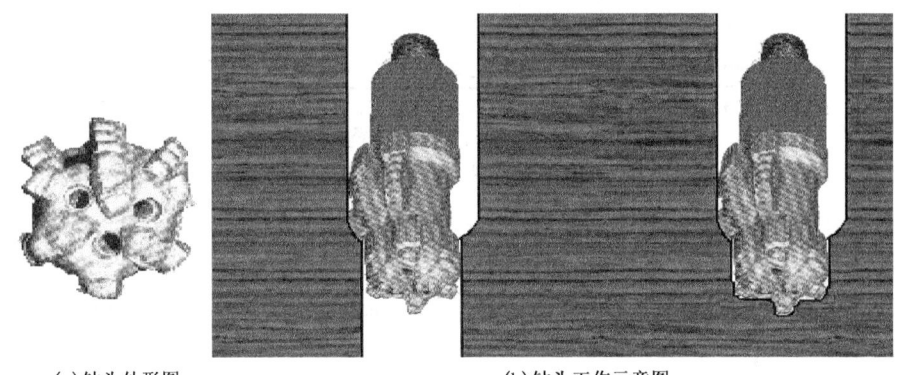

(a)钻头外形图　　　　(b)钻头工作示意图

图7-31 PDC偏心扩眼钻头

PDC 偏心扩眼钻头的工作原理是:利用底部的切削齿钻出导眼,靠侧翼进行扩眼,钻出大于钻头直径的新井眼。由于偏心钻头的不对称性,要求与之搭配的钻具最好为钟摆钻具,尽量不使用扶正器。

2. 钻具组合设计

钻具组合的优选是井眼轨迹控制的重要组成部分。正确选择和合理使用钻具组合,既可提高钻井速度及井身轨迹控制精度,又可获得曲率均匀、光滑的井眼,避免造成起下钻及钻进阻卡、划出新眼、发生黏卡及键槽卡钻等复杂情况。显然,所选出的钻具组合不仅要满足井眼轨迹控制的要求,还要满足强度、通过度及安全钻井的要求。

1) 钻具组合选择原则

钻具组合设计应满足以下几个方面的要求:满足设计造斜率的要求;满足造斜马达在直井段或斜直段的通过度要求;满足随钻测量工具的要求;钻柱摩阻最佳;优先选用成熟的钻具组合;满足强度要求;有利于减少起下钻次数;必须有较大的可靠性及实用性;根据井身剖面选择钻具组合。

2) 钻具结构

(1) 初始阶段钻具结构。

在开窗完成后进行裸眼钻进,当钻头到窗口处时,要慢放慢提平稳操作,下到预定深度后慢慢开动转盘,要求转速 20~30r/min,当无蹩跳现象后可进行正常钻进 20m。

钻具组合:牙轮钻头 + 钻铤 6 根 + 钻杆。初始阶段钻具结构示意图如图 7 - 32 所示。

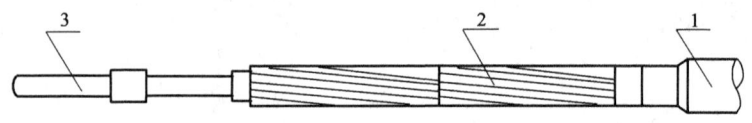

图 7 - 32 初始阶段钻具结构示意图
1—钻头;2—钻铤;3—钻杆

(2) 造斜钻进钻具结构。

根据地质设计的靶心位移,一般要进行造斜阶段。

造斜钻进钻具组合:PDC 钻头 + ϕ95mm 单弯螺杆 + 定位接头 + 无磁钻铤 1 根 + 钻铤 5 根 + 钻杆。造斜钻进钻具结构示意图如图 7 - 33 所示。

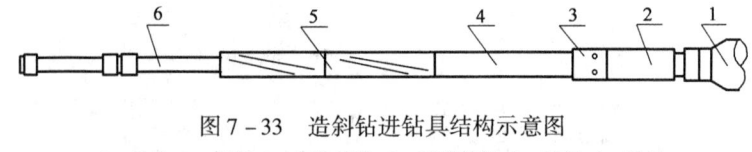

图 7 - 33 造斜钻进钻具结构示意图
1—钻头;2—螺杆;3—定位接头;4—无磁钻铤;5—钻铤;6—钻杆

(3) 稳斜钻进钻具结构。

稳斜钻具:一般稳定器 3 个,使钻铤刚度增大,可以保持原井眼轴线钻进,放置在钻头以上 1.3m、7.6m、19m 处左右,也就是满眼钻井。稳定器外径应等于钻头外径,过小则不起扶正作用。

稳斜钻进钻具组合:牙轮钻头 + 扶正器 + 短钻铤 + 稳定器 + 托盘接头 + 无磁钻铤 1 根 + 稳定器 + 钻铤 5 根 + 钻杆。稳斜钻进钻具组合示意图如图 7 - 34 所示。

3. 井身质量控制

定向钻进中随钻测量至关重要,它负责监控井身质量。目前国内常用的随钻监测方法主

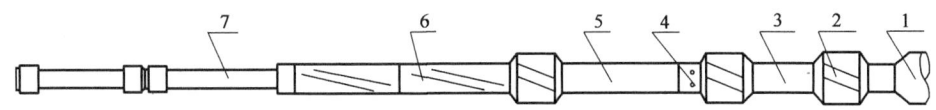

图 7-34 稳斜钻进钻具组合示意图

1—钻头；2—扶正器；3—短钻铤；4—托盘接头；5—无磁钻铤；6—钻铤；7—钻杆

要有两种，一种是使用无线随钻仪，另一种是有线随钻仪。无线随钻仪使用成本相对较高，因此定向侧钻中普遍使用有线随钻仪进行监控。

井身质量的控制是依靠导向动力钻具来完成的。具有一定造斜能力的导向动力钻具其改变井斜和方位的大小及两者的分配关系是通过调节导向动力钻具的装置角 ω_0 来实现的。使用有线随钻监测仪时，在井斜角小于 6°时一般采用磁性高边（即以磁北方向为起边）；当井斜角大于 6°时，磁性高边误差相对较大，需要采用重力高边（即以井斜方向为起边）来监控导向钻具的装置角。

装置角 ω_0 与井斜、方位变化关系的计算式：

$$\Delta\alpha = \Delta\alpha_0 \cos\omega_0 \quad (7-2)$$

$$\Delta\phi = \Delta\alpha_0 \sin\omega_0 / \sin2\alpha \quad (7-3)$$

式中 $\Delta\alpha_0$——工具造斜率，(°)/10m；

$\Delta\alpha$——井斜变化率，(°)/10m；

$\Delta\phi$——方位变化率，(°)/10m；

ω_0——导斜器装置角，(°)；

α——井斜角，(°)。

4. 钻进参数的选择

1) 钻压的确定

钻压一般应视钻遇地层硬度、岩层构造情况、钻头及钻进方式而确定，同时钻压不超过钻铤在钻井液中重力的 80%～90% 及钻头自身所能承受最大钻压的 90%。用井下动力钻具钻进时，钻压一般为 15～25kN，最大不超过 30kN。在采用转盘式旋转钻进过程中，一般单牙轮钻头钻进时钻压控制为 30～40kN 为最佳，最大不超过 50kN；PDC 钻头钻压为 20kN 钻进效果最佳。

2) 转速的确定

侧钻井井眼尺寸小，裸眼钻进受窗口及裸眼井径的限制，扭矩比较大，因而转速不可过高，单牙轮钻头一般应控制在 60～80r/min 比较合适，PDC 钻头一般应控制在 80～120r/min 比较合适。

3) 排量的确定

排量过大，环空工作液成紊流状态，会产生冲刷强力，破坏岩壁滤饼的形成，在较松散的砂泥岩地层易发生井壁坍塌；排量过小，工作液携带岩屑性能降低，易发生沉砂卡钻事故。因此，侧钻工作液的上返速度应介于紊流与层流之间，即不完全层流状态，同时在井下动力钻进时排量的选择要保证动力马达处于最佳状态。

钻井泵排量的计算公式：

$$Q = \pi D^2 PNnK/4 \quad (7-4)$$

式中　Q——钻井泵排量,m^3/min;
　　　D——钻井泵缸套直径,m;
　　　P——钻井泵活塞冲程,m;
　　　N——钻井泵活塞冲次,次/min;
　　　n——缸套数量,个;
　　　K——钻井泵上水系数(一般取0.85)。

5. 侧钻井钻井液的特殊要求

(1)能够在较低的排量下有效清洗井底,悬浮和携带岩屑;
(2)具有较低的滤失量、良好的造壁性以及较强的防塌能力;
(3)具有良好润滑性能和较低摩擦,确保压力传递和降低扭矩;
(4)具有较强的防井漏能力,方便针对性地实施油气层保护技术。

五、侧钻完井

1. 固井前期准备

(1)通井:测井后为预防井眼情况发生变化,下套管前必须通井。凡起下钻遇阻卡位置、狗腿角严重井段均需进行划眼。划眼时要大排量循环钻井液,清除井内岩屑,钻井液必须循环一周以上。

(2)钻井液的性能要满足安全顺利下套管和注水泥施工的要求,避免固井前大幅度改变钻井液性能。

(3)对于有漏失层的井,要先堵好漏层,然后下套管。

(4)下套管:7in 套管侧钻井中一般下入5in 套管完井;5.5in 侧钻井中一般下入4in 套管完井。4in 套管分为有节箍和无接箍两种。由于5.5in 套管侧钻井环空间隙比较小,为了保证环空水泥环的厚度及固井质量,部分油田在5.5in 侧钻井中下入3.5in 套管完井,如胜利油田及江苏油田都使用3.5in 套管完井。

尾管串结构(自下而上):引鞋+旋流短节+浮箍(内含阻流板)+尾管+空心胶塞+悬挂器总成。

完井管柱结构示意图见图7-35。

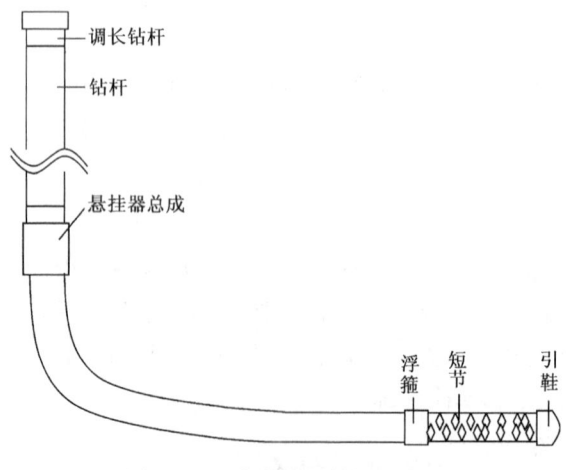

图7-35　完井管柱结构示意图

2. 固井工艺

侧钻井尾管固井方法有3种：一是直接注水泥法；二是内管柱插入式固井；三是复合胶塞碰压式固井。

(1) 直接注水泥法：由于需要钻尾管内的灰塞，目前很少使用。

(2) 内管柱插入式固井工艺技术：在尾管底部安装一个双向阻流板，内管柱随尾管下入井底，固井替水泥前将一个钢球投入坐在双向阻流板上，然后循环替出尾管内水泥浆。该项技术尾管内不留水泥塞，节省了钻水泥塞时间和费用，同时避免了因钻水泥塞对水泥环造成破坏。内管柱双向阻流管完井管柱结构示意图如图7-36所示。

(3) 复合胶塞碰压式固井工艺技术：该项工艺技术需要在悬挂器下部连接一个空心胶塞，将尾管串与钻杆相连，下入井内设计深度后倒开悬挂器中心管，然后加压10~15kN使其密封。注完设计量水泥后，将小胶塞投入钻杆内，在泵压的作用下将小胶塞推入到悬挂器中大胶塞处，堵塞住大胶塞的孔道，使两胶塞合二为一，然后在泵压作用下继续下行，直至接触阻流板，完成固井作业。上提中心管反洗井，洗出喇叭口以上多余的水泥浆。该项固井工艺的特点是固完井后免去钻多余水泥的工序。尾管碰压固井完井管柱结构示意图如图7-37所示。

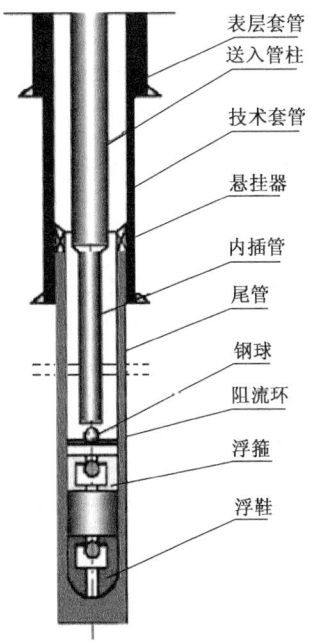
图7-36 内管柱双向阻流管完井管柱结构示意图

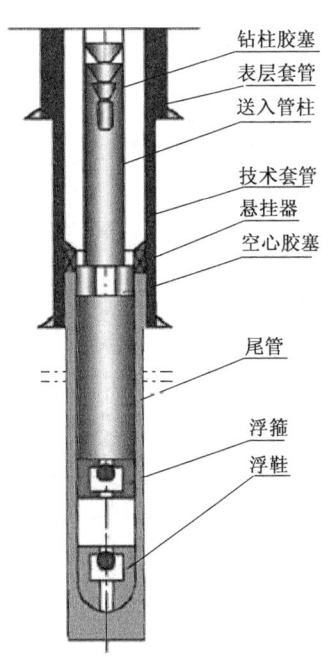
图7-37 尾管碰压固井完井管柱结构示意图

第六节 侧钻水平井

侧钻水平井同侧钻定向井相比，其最大的特点是侧钻水平井有一个水平段，按照造斜曲率半径的不同，侧钻水平井又分为侧钻长半径、中半径、短半径、超短半径水平井。短半径与超短半径水平井钻井需要特殊的非常规工具,长半径与中半径水平井钻井不需要特殊的非常规工具,而使用常规工具,因此又将长半径与中半径侧钻水平井称为常规侧钻水平井。

侧钻水平井技术作为老油田调整挖潜、提高采收率的重要手段,已在世界范围得到广泛应用。

一、侧钻水平井套管开窗方式选择

侧钻水平井套管开窗方式有两种:一是磨铣开窗;二是锻铣开窗。一般对于长半径及中半径侧钻水平井,两种开窗方式都可以;对于短半径及超短半径侧钻水平井,则采用锻铣开窗方式。

图 7-38 套管锻铣工具

锻铣开窗钻具组合如下:引锥(或领眼磨鞋) + 锻铣工具 + 钻铤 1~2 根 + 稳定器 + 钻铤 3 根 + 减震器 + 钻铤 5 根 + 随钻震击器 + 加重钻杆 + 钻杆,如图 7-38 所示。

二、侧钻水平井钻井工艺技术

1. 钻头的选择

钻头的选型就是要使钻头与地层相匹配,满足井眼轨迹控制和提高钻速的需要。由于不同类型的钻头具有不同的破岩机理,因此,钻头选型应按地层岩性、厚度、深度及钻头特性等进行恰当的选配。钻头的选型可采用两种方法:一是统计分析法;二是随钻预测法。

由于侧钻水平井自身的特点,钻头易出事故,并且出现事故后处理难度较大,因此,合理的选择和使用钻头就显得特别重要。对于牙轮钻头而言,在高转速、大曲率和侧向力状态下运转,会导致牙掌与钻头急剧磨损,造成牙轮轴承先期损坏,钻头寿命锐减,这样极易发生钻头事故,因此应尽量避免使用牙轮钻头。但是在地层含砾石且较为松软时,使用牙轮钻头的安全性又高于 PDC 钻头。总之,应根据具体情况具体分析。在选用牙轮钻头时,应选用高效优质具有保径作用的牙轮外头,使用过程中应根据岩性、机械钻速、进尺等综合分析,确保钻头余新大于 40%。

2. 钻具组合设计

侧钻水平井在钻进时处于水平段与曲线段的钻柱常处于压缩状态,故不宜采用常规钻杆,同时水平井的曲线段曲率较大,且曲线段与水平井段的摩阻也较大,故不宜采用常规钻铤。因此,在钻水平井时,常采用加重钻杆或耐压钻杆。根据造斜率的要求,可选用单弯或同向双弯螺杆钻具。

钻具组合设计如下:钻头 + 单(双)弯螺杆 + 定位接头 + 无磁抗压钻杆 + 斜坡钻杆 + 加重钻杆 + 钻杆。

3. 轨迹控制技术

侧钻水平井轨迹实时跟踪主要有两种方法:一是有线随钻;二是无线随钻。对于短半径及超短半径侧钻水平井,多采用无线随钻测量技术。

由于侧钻水平井造斜段短,造斜率又高,钻进过程中的轨迹控制十分困难,有时需要几次扭方向才能使钻进方向与设计方向一致。为了保证顺利施工,应注意以下几点:

(1)造斜段所使用的钻具组合的造斜率要高,一般在 1°/m 左右。当造斜点方位和水平段方位不一致时,为了使钻具容易通过造斜段或扭向段,应避免单纯的扭向或单纯的增斜,尽量使扭向和增斜协调进行,即把扭方向与增斜合理地结合在一起,以保持钻进过程中井眼的平滑连续。

(2)由于侧钻水平井的造斜段较短,施工中井斜与方位的调整余量很小,因此,对井眼轨迹进行实时跟踪,预测应做到尽量精确,严格控制垂深及实钻曲线超前或滞后的程度,不得盲目钻进。

(3)水平段钻进的重点是钻具组合要有稳斜和调整井斜及方位的能力。当造斜段扭方位工作量较大时,在确保入靶的情况下,可把一小部分扭方位余量留在水平段进行消化。这样一方面可以减少造斜段的扭方位压力,另一方面又可使钻出的井眼平滑连续,有利于顺利施工。

三、侧钻水平井完井工艺技术

1. 侧钻水平井完井方式选择依据

(1)能获得最大的油气产量和最小的其他液体产量;
(2)能取得最大的经济效益;
(3)有利于延长油井寿命;
(4)能进行二次完井或进行增产措施;
(5)有利于修井及油井的生产管理;
(6)能很好控制地层大量出砂。

2. 侧钻水平井完井方式

侧钻水平井完井方法主要有 4 种,即裸眼完井、固井射孔完井、裸眼砾石充填完井、筛管完井。从使用的效果看,筛管完井效果最好。图 7-39 至图 7-41 为水平井不同完井方法示意图。

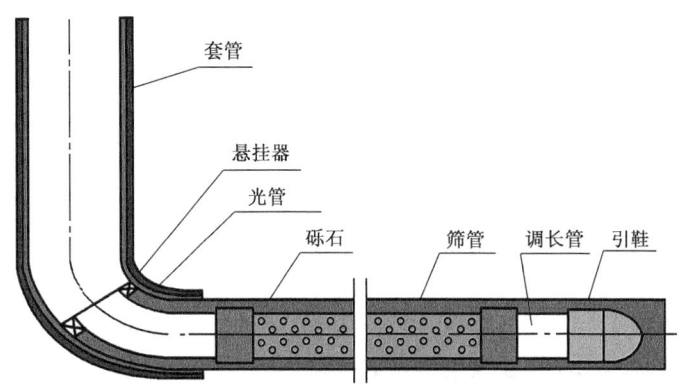

图 7-39 水平井砾石充填完井示意图

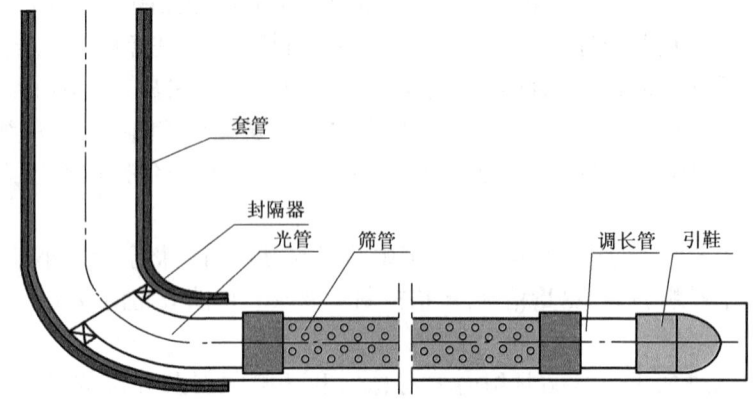

图 7-40 水平井不固井筛管完井示意图

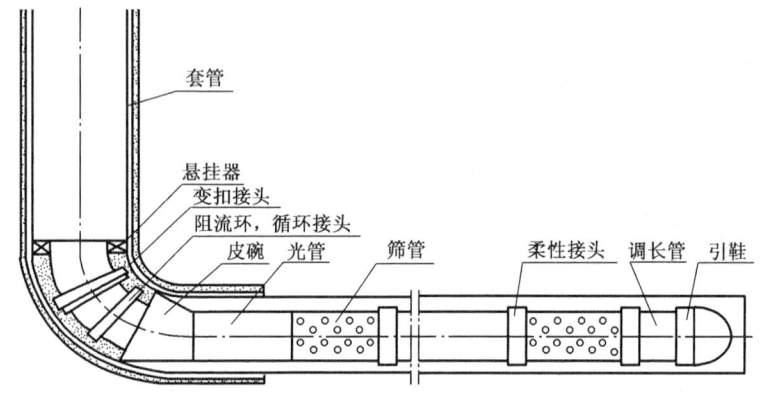

图 7-41 水平井筛管完井示意图(上部固井)

复习思考题

1. 导致套管损坏的因素分为哪几个大的方面?
2. 套管损坏类型有哪些?
3. 机械整形的原理是什么?
4. 滑阀的作用是什么?
5. 水力锚的作用是什么?
6. 套管补贴工艺技术在修井工程上有哪些方面的应用?
7. 修井类补贴在施工中要抓住哪些要点?
8. 一般来说,有哪两种取套的方法?
9. 什么叫示踪保鱼?
10. 什么叫修鱼找正?
11. 目前套管开窗工艺技术主要有哪两种方法?
12. 磨铣开窗侧钻的原理是什么?其优缺点是什么?
13. 开窗位置的选择需要遵循什么原则?
14. 套管开窗的三个阶段以及各阶段的具体内容分别是什么?

15. 锻铣开窗侧钻的原理是什么？其优缺点是什么？
16. 小井眼钻具给钻井、固井作业带来的问题包括什么？
17. 钻进时排量过大和过小分别会产生什么不良后果？
18. 按照斜曲率半径的不同，侧钻水平井分为哪几种？每种方法的开窗方式如何选择？
19. 侧钻水平井完井方式主要有哪几种？

第八章 特殊情况下的修井作业

第一节 高温高压深井修井工艺技术

随着天然气勘探开发业务的快速发展,向深层进军成为必然选择,高温高压深井也将越来越多。与常规气井相比,高温高压深井修井作业有许多特殊性需要考虑。

一、高温高压深井特点及安全问题

1. 高温高压深井特点

高温高压深井与修井作业相关的特点如下。

1) 温度高

温度高是高温高压深井的主要特点之一。高温井测试对井下工具及其附件要求很高。封隔器胶筒耐温越高,在坐封时所需有效压重越大,对重力坐封的管柱要求越高。高温井对射孔器材提出了更高的抗高温性能要求。高温井在测试过程中温差变化大,温差变化大对测试管柱的变形受力影响也大。

2) 压力高

压力高带来的作业难度具体表现在以下几个方面:

(1) 修井液密度高。有些井的完井液密度超过 2200kg/m³。对修井液的密度选择提出了很高的要求,对裸眼完井来说,修井液密度高将使修井管柱的工作环境变得十分恶劣。

(2) 地层压力高。龙4井地层压力为 126.21MPa。地层压力高,使地层岩石骨架往往出现欠压实作用,岩石更容易出现压碎而出砂。同时,对射孔器材的耐高压性能要求也高。

(3) 井口关井压力高。龙4井实测井口关井压力达到 103.95MPa。井口压力高,将使硫化氢分压升高,硫化氢分压越高,硫化氢对油管的腐蚀越强。同时井口关井压力高,将使油管承受很高的内外压差,使封隔器承受很大的双向压差。

3) 井深

渡4井井深 5243m,盘1井井深 5780m,五科1井井深 6063m。井深使作业管柱往往采用复合管柱,从而使得管柱承受的静载荷大。在作业的不同工况下,由于管柱长度大产生的交变载荷也大,管柱的变形也较大,从而使管柱的弯曲程度和弯曲长度变化也比较大,管柱工作状态更为恶劣。

2. 高温高压深井安全问题

安全是高温高压深井作业过程中需要重点考虑的问题,主要包括以下两方面。

1)作业管柱的实用可靠性

作业管柱实用可靠是高温高压深井作业中的一个基本要求。作业管柱的实用可靠就是不会出现腐蚀断裂,不会被拉断、挤毁和压坏,不会出现渗漏和窜漏,能够安全地完成作业施工。作业管柱实用可靠的技术难题表现在以下几个方面:

(1)防止作业过程中钻杆出现应力腐蚀开裂。应力腐蚀开裂是钻杆面临的第一大技术难题,对于高强度钻杆而言,硫化物应力腐蚀开裂所需时间比较短。

(2)钻杆测试密封。众所周知,钻杆的螺纹承压密封性能较差,必须开展这方面的试验。同时也需进行密封脂、密封元件的密封性能试验,以确保作业过程安全可靠。

(3)作业油管柱。作业油管柱研究要解决的难题是怎样进行油管选材、强度分析、井下工具选择、气密封可靠性分析及其他配套工具分析。从这些分析中总结出管柱结构设计的原则和方法,优化组合出适合高温高压深井作业的管柱组合,为作业施工安全顺利地进行打下基础。

2)安全控制及安全监测问题

(1)安全控制。

①井口安全控制难点包括两个方面:一是怎样控制油压、套压,确保井下安全;二是在地面流程出现复杂情况时,怎样快速可靠地进行紧急关井,确保井口安全。

②地面流程安全控制难点包括两个方面:一是地面流程出现超压情况时,怎样进行自动泄压,确保地面流程安全;二是地面流程出现天然气泄漏时,怎样确保人员安全。

(2)安全监测。

①地面流程必须具备可靠的安全监测功能;

②必须制定可靠的安全监测工艺技术措施;

③将安全监测和安全控制形成一个完整的安全测试体系。

二、高温高压深井作业管柱安全分析与设计

1. 作业管柱的受力与变形特点

对于给定的一套作业管柱,影响受力与变形的外界因素包括重力、内外流体压力、流体流动黏滞力、温度、顶部悬重控制、底部封隔器处约束方式及操作顺序等。这些因素共同作用,使管柱的力学分析与计算非常复杂,主要表现如下。

1)多种效应并存

管柱除常规的温度效应、膨胀效应、屈曲效应及重力效应外,还有流体流动黏滞力及离心力的作用。

2)螺旋屈曲的影响

螺旋屈曲的影响不能简单地理解为使管柱轴向缩短。与其他因素相比,螺旋屈曲直接引起的管柱轴向缩短量很小,以至于有人认为可以忽略掉螺旋变形影响。实际上,在一定条件下,螺旋屈曲对管柱变形的影响比其他因素更大。主要表现如下:

(1)螺旋屈曲改变管串下入(或坐封封隔器)阶段管柱轴向力的分布。

计算表明,随着管柱底端轴向压力的不断增加,将出现螺旋屈曲。屈曲后管柱与井壁接触,引起摩擦力。轴向压力越大,屈曲越严重,摩擦力也就越大。管柱底端轴向压力有一个极限值,无论管柱有多长,即使全部管柱重力都压下去,底端的轴向力也不会超过这个极限。对于实际使用的管柱,这个极限值并不大,因而通过下放管柱来给封隔器加压往往达不到预期效果。

(2)螺旋屈曲制约管柱的变形。

作业管柱下入井中以后,每次对作业工具进行操作,都会不同程度地改变管柱的受力与变形状态。如果前面的操作使管柱发生了螺旋屈曲,那么管柱底部一定长度上存在摩擦力,后续的轴向力变化或轴向变形必然是在原有的力与变形上发生的。这时的前后关系并不是简单叠加,而是前者制约后者。

(3)螺旋屈曲严重时会引起管柱永久性螺旋变形。

受螺旋屈曲后摩擦力的影响,管柱下入阶段,其底部的轴向压力不会太大。但正因为这个原因,使屈曲段变得很长。而在后面的操作过程中,一旦使管柱伸长,则原有的摩擦力又阻止轴向变形的重新分布,造成底部变形自锁,产生过量局部变形,引起管柱永久性螺旋变形(塑性变形)。

3)每口井的参数、操作步骤各不相同

对于不同的井,其深度、压力、产物性质等不同,作业的目的也不同,因而作业管柱组成、操作方式就不一样。

与常规上提下放操作方法相比,高温高压井作业油管具有如下特点:

(1)上端坐挂于井口,不能随意调整油管长度;下端的密封插入管根据油管整体轴向变形情况,可以在封隔器中上下移动。油管过长会引起下部严重的螺旋屈曲,甚至永久性弯曲,而油管过短则会使密封插入管拔出封隔器。

(2)高温引起的温度应变、高压引起的膨胀效应和活塞效应、油气高速流动的摩擦效应等,每一种因素对油管轴向伸缩长度的影响都远大于常温常压井作业管柱相应的变形。

(3)从油管顶端坐挂在井口开始,后续变形是在前面变形基础上发生的,直到作业结束。对管串的受力与变形情况不可能实时观测,而只能通过井口压力、温度、流量等进行预测。

2. 高温高压深井管柱强度设计

对于高温高压深井,油管不但要承受很大的静载荷,而且要承受很大的交变载荷,因此抗拉强度要大。在下有封隔器的深井中,油管将承受很高的内压差,其井口部位的压差值等于井口关井最高压力。当放喷或采气到后期时,油管内压力降低,而封隔器以上环空的液柱压力却很大,因此要求油管抗内压、抗外挤强度要高。对于含硫气井,管柱在作业的各项工序中的强度建议按表8-1所列有关参数设计。

表8-1 油管强度设计有关参数推荐

强度名称	有关参数推荐
所受最大拉力	小于钢材本身屈服强度的60%,即安全系数1.67
各工序的剩余拉力	≤300kN
抗内压安全系数	≤1.25
抗外挤安全系数	≤1.125

同时,由于井深,在压裂酸化、压井、循环洗井等施工中,油管内摩阻较大,为降低摩阻,油管通径要适当大一些。为兼顾强度和通径,必要时可采用不同管径的复合管柱。

3. 管柱密封性能设计

对于井口压力和地层压力较高的井,管柱内外压差很高,在35MPa以上,甚至达100MPa以上。这就要求螺纹具有非常良好的密封性,不能渗漏。一般API圆螺纹油管是不能满足要求的,要选用3SB螺纹、VAM螺纹或SEC等特殊螺纹油管。

API圆螺纹由于其密封机理主要靠圆螺纹扭紧面接触密封,而特殊螺纹靠圆锥体的过盈配合产生线接触,起着主密封作用,端面的紧密接触起着辅助密封作用。斜梯形的螺纹只起连接作用,不起密封作用,其连接能力远远超过API圆螺纹,确保了主密封和辅助密封的紧密结合,因而密封性得到很大提高。表8-2是目前世界上各主要油气井专用管生产厂家的特殊螺纹油管评价试验结果。

表8-2 部分特殊螺纹油管评价试验结果及选用井号

公司名称	螺纹名称	尺寸,mm	气密性试验	失效破坏试验	弯曲下密封试验	试验井号
住友SM	TM	88.9	优秀	优秀	优秀	
日本钢管NKK	3SB	88.9	优秀	优秀	优秀	五科1井、渡2井、渡3井、盘1井
新日铁NT	NS-CT	88.9	良好 一根泄漏	优秀	良好 一根泄漏	
世特佳SIDERCA	SEC	88.9	优秀	优秀	优秀	渡4井、罗家1井

三、高温高压深井修井工作液

高温高压深井修井工作液包括清洁盐水工作液、TDP工作液和甲酸盐工作液,下面将分别叙述3种工作液的特点,同时,对优质工作液使用中的安全注意事项也给予说明。

1. 3类工作液特点

1) 清洁盐水工作液

清洁盐水工作液由各种盐类加重剂及淡水组成,不含固相,其密度靠增减各种不同的盐类在水中的浓度来调节。清洁盐水工作液必须清洁,应当无固相,才能保证对地层的低伤害。为了保证其固相微粒的含量低于0.05%,应选用麻布、玻纤、尼龙、棉花过滤,孔径可用50μm、5μm两种过滤材料配合使用。对于高密度清洁盐水工作液来说,$CaCl_2$、$CaBr_2$是最常用的加重料。当密度要求大于1800kg/m³时,还可能用到$ZnBr_2$。

高密度清洁盐水工作液中含有较高浓度的Ca^{2+},当地层水中含较高的Ca^{2+}、SO_4^{2-}时,就有可能生成沉淀,故使用前应进行配伍性试验。为了防止$CaSO_4$沉淀,可在体系中加入一定量的缓冲剂,使体系的pH值保持在4左右。也可以加入络合剂,但地层水要求用量较大时会增加工作液成本。

高密度清洁盐水工作液具有较强的腐蚀性,其中$ZnBr_2$盐水的腐蚀性最强,因为它的pH值约等于1,腐蚀性随浓度、温度的升高及含氧量的增加而增大。此类型工作液防腐较难,需要研制专门的防腐剂。

高密度清洁盐水工作液黏度小、无切力、滤失量大。为了克服这些缺点,应在其中加入适当的聚合物,以调整流变性,降低滤失量。羟乙基纤维素(HEC)的酸溶性好,增黏能力强,可耐温120℃,但不适用于含$ZnBr_2$的工作液。黄原胶(XC)提切力强,可与HEC配合使用。加入木质素磺酸盐也可降低滤失量。为了有效地降低滤失量,可在完井液中加入适当的桥堵剂,如$CaCO_3$粉,采用暂堵技术。

此类完井液比较便宜,然而由于无机盐的浓度有时高达60%,在密度为1800kg/m³的情况下,1m³工作液所用无机盐在1t以上。增大密度不仅增加费用,增加防腐、增黏的难度,而且会增大对地层的伤害,所以在施工前应进行精心设计。

清洁盐水完井液对高含硫天然气稳定,不生成有伤害的物质,基本能满足含硫气井测试作业的要求。

2) TDP工作液

TDP工作液是以TDP为加重剂配制而成的。TDP为白色粒状固体,无毒,溶解度随温度升高而增大。表8-3给出了16℃下TDP水溶液浓度与密度的关系。

表8-3 TDP水溶液的浓度与密度的关系

浓度,%	8.7	16	28	41	57	66(饱和)
密度,g/cm³	1.0782	1.1501	1.2819	1.4376	1.6772	1.8210

为了保证完井液适当的流变性,并降低失水,需要在工作液中加入聚合物增黏剂。试验表明,当工作液密度大于1300kg/m³时,大多数水溶性聚合物都难以溶解;只有黄原胶在TDP溶液密度小于1730kg/m³时,可以配成溶液。

TDP工作液的腐蚀性低于一般的KCl溶液。100℃时,KCl溶液的腐蚀速率达6.27mm/a,90℃时TDP完井液的腐蚀速率只有0.051mm/a,随温度升高,其腐蚀速率虽有所升高,但仍可保持在较低的范围内。

TDP完井液可与淡水任意比例混合,除密度减小外,不产生沉淀。然而浓的$CaCl_2$溶液和碳酸盐岩酸化后的残酸会与TDP工作液生成伤害性难溶物,使用中应避免它们相互接触,可考虑用KCl隔离液隔离。

3) 甲酸盐工作液

甲酸盐易溶成高密度水溶液。甲酸钠的饱和溶液密度为1330kg/m³,甲酸钾可达1590kg/m³,甲酸铯可达2300kg/m³。在密度要求为1590kg/m³以下时,可用甲酸钾或甲酸钠;在密度要求为1590~2380kg/m³时,可用甲酸钾与甲酸钠配合。

清洁盐水工作液腐蚀性强,较难防止。而甲酸盐工作液不是卤化物,pH值可调节,腐蚀性小。在80℃的条件下,以甲酸钠完井液为介质,其腐蚀速率为0.1~0.5mm/a。加防腐剂后,其性能可进一步得到控制。

甲酸盐工作液是一种低伤害的工作液,这是因为:

(1) 高浓度的甲酸盐能抑制黏土的水化膨胀;

(2) 可以配制成固体粒子含量低于0.05%的清洁完井液;

(3) 与地层水接触,不会产生沉淀,因为碱土金属甲酸盐的溶解度很大,与含H_2S天然气不发生作用。

2. 优质工作液使用中的安全注意事项

(1) 保持清洁。高密度无固相工作液是较贵的清洁作业液体,有的含盐量高达60%以上。配置储存时应保持储罐、管线及泵体的清洁,现场配制时,必须严格清淘所有的钻井液罐及循环管线,保证完井液的清洁程度。使用前应过滤,储罐底部最好有隔板,常检查清除罐底沉淀,否则达不到防止伤害的目的。

(2)防止高密度浓盐水完井液对人体的伤害。高密度浓盐水工作液对皮肤有腐蚀作用,操作人员应穿防护衣、戴手套,切勿使工作液溅入眼中。万一伤及皮肤或眼睛,应及时用大量清水冲洗15min,并立即找医生处理。

(3)防腐蚀。施工时应做好计划,采取防腐措施,加快速度,减少完井液在井筒中停留的时间。

(4)优选密度并考虑温度的影响。完井液密度受温度的影响,设计时应认真考虑。设计密度过高会增加成本,而且会造成伤害、污染,增加滤失;设计密度过低,则可能压不住井,造成事故。

(5)压井酸化时,少量酸溶性固相不会造成伤害。酸溶性固相本身对盐酸的消耗量不会太大,在酸化设计时,在滤失量低的情况下可以不必考虑。

第二节　高含硫气井修井工艺与防护技术

高含硫气井在作业过程中,因硫化氢剧毒性以及H_2S、CO_2及凝析水具有氢脆、硫化物应力腐蚀及电化学腐蚀特性,其修井工艺配套技术复杂,存在喷、涌、漏、卡、塌等技术风险,需要进行安全防护和材料选择。

一、硫化氢监测与防护

1. 固定式硫化氢监测系统

油气井井下作业中所用固定式硫化氢大气监测系统应包括可视的和(或)可听的警报器,警报器应位于整个工作区域都可听见或看见的地方。作业期间宜每天检查警报器的直流电池,除非有自动低电压报警功能。

2. 监测设备

如果硫化氢的大气浓度会超过$15mg/m^3$(10ppm),应使用硫化氢监测仪。如果可能出现硫化氢大气浓度高于监测仪测量范围的情况,应配备泵和比色指示管探测仪(显色长度),并配备监测管,以便能即时取样,测定密闭设施、存储罐、容器等的硫化氢浓度。

如果二氧化硫在大气中的浓度可能会超过$5.4mg/m^3$(2ppm)(例如在燃烧时或其他会产出二氧化硫的作业中),就应使用便携式二氧化硫监测仪或显色长度监测器,配备监测管,以便测定该区域二氧化硫浓度,并监测含硫化氢流体燃烧时受二氧化硫气体影响的区域。

为保证在井口、钻台、地面钻井液池、储罐或其他设备附近操作人员的安全,宜配备足量的固定式或便携式监测仪。开始作业之前,宜明确谁将提供监测仪。气体监测仪实物图见图8-1。

3. 传感器位置和设备标校

在产层已打开的井下作业期间都宜使用硫化氢监测仪(固定式或便携式)。固定式硫化氢监测系统宜有一个或多个传感器,安装在下风方向近井眼钻台上为佳。在井下作业过程中,

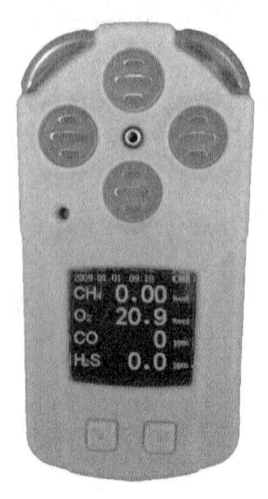

图 8-1 气体监测仪实物图

该区域的硫化氢浓度通常最高。井内流体流入地面坑池处,宜安装一个或多个传感器。需要使用循环液的井下作业,宜在回流管线和敞开式流体循环罐上面安装传感器。在活动支架上安装固定式监测系统的传感器较为方便。在硫化氢可能会聚集的工作区可安放备用传感器。

作业人员进入低洼区域、不良通风区域和密闭区域进行作业前,宜使用连续监测设备对这些区域进行仔细检查。为可靠起见,宜至少按照设备生产商所要求的周期,对连续监测设备进行保养、标校和测试。在较潮湿、较脏或其他不利的作业条件下,其周期宜更短。

监测设备宜由有资质的单位或个人定期标校,标校周期根据用户需要确定一个可以接受的标校时间,但标校周期不宜超过 30 天。对连续监测设备应按相关规定进行强检。

设备警报器宜至少每天进行一次功能检查。

4. 呼吸(呼吸保护)设备

所有的呼吸气瓶都应达到相关的规范要求。下面所列全面罩式呼吸保护设备宜用于硫化氢浓度超过 15mg/m³(10ppm)或二氧化硫浓度超过 5.4mg/m³(2ppm)的作业区域。

(1)自给式正压或压力需求型呼吸保护设备:在硫化氢或二氧化硫任意浓度条件下均可提供呼吸保护。

(2)正压或压力需求型空气管线呼吸保护设备:配合一个带低压警报的自给式呼吸保护设备,额定最短时间为 15min(图 8-2)。该装置可允许使用者从一个工作区域移动到另一个工作区域。

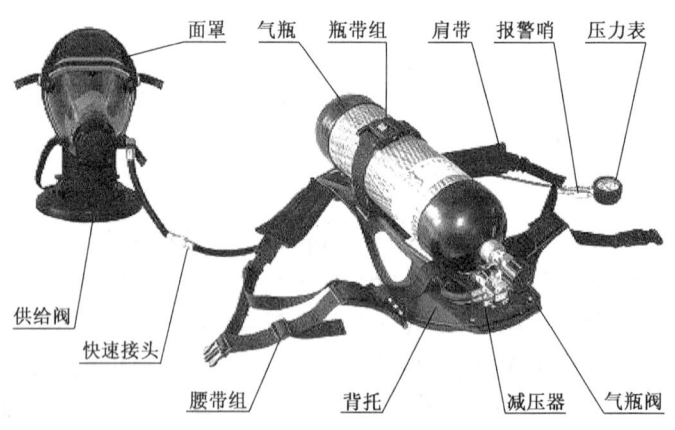

图 8-2 正压式呼吸器实物图

(3)正压或压力需求型空气管线呼吸保护设备:带一个辅助自给式空气源(其额定工作时间最短为 5min)。只要空气管线与呼吸空气源相连通,就可穿戴该类装置进入工作区域。额定工作时间少于 15min 的辅助自给式空气源仅适用于逃生或自救。

若作业人员在硫化氢或二氧化硫浓度超过规定值——硫化氢浓度 8h 时间加权平均数(TWA)高于 15mg/m³(10ppm),或者工作区域的二氧化硫浓度 8h 时间加权平均数(TWA)高于 5.4mg/m³(2ppm),或在空气中硫化氢或二氧化硫含量不详的地方作业时,应使用带有出口瓶的正压或压力需求型空气管线或自给式呼吸保护设备,适当时应戴上全面罩。

特别注意,在可能会遇到硫化氢或二氧化硫的油气井井下作业中,不应使用防毒面具或负压压力需求型呼吸保护设备。

5. 救援设备

在硫化氢、二氧化硫或氧气浓度被认为是对生命或健康有即时危险浓度(IDLH)的场所,应配备合适的救援设备,如自给式呼吸保护设备、救生绳及安全带等。不同情况所需救援设备的类型有所不同,具体取决于工作类型。宜咨询熟悉救援设备的合格人员来确定某一特定现场作业环境中宜配备何种救援设备。

6. 风向标

在修井作业现场,应遵循有关风向标的规定设置风向袋、彩带、旗帜或其他相应装置以指示风向。风向标应置于人员在现场作业或进入现场时容易看见的地方。

7. 警示标志

修井作业可能会遇到硫化氢气体时,应遵循设置标志牌的规定,在明显的地方(如入口)张贴如"硫化氢作业区——只有监测仪显示为安全区时才能进入",或"此线内应佩戴呼吸保护设备"等清晰的警示标志。

二、修井作业安全措施

在修井作业过程中,硫化氢可能会意外地达到危险浓度,宜随时做好预防措施,避免聚集的硫化氢释放造成的危害。易出现硫化氢伤害事故的修井作业一般包括但不限于排液、拆卸井口装置和管线、循环井内液体、起泵和封隔器以及酸化后抽汲(酸和硫离子反应能生成硫化氢)。

在修井作业中通过采取谨慎的措施和方法,提高人身安全、环境保护以及设备的完整性。所有作业都宜严格按照相关规章、规定和做法执行。因硫化氢和二氧化硫气体的毒性,一般作业和特殊作业过程中应采取一定的安全措施以确保人身安全。

1. 方案和会议

应制定施工方案,确保其符合所有相应规范和公认的做法。在进行标准规定的工作内容之前,作业公司、承包公司、专业服务公司以及其他相关代表宜一起讨论有关井的数据和资料。讨论的内容应包括但不限于设备的搬进和搬出、作业设计及各方作业要求。施工之前应做好应急预案、预防措施和设备安装等工作。

2. 演练

作业人员宜至少每周进行一次预防井喷演练,确保井控设备能正常运行,作业队人员明确自己的紧急行动责任,同时达到训练作业人员的目的。

3. 记录

宜做好日常工作记录,准确记载所进行的工作和演练,并至少保留一年。

4. 防喷装置

井控条件分为带压和不带压两大类。标准所述防喷装置的使用是指需要或可能需要进行地面压力控制的井况。防喷器应能够封闭所有尺寸的作业管柱。对于高风险作业环境或者井控装置不利于修井等带压作业时,宜采用防喷装置。常规不带压状态下是否使用井控装置由施工操作者决定。防喷器在带压状态下的安装和测试步骤可用于不带压状态下的操作。

5.其他设备

处于开启状态的全开式安全阀(配置操作柄和适当的底连接以与所作用的管柱匹配)宜置于钻台上易取用的位置。全开式安全阀应定期检测。当同时下入两套或多套管柱时,每套管柱都应配备安全阀。

6.测试作业时人身安全防护措施

(1)操作时宜按要求配备基本人员,采用必要的设备进行安全施工。现场应配置呼吸保护设备且基本人员能迅速而方便地取用。采用适当的硫化氢监测设备实时监测空气状况。

(2)测试作业人员应是受过培训的人员。进行操作前,应召开全体员工安全会议,强调呼吸保护设备的使用方法、急救程序和应急响应程序等。

(3)所有产出气都应以确保人身安全的方式排放或燃烧。储罐中测试液分离出的气体也应进行安全排放。

(4)严格执行"禁止吸烟"的规定。

(5)从已知或可能含硫化氢区域取样的人员,在作业过程中应随时保持高度警惕。含硫化氢气体的取样和运输都宜采取适当防护措施。取样瓶宜选用抗硫化氢腐蚀材料,外包装上宜标识警示标签。

三、修井操作注意事项

1.保持压力(包括注水作业)过程中产生硫化氢

保持压力(包括注水作业)过程中可能导致细菌侵入,从而造成产层中生成水溶性硫化氢,并存于产出流体中。有此类开采特性井的生产经营单位宜警惕其可能性,并警示作业人员其作业层段可能会遇到硫化氢。

2.特殊预防措施

在修井过程中,如排液、拆卸井口和管线、循环修井液、起泵和起封隔器以及酸化后抽汲等,宜采取特殊预防措施,避免硫化氢聚集气释放造成危险。所有修井作业人员宜进行有关硫化氢的潜在危险性以及遇硫化氢时应采取的防护措施等相关内容培训。如果在修井作业过程中硫化氢浓度有可能达到有害浓度,宜使用硫化氢监测仪或检测仪。呼吸保护设备应位于作业人员能迅速取用的地方。在无风或风力较弱的情况下,可使用机械通风设备将蒸气按规定方向排出。在低洼作业区如井口方井,硫化氢或二氧化硫极易在该区域沉降,容易达到有害浓度,在这些区域作业时宜特别小心,并做好防护措施。

3.规定做法

1)应急预案检查

在设备安装之前,生产经营单位或其代表应和服务公司代表共同提供并审核硫化氢应急预案。生产经营单位还应检查服务公司的应急行动计划,以保证一旦出现硫化氢紧急情况时能更好地协作。

2)人身安全防护设备可用性的确认

生产经营单位或其代表与服务公司代表应根据作业内容确认现场所需的人身安全防护设备的类型、数量及现场可用性。确认时应包括其他服务公司人员、作业公司人员或其他需要的外部人员。

3) 井场检查

服务公司和生产经营单位代表在设备安装之前应检查井场布局。检查内容应包括主导风向、风向障碍物、低洼区域、钻井液槽和钻井液罐位置、火炬塔或火炬管线、井场通道(入口和出口)以及动力线等。作业机、辅助设备和配套车辆的布局应按有关规定安排并达成协议。

4) 作业机和部件选择

对那些需要在硫化氢环境中使用的作业设备、操作工具、绳索及其他配套设备,应进行特殊考虑。

5) 现场操作步骤

(1) 设备安装之前,应先检查井场是否有异常情况,如有,则首先检测是否存在硫化氢。应特别注意低洼地区,如井口方井。

(2) 作业机、辅助设备以及配套车辆应按照规划布局,以有效利用主导风向。应设立临时安全区,召开安全会议以使所有人员熟悉应急预案、临时安全区位置、现有个人防护设备以及可能需要的特殊预防措施或程序。

(3) 在正常安装作业机阶段,应安装风向标。硫化氢监测系统应安装到位,并按有关规定进行功能测试。

(4) 任何人不得登上未配备适当的保护装置(如用于撤离或应急用的自给式空气源、井架逃生装置)的井架。

(5) 一旦作业过程中硫化氢监测系统报警,应立即启动相应应急程序。

(6) 当硫化氢浓度高于 $15mg/m^3$($10ppm$) 或者二氧化硫浓度高于 $5.4mg/m^3$($2ppm$) 时,未佩戴任何呼吸保护设备者不得再次进入工作区。如需救助遇险人员,救援人员应佩戴适当的个人空气呼吸保护设备,直到进入安全区域。

(7) 如果仍需继续作业,而空气中的硫化氢浓度仍然高于 $15mg/m^3$($10ppm$) 或者二氧化硫浓度仍然高于 $5.4mg/m^3$($2ppm$),所有留在该区域的工作人员都应佩戴个人呼吸保护设备。

(8) 每天开始作业前,应由指定的现场安全监督负责日常安全检查。主要检查项目应包括:

① 作业现场是否有硫化氢存在。

② 风向标:根据风向可重新确定临时安全区。

③ 测试硫化氢监测或检测设备及报警仪。

④ 个人呼吸保护设备的布置。

⑤ 消防装置的布置。

⑥ 急救设备。

6) 防硫化氢或二氧化硫演练

除了进行硫化氢和二氧化硫的有关培训外,还应定期进行应急演练。演练内容应包括采取应急措施的各种必要步骤。人员培训和应急演练记录应形成文件并至少保留 1 年。

7) 硫化氢火源控制

硫化氢一旦与空气混合,即具有可爆性。应采取以下措施以消除潜在的火源:

(1) 强制执行"禁止吸烟"的规定。

(2)非基本人员不得进入作业区。

(3)作业机底座充分通风(自然或人为通风)。

(4)便携式发电机组、井场值班房、换班房尽量远离井口或者采取一定安全措施。

(5)禁止载有催化反应器的车辆在过于靠近井眼的位置操作,除非采取措施确保该区域安全(无潜在的火源)。备用车辆距离井眼应至少30m(100ft),或与井眼距离同井架等高,取其中值大者,但任何时候都应在井架绷绳圆周范围以外。如果受地形、位置或其他条件限制,车辆达不到规定距离,则应采取其他较为安全的措施。

(6)距离井眼30m(100ft)以内的所有内燃机排气装置上都应安装避雷器或其他相当的仪器。

(7)在指定区域内禁止使用明火炉灶、明火,严禁任何焊接作业或其他可能的引火源(电子打火工具、无线电收发设备等)。

(8)发动机切断装置位于控制台附近,以备应急之用。

(9)所有柴油机上都应安装用于隔绝助燃空气的紧急切断装置。

第三节 超深井打捞工艺

一、深井特点

修井深度是按油田技术水平及装备能力来确定属深井或超深井范畴的,大修作业一般界定是当深度在3000~4000m为深井,而超过4000m属超深井范围。随着修井技术的发展,深井打捞工具和打捞技术也得到了改进和发展,几乎每一项打捞作业都有其特殊性,因此需要对打捞程序的每一环节进行仔细分析并作出判断。

深井最明显的特点是:井底温度高,压力高,相对井眼小;打捞工艺与常规井相似,但具体情况和难易程度不同。其主要表现为:

(1)高温、高压、高气油比对修井液的影响:由于深井井下温度高、地层压力大、油层气油比高,对修井液的要求也相应提高。目前高密度修井液用于3000m以内的井其性能比较稳定,能满足作业要求,但对3000m以上高压、高温、高气油比的井,它在井内的稳定性就比较差。对于深井使用密度$1.6g/cm^3$以上修井液施工时,在井内很短时间性能就发生变化,严重时修井液在井内出现沉淀,容易造成井况复杂化,从而降低大修效率,增加修井成本。

(2)深井井身结构对打捞作业的影响:目前新疆油田绝大部分深井选用$\phi139.7mm$油层套管完井。从开发的角度讲,选用$\phi139.7mm$油层套管完井成本相应较低,但是对后期采油、油井维修以及打捞作业均带来诸多不便。因为打捞作业时,随着井深增加,钻具长度及重量也随着增加。首先,打捞钻具在满足自身及被捞物重量的基础上还要克服钻具及被捞物在井内的摩擦阻力,因此深井钻具的钢级、尺寸就与常规井有所不同。根据新疆油田的现状,目前在$\phi139.7mm$套管内只能选用$\phi73mm$钻杆、$\phi105mm$钻铤。使用打捞工具最大尺寸在$\phi116mm$以内。目前深井打捞作业的钻具组合是以$\phi73mm$钻杆为主,因为打捞作业主要是以紧扣、上下大力活动、造扣、倒扣等方法来实现的,上述尺寸的钻杆在深井打捞作业中不易发生断钻具、钻杆黏扣、接箍内螺纹被拧成喇叭口等事故。

(3)井身质量对打捞作业的影响：当深井井身质量差时，由于井眼轴线的方位变化、井斜变化，造成井壁对管柱的摩阻作用、井内管柱的弹性弯曲、管柱自重作用较常规井都十分明显，使得深井打捞时操作、判断也不同于常规井，比较复杂。

二、深井打捞施工应注意的事项

打捞施工的最终目的是将井内物体卡点解除，并将其从井内顺利起出。深井打捞方法与常规井打捞方法既有相同之处又有其特殊性。深井打捞方法在遵循常规井打捞方法的原则上还必须遵循以下几项原则。

1. 活动解卡的原则

(1)活动前必须紧扣，否则会因扣未上满而拉脱扣。如果从某一深度拔断，可根据情况考虑用正扣管柱下带可退打捞工具紧扣、活动。

(2)必须在钻具和落鱼允许强度内进行活动，否则会因拉力过高而将钻具或落鱼拉断。一般 $\phi 73mm$ 平式油管拉力在 450kN 以内；$\phi 73mm$ 外加厚油管拉力在 650kN 以内；$\phi 73mm$ 钻杆拉力在 1000kN 以内，且考虑在起升设备安全范围内活动。

(3)上提拉力必须逐渐逐次增加，并且上拉与下击结合。在允许条件下，可用转动配合解卡。

2. 倒扣有关数据的确定

1)倒扣时上提悬重的确定

$$Q = Hg/100 + q \tag{8-1}$$

式中　Q——上提悬重，kN；
　　　H——卡点深度，m；
　　　g——在压井液中每米管柱质量，kg/m；
　　　q——附加上提拉力，kN。

2)倒扣圈数的确定

常见平式油管倒扣总圈数不超过 20 圈，外加厚油管倒扣总圈数不超过 16 圈，钻杆倒扣总圈数不超过 12 圈。

3)允许扭转圈数的确定

为了避免有时倒不开而需要强扭时将管柱扭断，必须掌握允许扭转圈数，其计算公式如下：

$$N = 50\sigma_S L/(\pi g S D) \tag{8-2}$$

式中　N——抗扭圈数，圈；
　　　L——卡点以上管柱长，m；
　　　g——钢材剪切弹性系数，取 $8.0 \times 10^4 MPa$；
　　　S——安全系数，取 1.5；
　　　D——管柱外径，cm；
　　　σ_S——钢材屈服强度，MPa。

一般情况下，$\phi 73mm$ 油管强扭每 1000m 不超过 9 圈，$\phi 73mm$ 钻杆强扭每 1000m 不超过 12 圈。

第四节 稠油热采井大修作业

稠油热采在国内外各稠油油田是基本的生产措施,是针对稠油油藏开采行之有效的一种特殊的采油工艺手段。由于工艺的特殊性,稠油热采对生产套管和井眼邻区的岩层结构都会有一定程度的伤害,并且随着油田的生产时间逐渐延长,使井下套管的工作条件变得十分恶劣,套损井的数量大大增加,稠油热采井大修作业也日益增加。

一、特点以及原因

井筒内过热的蒸汽使地层及其套管温度升高,对套管产生相当大的热应力,此热应力可能使套管产生弯曲变形或断裂。经调查研究,热应力作用、油层出砂、封隔器失效、预拉应力不合理、注汽参数不合理、地层热膨胀径向力等是造成稠油热采井套损的主要原因。

1. 热应力作用的影响

套管永久性变形意味着套管在载荷的作用下,应力已超过套管材料的屈服极限值。热采套管在封隔器以下处于300℃左右的蒸汽中,热膨胀效应将使套管产生热膨胀。受热膨胀的套管如果无约束时,套管不会产生热应力,只有伸长变形。如果受热套管受到约束,自然产生较大热应力。注汽热采井套管在井内、内壁无约束,全井管外壁由水泥与地层固结,套管受热应力作用也就不可避免。

当水泥环与地层胶结良好时,主要由套管本身所受热应力来考核其强度。通过热应力场计算,当套管在300℃左右,从本身所受的热应力看,在注汽加热焖井过程中,热应力只是在套管内壁点超过材料弹性屈服极限,由于套管受到水泥环和地层约束,不会发生永久性变形而破坏。当水泥环固结不均匀或后期失效,套管热应力与热变形较大,套管应力将大面积超过套管材料的屈服极限,容易使套管变形损坏。

2. 油层出砂的影响

如果原始井水泥固结良好,油井开采过程地层出砂,水泥环周围首先形成空洞。当油层井段温度超过300℃时,套管内壁超过热弹性屈服极限,而此时水泥环所受热应力已超过本身的屈服极限值,周围形成空洞的水泥环很容易破坏。一旦水泥环破坏套管失去约束,在热应力作用下将发生失稳变形。变形的形式取决于失去水泥环约束的程度。

3. 封隔器失效的影响

注汽热采井封隔器失效,套管受高温的深度加长,热膨胀应力在套管轴向的分布加长,造成水泥破坏的概率增大,套管失去约束的部位增多,套管变形损坏的可能性增大。封隔器失效不仅影响套管的使用寿命,而且会降低热采效率。

4. 预拉应力不合理的影响

套管未提拉预应力或预应力偏小,产生的轴向应力将造成套管的挠性失稳或局部膨胀变形,严重时导致套损。

5. 注汽参数不合理的影响

在蒸汽吞吐采油阶段,多周期注汽,尤其在不正常注汽过程中,注注停停,套管柱热胀冷缩,反复承受压缩、拉张、压缩、拉张,反复多次后,产生疲劳损坏,易在接头螺纹处出现疲劳断裂。

6. 地层热膨胀径向力的影响

水泥环固结良好,同时严格遵守设计的注汽温度,地层的热膨胀对套管挤压应力影响不大,但水泥环在局部形成的空穴将造成套管的膨胀变形,这是发生应力疲劳和应力腐蚀的主要部位。当水泥环局部破坏时,热膨胀造成的不均匀径向载荷将为挠性失稳提供较大的径向力,在轴向热应力的共同作用下,加速管体失稳。

二、井下作业特点

一般稠油热采井下作业有如下特点:

(1)油品性质特殊,施工难度大。

由于稠油黏度高,流动性差,井内温度较低时,起管柱时阻力大,加之管柱口径大,负荷大,施工困难。

特稠油井要求施工连续性和及时性。特稠油井刚注完蒸汽时,能量高,起下管柱时,速度快,易引发井喷,污染环境;而速度慢,井筒内的原油由于温度的降低易凝固,可能造成无法作业。

洗压井要求高。稠油油藏深度超过千米的井,前期开采过程中,由于井内温度较低,洗井泵压较高,有时达到 20MPa 才能洗通,部分井需要分段洗井,洗井液温度不能低于 80℃,否则井筒内稠油洗不出来。部分特稠油井洗井液需要用蒸汽或稀油。

(2)开采工艺特殊,对井下作业技术要求高。

地层亏空严重,冲砂困难。一方面,由于稠油储集层地层胶结疏松,易出砂;另一方面,多次降压开采,造成地层能量亏空,压力系数低,造成冲砂不返排,活络油层需要特殊冲砂技术。

由于长期注汽,吸汽剖面不均匀,造成汽窜,发生井喷事故,对井控要求高。

由于高温高压蒸汽影响和地应力的作用,稠油井套管错断变径等套损现象较多,造成井下管柱的卡阻,增加了井下作业的复杂性。

三、防治措施

1. 提高完井质量

(1)采用预应力套管完井方法,而且预拉力要达到耐高温要求。

(2)采用耐热水泥。质量要坚持高标准,因为高温会使水泥强度衰减、渗透率增加、黏结强度降低。特别是当套管外壁有腐蚀氧化层,井眼滤饼太厚,套管壁与水泥环间渗入水,渗入水受热蒸汽化或膨胀时,将严重破坏套管与水泥环的黏结强度,造成套管与水泥环之间出现松动和水泥环破裂。固井质量不好、水泥未充满管外间隙、固井前未冲洗掉局部钻井液、水泥浆不均匀等,将加剧水泥环的破裂,导致套管损坏。因此,要求注蒸汽固井水泥要有良好的热物理性,即高温下有较高的压缩强度、抗拉强度、与钢管的黏结强度、低渗透率及导热系数。

2. 生产过程中,保护水泥环并预防出砂

注蒸汽井在高温下,套管产生热应力,同时水泥环也随温度升高产生压缩应力,随温度下降产生拉张应力。由于套管与套管外水泥环的温度不同,前者高后者低,致使套管的热膨胀较水泥环大,因此套管与水泥环间、水泥环与底层间的黏结强度要求尽可能高,这种黏结一旦破坏,套管将滑动伸长,导致套管弯曲、错动而损坏。

(1)消除套管接箍对水泥环的影响。在油层上部加装套管伸缩器或在接箍上加装橡胶缓冲垫,在油层段用加厚的无接箍套管。

(2)对水泥环本身采取措施进行保护。利用憋压手段增大水泥环的压应力来抵消水泥环因受热所产生的膨胀,也可采用在水泥环内加入适当的黏土来增大水泥环的塑性变形,同时在套管的外壁涂隔热涂层,减少水泥环的受热。

(3)要进行早期防砂,减少油层出砂亏空对水泥环和套管变形的影响。有条件的区块可实施先期防砂完井。

3. 热采注蒸汽过程中,采用高质量井筒隔热技术

(1)采用合适的隔热方式。有条件时可在套管环空注入隔热液、氮气等进行隔热。隔热管及耐热封隔器尽量下至油层顶部,减小危险井段的长度。

(2)选择密封可靠的热注封隔器。

(3)严格控制注汽参数,适当降低注汽温度和注汽压力。

(4)适合蒸汽驱的区块尽早转汽驱,通过实施稠油转变开采方式,减少蒸汽吞吐对套管产生的循环疲劳损坏。

4. 优化套管组合

考虑优化套管钢级且增加套管壁厚度,从而增加套管轴向抗屈服强度和横向抗挤压强度,以克服出砂及射孔后套管强度降低而造成的套管损坏。

第五节 水平井修井作业

随着水平井技术的推广应用,相应产生了水平井修井技术。修井设备一般采用常规修井机和连续油管作业机,井口倾斜水平井用斜直钻机钻井。无论什么样的水平井,其共同点是:井身都可看作是由井斜角不同的井段组成,受重力作用,井眼出现问题以后比直井要严重得多,需要在多环节上进行技术把关,才能恢复水平井生产。

一、水平井修井工艺特点和难点

由于受到重力作用,与直井相比,水平井修井的过程具有一定的特殊性,主要有以下特点:

(1)油层砂粒更易进入井筒,结果是形成长井段的"砂床",严重时砂堵井眼。

(2)井内管柱贴近井壁低边,钟摆力获得平衡。长井段"砂床"中的管柱,受钟摆力和摩擦面积大的双重作用,更易形成卡钻,所以冲砂、解卡打捞成为常见的井下作业之一。

(3)水泥浆中过剩的水可沿着注过水泥的环形空间高处侧面上造成一条水流通道,造成挤注水泥失败,这是挤注水泥过程中值得注意的问题。

以水平井和大斜度斜井为主要代表的复杂结构井中的管柱受力较为复杂,特别是钟摆力和弯曲应力很大、分力多,打捞时活动解卡的拉力和扭矩损失大,不易最大限度地把提拉力和

扭矩传递到卡点上,导致整体解卡的成功率低;倒扣施工时也难以准确计算中和点,倒扣打捞落物的长度短,起下打捞工具次数多,施工周期长。

导致水平井、大斜度井、大位移水平井修井难度大的主要因素有以下几点。

1. 摩擦效应

摩擦效应随着井眼曲率(狗腿严重度)和井斜角的增大而增大,在双弯形或S形井中其数值相当大。

在浅层,即使井眼曲率稍有变化,摩擦效应就会迅速加剧。司钻在日常修井操作中,通过仪器来连续记录上提管柱的拉力增值(悬重增加值)以及上提拉力的变化、摩擦阻力(下放钻柱时显示悬重的降低值)、扭矩,可能发现在S形井身中,起钻初期上提拉力增加360~450kN的情况并不罕见。有些井摩擦阻力太大,下钻遇阻,通过反复加压或连续旋转管柱方可下入井底。由于该数值很大,这样就对管柱的拉伸负荷额定值提出了严格的要求,并且限制了拉力安全余量。因此,当选用上部管柱时,必须考虑可能出现的上提拉力增值。

减少出现过大拉力增值的主要方法包括改变管柱组合以及处理修井液,改善修井液的润滑性能。井下动力钻具可以在比转盘钻进低75%~80%的钻压下有效工作,因此,在井深较大、情况较严重时,井下动力钻具钻进比转盘更具优越性。

如果用很大的拉力上提管柱,必须注意估计目前的拉力值是不是典型值,是不是可以接受,如果达到异常大的数值,则表明井内已出现复杂情况。

由于摩擦效应的存在,管柱下放过程中所产生的摩擦阻力将减少上部管柱所受的拉力,因此也就减小浅层狗腿处所存在的摩擦力。施工中的钻压有很大一部分与井壁的摩擦力抵消了,未加到作业工具上。转动管柱有助于解决这类问题但并不能完全排除。使用井下动力钻具作业时,考虑到上述原因推荐缓慢地转动管柱。

由于管柱与井壁之间的摩擦力与井眼角度不呈线性函数关系,于是摩擦造成的管柱上额外负荷是不容易预测的。在直接测量井底状况的仪器问世之前,人们无法确定出某一时刻钻压的实际值,只能通过间接的变化来判断。

由于摩擦力的存在,管柱受到扭矩和纵向载荷的联合作用,使管柱的应力增大,减少了许用拉力。扭矩的大小可以通过扭矩仪以及停止转动后转盘的反转数反映出来。

2. 颗粒再沉积

在大斜度井段或水平段,即使修井液携砂能力很强,总有部分钻屑在上返途中,留在井壁低边形成钻屑床,致使摩阻和扭矩增大,导致井况复杂。

修井施工中主要采取以下预防措施:

(1)调整黏度、切力、屈服值等参数,提高修井液悬浮能力和携砂能力;

(2)实施短程起下钻,破坏钻屑床。

经验表明,井斜60°~90°最易形成钻屑床。一般与滤饼接触的表面受地层压力作用在井斜40°以后就要实施短程起下钻,同时还要考虑井下情况,确定短程起下钻的进尺间距。水平段作业时,以40~50m进行一次为宜,必要时在起钻前再短程起下钻一次,充分循环修井液后再行起钻。短程起下钻时,要把井下工具起到井斜45°处或以上,以达到破坏钻屑床的目的。

3. 黏附卡钻

当管柱与裸眼井壁或射孔井段静止接触的时候就可能发生黏附卡钻。这是因为较厚的滤饼在与管柱接触区域内起着压力封隔层和障碍的作用,与滤饼接触的表面受地层压力作用,不与滤饼接触的表面受修井液液柱压力作用。由于修井液液柱压力一般高于地层压力,从而产生了一个侧向力,管柱会紧贴在井壁上。侧向力的大小取决于压差的高低和接触面积的大小。

卡钻的危险性随以下条件的加剧而增加:

(1)修井液液柱压力和地层压力的压差增大;

(2)形成的滤饼质量差并且厚度大,常常与修井液固相含量高、失水量大、地层渗透性好有关;

(3)长时间甚至短时间静止管柱,且不循环修井液。

在水平井施工中,使用加重钻杆代替钻铤是一种有效防止黏附卡钻的方法。这是由于加重钻杆本体和接头外径尺寸不同,所以接触面积大大减少。

黏附卡钻发生后,黏附面积随卡钻时间的延长逐渐增大。所以一旦意识到已经发生了黏附卡钻,应立即上提管柱,达到最大的管柱拉伸负荷。提拉力与有效压差、有效接触面积以及摩擦系数的乘积成正比。

如果上提管柱不能解卡,应用足量的原油、柴油、油基修井液或柴油外加剂解卡。这类物质可以渗过滤饼,使滤饼裂解,从而破坏其封堵能力。解卡液的成分应大致与所用修井液的成分相同,可以避免运移分散;同时应活动管柱,使解卡液有足够的时间渗入滤饼中。如果解卡不成功,实施第二次解卡液解卡仍然成本相对较低时,24h 后应重复进行一次解卡液解卡作业。使用这种方法解卡有可能需要长达 36h,但成功率较高。

另外一种解卡办法是降低作用于管柱上的静水压力,将防喷器关闭,从环空中反注计算所需量的水或柴油等轻质液体,从立管中返出,通过节流管汇泄掉一些轻质液体,压力下降,使管柱内外压力平衡,相应地也降低了井内的压力,将井底压力降至稍高于地层压力。即使井眼内有液体浸入,由于井口关闭,往管柱或环空内泵入少量的修井液就可恢复静液压力对油藏压力的控制。在降低井底压力的同时,根据管柱的条件,上提管柱至最大工作载荷,即管柱额定最高拉伸屈服强度。使用这种方法解卡时应准确地计算和计量,并防止出现井涌。

二、水平井冲砂工艺

1. 水平井沉砂、冲砂的特点

(1)在已完成试产的水平井中,沉积物是钻屑、油砂、钻井液和完井液中的固相,以及其他措施后的固相沉积。

(2)地层砂随原油运动到井筒内并重新沉降形成新的沉积床,同时在压差作用下,沉积床已发生固化。

(3)对已下打孔管完井的井,沉积物主要是地层砂及完井液的单封、暂堵剂等残留物,由于固相颗粒很细且有部分高分子物质,因此沉积物很顽固。

(4)沉积时间较长,必须要有大于钻井过程中的液体能量冲起沉砂。

(5)同一口井中,不同井段的作业参数不同。

(6)冲起的砂粒在造斜段和水平段容易再次沉积。

(7)水平井冲砂作业往往与解卡打捞工作同时进行,作业难度增加。

2. 冲砂作业技术和方法

1)洗井液

洗井液的功能与常规井有所不同,受多种影响因素制约,应全面考虑其特殊需要。应以安全快速、不伤害油气层、有利于钻屑运移及低成本为目标,同时要求洗井液必须具有高携砂能力、抗剪切、低摩阻和低伤害的特性。因此,洗井液的选择是冲砂作业的技术关键。

(1)洗井液体系的选择。

石油矿场在水平井中已试验使用过多种不同类型的洗井液体系,获得了不同程度的成功,如流变性相似的油基和水基洗井液,其井眼净化能力相似。因此,在地质因素和设备条件达到要求后,成本就是选择洗井液类型的决定因素。在有些油田,目前首选的洗井液是优质聚合物洗井液,这是因为聚合物洗井液性能易控制。使用固相控制设备等措施后,能有效地清除洗井液中的固相,保证洗井液性能的稳定;与油基洗井液相比,其成本价格较低且环境污染程度低;由于是单一体系的洗井液,性能可以按要求及时调整,以满足现场需要;使用防卡润滑剂等添加剂后,其抑制性和润滑性都有大幅度改善,可满足工艺要求;对油基物质的敏感性低,保护油层能力强,不易污染油层。

(2)密度。

密度是体现洗井液性能的重要参数。它应在一狭窄的特定界限之内,以便保持井眼稳定并防止压裂地层。一些研究人员表明:密度与井眼稳定的关系是随着井深及井斜角的增大,井眼对坍塌更敏感;随井斜角的增大,地层破裂梯度下降,在相同条件下,当密度低于$1.6g/cm^3$时,与井眼冲洗、井眼膨胀、扭矩、摩阻、管柱黏附有关的复杂情况会更普遍更严重,然而提高密度后,这些复杂情况大大减少。通常增大上返速度和密度在一定程度上可改善井眼净化能力。

(3)黏度。

在使用大排量冲砂时,洗井液的黏度应低些,以发挥更大的水力效率;使用层流冲砂时,洗井液的黏度应相对高一点,以保证洗井液的悬浮能力。

(4)失水控制。

加强洗井液失水控制是防止产层损害的主要措施之一。失水大时,黏附卡钻的可能性大,这是由于钻柱靠在下井壁,或者为稳定井壁而提高洗井液密度,又或者产层可能已经排空耗损。因此,水平井冲砂要比直井和常规定向井更严格地控制和防止动流体漏失,使温度和压力都低于钻井时的高峰值。同时,保证滤饼是薄的、坚韧的和可压实的,这不仅可降低失水,而且也有助于提高渗透井段的破裂梯度。

(5)润滑性。

改善洗井液的润滑性可减少不利的摩擦效应。常用方法是在洗井液中加入原油或柴油以形成水包油乳化液,一般加5%～10%(体积分数)的油就可以起到润滑作用,低固相洗井液加15%的油,加入乳化剂、清洗剂和超高压润滑剂也可减少管杆摩擦力和扭矩。

2)冲砂方法

在斜井、水平井中,各井段受井径、井斜及井内结构的影响,在同一口井中,一个井段的最佳施工参数不一定适合另一个井段,一口井的工作方法和施工参数同样也不完全适应另一口井。根据井况,应把握0°～10°、10°～30°、30°～60°、60°～90°四个井斜段,选择最关键的井段作为施工方法和洗井液性能选择的依据。着重点是30°～60°井段和水平井段的冲洗,其他井段的施工方法和洗井液性能要做进一步调整,以适应全井冲砂解堵的要求。应采用水力冲洗和机械冲洗相结合的综合措施。

(1)机械冲洗。

在接单根及起下管柱时边循环边转动,机械冲洗与水力冲洗联合作业破坏钻屑沉积床。这是十分有效的冲洗井眼措施。另外,转动及上下活动管柱,利用钻具接箍破坏钻屑沉积床;

同时,加强固控,及时有效地消除洗井液中的固相。

管柱如果静止在井内洗井,其偏心环空必然导致井眼底边的流速减低,不但冲洗不出沉砂,反而会引起新的沉降,甚至造成卡钻。转动的管柱不但可以使井筒内的洗井液保持均匀的流变性,改善冲洗效果,同时可以搅动带起井眼底部的沉砂,提高冲砂效率。

管柱与洗井液之间有一定的黏连作用,运动的管柱会很快将沉砂带起并保证不再沉积。

(2)水力冲洗。

可以采用适当的水力参数和洗井液性能来提高冲洗效果,也可以增加流量达到紊流状态并降低流变性,达到最佳效果。

大斜度井段和水平井段的条件不同,对洗井液的要求和井眼冲洗措施也不同。在水平井段采取高流速、低黏度和紊流的措施,可取得较佳的井眼冲洗效果;在大斜度井段,最好选用高黏度和高凝胶强度洗井液。

在沉砂床已被破坏的条件下,可适当调整施工参数。可以提高洗井液黏度,采用层流的方法作业,也可以在必要时间向井内打入一段高黏度液体柱,以清洗携带出井内的砂粒。当然,如果条件能达到,全部冲砂过程最好都用大排量作业,因为增加环空流速,携砂和冲砂作用都会增大,砂床形成机会少,已形成的砂床高度也会降低。

3)各井段的施工方法及工作参数

(1)0°~10°井段,其作业方法及施工参数与直井相同。

(2)10°~30°井段,此井段一般不形成沉砂床,但存在沉降作用,要保持洗井液的悬浮性,防止砂粒沉降。钻具运动方式以旋转为主,转速15~30r/min,以环空流态为层流时的排量为宜。

(3)30°~60°井段,以破坏沉砂床,防止砂粒再次沉降为主。钻具运动方式以往复运动为主,结合旋转运动。下放钻具时,转速控制在15~30r/min,上提钻具时,速度控制在5m/min左右,以充分利用上提钻具时产生的偏流对砂床的冲蚀作用。以达到紊流的大排量为主,必要时可用双泵或水泥车组提高排量。在完全破坏沉砂床后,结合层流,利用洗井液的低剪切速率、黏度和静切力彻底清除井筒内的沉砂。

(4)60°~90°井段,以减少钻具摩阻,破坏沉砂床为主。钻具运动方式以旋转为主,因为水平段中钻具已不能在拉力下靠近上井壁,偏流冲蚀作用很小。下放钻具时必须动转盘,转速为15~30r/min,以减少钻具摩阻,遇阻后要反复活动钻具,根据理论计算摩擦阻力大小,适当加压冲砂。钻压以能克服摩擦阻力为宜,一般不超过20kN,不能加压强下。洗井液中要加入适当的防卡润滑剂。泵排量要适当,尤其在裸眼完井的井中,过大的排量会破坏地层结构。实践证明,此段紊流比层流的洗井效果好。

4)冲砂作业钻具组合

(1)尖钻头 + $\phi 73mm$ 钻杆,用于直井段和小于30°的井段施工。

(2)短翼三刮刀钻头 + $\phi 73mm$ 钻杆,用于30°~60°井段的施工。

(3)三牙轮(或PDC)钻头 + $\phi 73mm$ 钻杆,用于大于60°井段和水平段的冲砂解堵施工。

这三套钻具的共同特点是结构简单,一般不加扶正器和其他辅助钻具,尽量减少由于环空横截面的变化对洗井液流态的影响;摩阻较小,作业负荷低,能适应常规修井设备的能力要求。

(4)对边冲砂边解卡打捞的井,采用可洗井钻具组合,冲砂解堵与解卡打捞同时进行,简化了施工工序,提高了工作效率,同样可取得较好效果。

3. 高压射流冲砂解堵

1) 工具组成

高压射流冲砂解堵管柱主要由旋转喷射器、阻尼器、弹性扶正器和安全接头组成。喷射器上按抛物线排布着 7 只喷嘴,其中 2 只倾斜喷嘴主要产生旋转力矩,另外 5 只主要用于克服前进时堵塞障碍(2 只)、冲击沉砂(2 只)和辅助携砂(1 只)。正常泵压时阻尼器控制转速约为 250r/min。扶正器使冲砂工具居中。安全接头通过投球打压可使冲砂工具与管柱脱开。这种工具组成可有效解决地层污染和沉砂堵塞。

2) 作用机理

经过滤的水在高压作用下经喷嘴产生射流,直接冲击油(水)井炮眼,高频振荡射流的剪切作用使近井油(水)层堵塞物与孔道间结合被破坏,松动脱落后随流体排出,它不仅能高效清除井筒内沉砂,还可清洗井壁盐垢等。由于喷嘴是旋转的,因此对井眼产生一个脉动冲击力。旋转速度由阻尼器控制,转速越高,阻力越大;转速越慢,阻力越小,这样就可以将钻速控制在一定的范围,达到合理的清洗效果。

三、水平井打捞工艺

在水平井中每一次打捞作业并不是孤立的,而应综合考虑实际情况,比如井眼状况、卡钻原因、钻具强度极限及设备提升能力等。

水平井与常规井打捞作业有很多相同之处,其中包括:钻具与采油管柱卡钻;打捞落物或工具;起出封隔器及旋塞。

在多数情况下,常规井眼的打捞工具可成功地使用在水平井及大位移井中,例如,卡瓦打捞筒能有效地打捞具有一定外径的工具和仪器,打捞矛也可以用于一定内径的工具和仪器的打捞。

斜井、水平井中管柱受力较为复杂(图 8-3),特别是钟摆力和弯曲应力很大、分力多,活动解卡时的拉力和扭矩不能最大限度地传递到卡点上,解卡成功的概率低;倒扣时也无法准确掌握中和点,倒扣打捞落物长度短,起下打捞工具次数多。

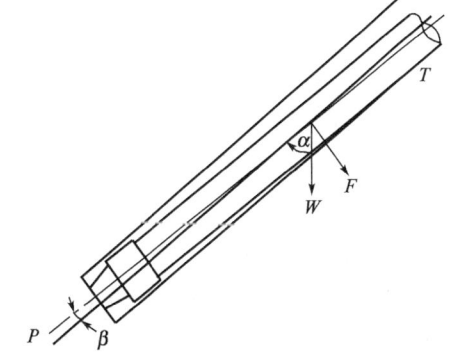

图 8-3 斜井、水平井中管柱受力示意图

钟摆力 F 求解公式为

$$F = W\sin\alpha \quad (8-3)$$

式中 α——井斜角,(°);

W——切点以下管柱的重量,kgf。

水平井解卡打捞除满足一般直井的作业条件外,还应考虑以下几个方面的因素。

1. 打捞工具的选择原则

(1) 防止工作部件的磨损。

(2) 防止堵塞水眼。

(3) 注意工具接头以及配合接头支点处与钻柱之间的中心线倾斜角。选择工具接头及配合接头的最大外径应与预捞管柱外径基本一致,中心线基本一致,否则应给予调节。内捞时工具端部要有引锥,外捞时工具端部要有拨钩。外表面无死台阶,防止挂卡现象发生。

2. 打捞钻柱的选择原则

(1)不需大力解卡打捞落井管柱时,应选用与落井管柱同尺寸的钻柱;偏心距和中心线与井下一致,有利于抓捞落物。

(2)优化钻具组合,即下段采用与落井管柱同尺寸的钻具,上段采用大一级的钻柱。

(3)尽可能采用与落井管柱尺寸接近的打捞钻柱,这样就只需少量调整或不需调整钻柱偏心距和中心线。例如,预捞 $\phi 62mm$ 油管(接箍外径为 88.9mm),选用 $\phi 60.3mm$ 钻杆(接头外径为 85.73mm)。

(4)在打捞钻柱上加扶正器,调整下段钻柱的偏心距和中心线,使之与落井管柱基本一致。

(5)在钻柱上近工具处加扶正器,利用钻柱的弯曲变形来调节井下工具倾斜角 β (图 8-3),即支点 T 至工具端部中心线与井眼中心线夹角,以利于抓捞落物。

(6)使用优质钻具施工,勤检查,勤倒换钻具,重点防止钻具折断。

(7)为利于轴向载荷和扭转载荷的传递,也可选用倒装钻具,即钻铤和加重钻杆加在垂直井段。

3. 扶正器的选用

根据几何原理,三点才能决定一条定形的曲线。因此,3 个扶正器保持和井壁 3 点接触(双扶正器时,井下工具相当于下扶正器),从而可限制井下工具的侧向移动。

打捞工具接头以下工作部件长度一般在 0.5m 左右。下扶正器位置确定后,由转角引起工具顶端距接头中心线的挠度很小,因此可忽略不计。由此可知:井斜角越大,下扶正器的安放位置距接头下端的距离越短;挠度越大,下扶正器的安放位置距接头下端的距离越长。

在水平段扶正器扶正间距最小,向上逐渐增大,使用不同的扶正器扶正间距不同,但差别不大。必要时可每隔一个单根安放一个扶正器,主要目的是减少摩擦面积,防止黏卡。

4. 震击器的选用

震击器是在打捞管柱能够承受拉伸的范围内通过延迟释放拉力工作的,它提供了一个瞬间的冲击载荷代替缓加载荷起出落物。为了使落物活动,震击器的冲击载荷必须超过阻卡力。落物活动的长短取决于冲击载荷的持续时间。在冲击力大于阻卡力时,位置合理的震击器可以产生较大的推动力。因此,打捞作业中震击器的功效不仅与它的设计有关,而且也与它在打捞落物作业中被安放的位置有关。

1)震击器的位置

震击器安放位置是否合适,可引起不同的震击器性能,震击能量来自钻柱或震击器加速器被拉伸或压缩的弹力。因此,当震击器移动时,瞬间释放的能量并不能马上作用在卡点上,而是在管柱中以声速传递应力波能量,使能量的传递进一步复杂化。

(1)钻柱截面上应力波部分被传递,部分因钻杆截面的变化被反射。

(2)钻柱和井眼的摩阻损耗了应力波能量。

(3)有时震击器仅仅向上或向下活动 1~2m,应力波的增加对落物卡点管串就会产生猛烈的震击。

2)震击器安放位置原则

(1)由于在弯曲井眼产生的综合轴向应力严重降低了震击器的使用效果,所以在大曲率

15°/30m 或更大曲率的井眼中应避免震击器工作。

（2）在弯曲井段摩阻将损失 50% 以上轴向载荷。因此，在中半径水平井中，如果震击器安放在弯曲井段，必须考虑给出的拉力或推力是否能有效地传递到震击器上。

（3）当震击器安放在弯曲井段以上时，应力波的大小因为摩阻的影响传递到卡点时会减小。

（4）应力波从较大横截面传向较小横截面比传向较大横截面时有更大反射波，因此，在倒装钻具组合中，震击器安放在加重钻杆和钻铤之中是非常有效的。

（5）有些卡点可能在弯曲段以下或无套管井段，在钻具组合中，安放两个完全独立的上震击器和下震击器是有益的。一个安放在弯曲井段以下，靠近打捞工具附近，另一个安放在无套管的弯曲井段中。在这种情况下，必须对震击器进行特殊操作，避免同时启动两个震击器，否则将对工具产生严重损害。

四、裸眼水平井内的封堵

1. 采用扩张式桥塞或水泥承托器进行临时性或永久性封堵

对一口从水平井段末端产出 H_2S 气体和水的水平井，可采取如图 8-4 所示的方式用膨胀式水泥承托器挤水泥实现有效封堵。

具体步骤如下：将水泥承托器下到设计深度；在工作管柱内加压以坐封封隔器；按要求注水泥，再加上顶塞；加压使封隔器丢手，上提一段管柱，循环清洗并起出管柱。对水平井段前端或造斜段不重要的分支产量用可取膨胀式封隔尾管进行了临时封堵。

永久性封堵工艺过程步骤如下：将衬管下至指定深度，如有衬管挂，应先固定好，对工作管柱打压，打开多级注水泥工具（图 8-5），按要求循环和注水泥；随后使用封闭塞或刮塞对工作管柱加压，关闭多级注水泥工具；钻掉多级注水泥工具和套管鞋。

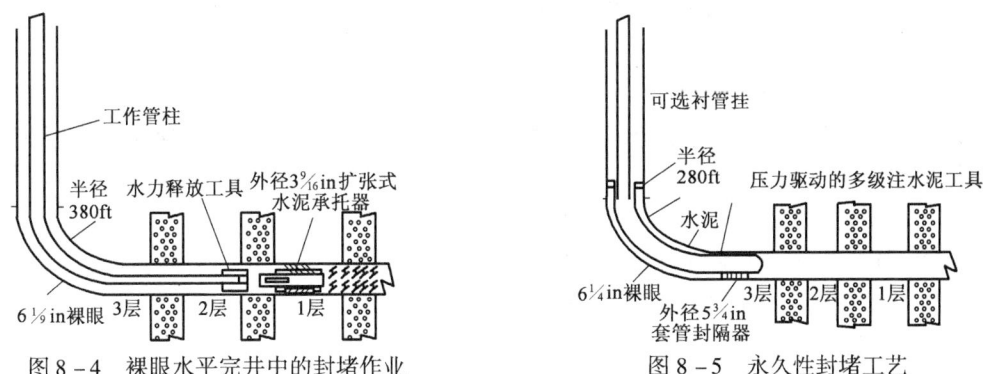

图 8-4　裸眼水平完井中的封堵作业　　图 8-5　永久性封堵工艺

经验表明，用扩张式封隔器在裸眼井内进行井下维修作业的适应性、风险性及成本均与完成那些常规垂直裸眼井下作业任务相似。

2. 水泥塞封堵

1）主要技术难点

（1）注水泥管柱与下井壁接触面积大，且受力复杂，局部高压差很可能导致黏附卡钻，井下事故发生概率高。

（2）水泥浆掺混量大，水泥面控制困难。

与常规直井相比,在斜井、水平井中注水泥时,水泥浆与压井液接触面随井斜角增大而急剧增加。顶替结束后,无论正洗井还是反洗井,压井液的循环都能对水泥面产生较大干扰,造成水泥浆掺混严重。另外,在水泥浆候凝期间,水泥浆中的自由水向水泥面附近运移,会造成实际水泥面位置下降。

(3)顶替效率低,水泥浆极易被污染,造成水泥塞强度降低。

①由于注水泥管柱居中程度差,在循环注替过程中,井眼低边的压井液因流道较窄,很难被顶替干净,压井液滞留在水泥浆中。

②在井内存在落物时,由于落物井段的压井液难以替出,高密度的水泥浆在低密度的压井液之上,造成水泥浆沉入压井液内。

③在顶替结束后上提注水泥管柱时,出于水泥浆黏滞力影响与静能量损失产生抽汲作用,致使井底压力下降,导致地层流体污染水泥浆。

④水泥浆与压井液之间的密度差将促使发生对流现象,造成水泥面与井眼轴线不垂直,形成楔状水泥床,其长度与水泥浆和压井液之间密度差大小及流变性好坏、水泥浆稠化时间长短、井斜角大小有关。

2)主要技术措施

(1)井眼准备。

在注水泥前,应对注水泥井段进行划扩眼,清除钻屑床及井底沉砂,划眼至目的位置后,大排量洗井至出口干净,同时调整压井液性能满足注水泥要求。

(2)水泥浆调配。

裸眼井段中注水泥时,水泥塞的抗压强度应略高于地层硬度。由于抗压强度与水泥浆密度有关,因此通常混配高密度(低水灰比)的水泥浆,一般应将水泥浆密度控制在 $1.8 \sim 2.0 \mathrm{g/cm^3}$ 之间。为保证水泥浆在高密度下具有良好的可泵性,在水泥浆中应加入适当的分散剂、稳定剂和降失水剂,一方向可适当降低水泥浆黏度与剪切力,另一方面可控制水泥浆失水量与析水量。

(3)注水泥管柱。

水泥塞封堵多采用钻杆与油管组合管柱,在注水泥井段使用小尺寸油管,便于增大环空间隙,降低环空流动阻力。

(4)旋转活动注水泥管柱。

旋转活动注水泥管柱有利于提高压井液顶替效率,防止黏附卡钻。因此,在注替水泥浆过程中,应始终坚持旋转活动注水泥管柱,一般转速控制在 $20 \sim 30 \mathrm{r/min}$ 以下。

(5)紊流注替水泥浆,提高顶替效率。

(6)使用隔离液。

水泥浆与压井液接触后,常在其接触面形成不易泵送的黏稠层。顶替时水泥浆通过此黏稠层上窜,从而将被污染的压井液滞留在水泥浆内,严重时可堵塞环形空间,妨碍施工。考虑到斜井段、水平井段的压井液与水泥浆接触面较大,通常在水泥浆前后泵入的隔离液较直井段大 $2 \sim 3$ 倍。

(7)正循环洗井,憋压候凝。

注水泥施工结束后,应平稳缓慢地将注水泥管脚提至洗井位置,防抽汲造成水泥浆被污染。由于井眼尺寸小、环空摩阻大,反循环洗井极易造成局部高压憋漏地层,因此应采用正循环洗井控制水泥塞长度。

由于水泥浆在候凝期间有失重现象,因此将注水泥管柱提至完好套管内后,应憋压候凝,防止地层流体浸入而污染水泥浆,一般憋压 2～3MPa。

第六节　特殊规格井修井工艺技术

特殊规格井是指在 API 系列及国家规定系列之外,完钻后下入不同尺寸油管作为套管或薄壁套管,非正规套管完井的油水井。在油田开发过程中造成的井下管柱固封的油水井及长期积压、报废井也属特殊井范畴。由此可见,特殊规格井是在特定条件下形成的油水井。

(1)特殊井与常规油水井相比,既有其共性又有其特殊性,充分认识其特殊性是做好特殊井大修的关键。对于不同类型的特殊井采取不同的工艺技术,是恢复特殊井生产的前提条件。

(2)分析井况,掌握不同类型特殊井生产情况及存在问题,资料清楚、数据准确,是提高特殊井大修工艺技术的保证。

(3)特殊井由于普遍存在环空间隙小,所以起下钻作业要防止抽汲及压力激动,造成井喷及其他井下事故。特别是薄壁套管井,其内径小,所以选择工具不能急于求成,防止损坏套管,造成报废。

一、小井眼井修井作业

小井眼井是指完钻后下入直径在 121mm 以下油管作为套管的油水井,井深为 300～1000m。通常情况下小井眼又分为 ϕ114.3mm、ϕ89mm 的一般小井眼和 ϕ73mm 以下油管完井的特小井眼两类,其井身结构大致分为 3 种,如图 8-6 所示。

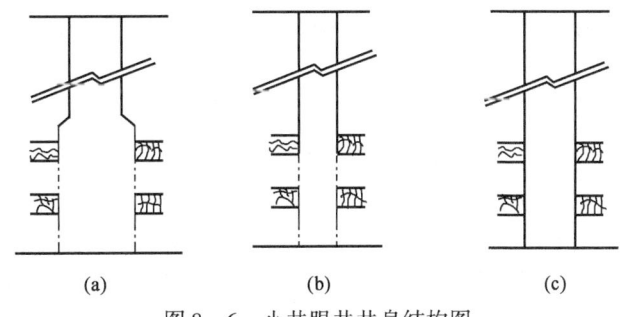

图 8-6　小井眼井井身结构图

第一种类型的井身结构如图 8-6(a)所示,上部为 ϕ60.3mm、ϕ73mm 油管或 ϕ101.6mm～ϕ114.3mm 钻杆,下部为 ϕ127mm～ϕ168mm 套管,筛管完井。

第二种类型的井身结构如图 8-6(b)所示,为 ϕ60.3mm、ϕ73mm 油管,筛管完井。

第三种类型的井身结构如图 8-6(c)所示,为 ϕ121mm、ϕ114.3mm、ϕ89mm 油管作为套管,射孔完井。

1. 一般小井眼井修井工艺技术

小井眼钻采工艺技术于部分油田开发初期在中深井及浅井中推广,特别是对浅油层和单一油层开发具有一定的价值,满足了油田开发初期生产的需要。但是由于小井眼受技术条件的限制,在生产中易产生问题,同时在修井作业中存在较大的困难,主要表现为以下特征:

(1)地层压力高,小井眼井承受压力高,套管易破裂。

(2)井眼小,环形空间间隙小,摩阻大,使得入井流体、钻具、工具受到限制。

(3)注采工艺和测试、投捞工具不配套,井口采油树型号不标准,给生产和修井造成一定难度。

对于一般小井眼井修井作业,基本同常规井,但必须有系列适合该类井修井的配套工具。作业过程中由于环空间隙小,起下钻速度必须掌握适当,防止压力激动造成井喷或挤毁套管等恶性井下事故的发生。

下面着重介绍两种常见的一般小井眼井修井工艺技术及其特点与注意事项。

1)小井眼内打捞

小井眼内落物的打捞应选用小直径工具或小直径钻具,如工具扭断在井内就会进一步增加小井眼打捞的复杂性,所以工具的选择、打捞时的扭矩及其他施工参数的选择至关重要。

如果工具、参数选择不当,即使钻具不会扭断,也会出现井内落物扭转变形而造成打捞后起不出的现象。对于井内落物下工具多次打捞无效的情况,可采用筒式打捞工具或高强度磨鞋将落物磨掉。

值得注意的是,在整个打捞过程中应严格执行操作规程,不能出现强扭硬转、强提硬拉及倒车现象。

2)小井眼内钻塞

小井眼井井身内径较小,作业过程中往往发现小井眼井内留有水泥塞或水泥环。若不钻掉水泥塞,下步工序便无法实施。由于小井眼的特殊性,故钻水泥塞也应采取相对应的措施,钻进参数一定要适当,钻压一般为 20~40kN,转速为 60~100r/min,泵排量控制在 180~240L/min,采用工具为十字钻头、尖钻头或者取心钻头。

2. 特小井眼井修井工艺技术

特小井眼除了具备小井眼的共性外,还有其特殊性,该类井井内往往无复杂管柱,井深多为 300m 左右且多为筛管完井。

针对特小井眼井的主要特征,在修井作业中应重点注意以下几个问题。

1)井口准备

井口准备是特小井眼井修井作业的第一个难点问题。因与大修设备配套的方钻杆不能下入特小井眼内,因此必须离特小井眼井口以下 5m 左右换成直径为 114mm 以上套管,才能保证其冲砂、钻水泥塞等工序的实施。针对井口准备,在对原井眼管外不漏油、气、水或井壁不坍塌的情况下倒出一根油管,然后将所准备套管连接大小头下入与其对扣;对管外有油、气、水泄漏的井要先进行管外封堵再采取措施。

2)钻具及工具准备

针对特小井眼的特点,钻具和工具的准备尤为重要。特小井眼井的井径为 50~62mm,仅能使用直径为 42~50mm 外平地质钻杆(施工中多用直径为 42mm 钻杆),其环形空间间隙为 8~12mm。

特小井眼井的修井作业多为冲砂,钻水泥塞回采。为了适应施工需要,应加工或选用直径为 42~50mm 的梨形磨鞋、尖钻头、十字钻头等工具,以满足特小井眼施工需要。

3)压井

特小井眼由于井内无管柱,所以压井方法一般采用挤压法。关键是特小井眼井浅,内径小,因而容积也小,压井过程中容量一定要准,否则极易污染油层或造成井喷,堵塞筛孔部分,挤毁井眼。挤入压力一般控制在 10~15MPa,压井后因井眼小,压力扩散慢,一般压井后关井扩压 4h 左右。

特小井眼修井时,压井液和修井液的选择要特别注意不能使用普通修井液,因普通修井液摩擦阻力大、泵压高,极易堵塞钻头及钻杆水眼,地层也易受污染。为了满足特小井眼大修工艺技术的需要,应采用低固相或无固相修井液。要求密度在 1.2g/cm³ 以下时修井液应使用氯化钠和芒硝水,要求密度为 1.2~1.4g/cm³ 时应使用氯化钙修井液。

4) 冲砂

特小井眼由于受本身特征影响,冲砂作业时排量小而泵压高,一般 300m 井深采用 300 型水泥车,一挡排量时泵压均在 8~10MPa。冲洗时向下冲刺力强,速度快,但携砂能力差。如不控制下钻速度与接单根前充分的洗井时间,极易发生卡钻或加不上单根的现象。尤其是筛管井段冲砂时,由于筛管内、外压差不稳定(特别是第一种类型的井身结构井,筛管部位与上部管柱内径突变,改变了洗井液的流型),更应特别注意。目前一般采用以下措施能较好地解决上述矛盾:

(1) 提高修井液黏度,在修井液中加入 1%~2% 的高黏度羧甲基纤维素(CMC),使修井液黏度提高到 25~40mPa·s 左右,增强其携带能力。

(2) 在砂堵井段控制冲砂速度为每 10min 冲洗 1m,加单根前洗井 18~20min,使其沉砂井段有充分的洗井时间。

(3) 在沉砂及筛管井段采用间歇洗井的方法,即洗上几个循环后停止 10~20min,这样反复 2~3 次,即可达到较好的冲砂洗井目的。

3. 小井眼井打捞工艺技术

小井眼井与常规井相比其套管外形尺寸不同。两类井内所下的管、杆、泵以及封隔器、配水器等都是根据套管规范优选组配的,能够满足油田生产和开发的需要,但一旦发生断、脱、卡等出现井下落物时,要对落物进行打捞处理,套管内径对打捞方法和工具的选用就有很大的影响。

小井眼井打捞技术在原理和方法上与常规套管井打捞技术有很多相似之处,但不能照搬照用。主要是打捞工具的外形尺寸要受到套管内径的限制,小井眼打捞技术研究中的一个主要问题就是工具必须有合适的规范,才能保证下得去、捞得上。例如,ϕ62mm 平式油管分别下入 ϕ114.3mm 和 ϕ139.7mm 套管中,同样发生油管上外螺纹断,ϕ139.7mm 套管井可直接采取外捞的方法处理,而 ϕ114.3mm 套管井由于受到油套空间较小的限制就不能同样处理。小井眼打捞技术研究中的另一个主要问题就是要实现既要下得去、捞得上,还要提得出的打捞处理目标。在小井眼井内打捞落物与常规井所用打捞工具相比较,其外形尺寸、工具壁厚必然变小,强度必然随之降低,但是捞出落物所需上提拉力并不完全随井径变小而变小,所以打捞工具还要有更高的材质强度做保证才能实现打捞的目的,满足作业施工和油田生产的需要。

此外,由于小井眼井的特殊性,其配套打捞工具在加工制造上也比大井眼井要求严格,在工具设计、材质选择、加工精度、加工过程和加工质量等方面都有更高的要求,加工制造的数量也没有常规井眼井配套打捞工具的数量大。因此,打捞工具市场对此类工具的研发规模很小,有关供应也很缺乏,目前还没有形成此类工具的系列化,大多都是各个油田根据自身需要进行研制和加工,配套工作还需要进一步进行。

1)小井眼井复杂落物的侦查方法

对于小井眼井井下复杂落物进行打捞处理,首先要查明鱼顶真实情况,现场主要采用铅模打印。目前很多油田现场自行研制了各种规格的小井眼井专用铅模,主要由上接头、连接管、外筒、铅芯等组成。为实现其外径满足套管规范要求,能与 ϕ50.3mm 油管或 ϕ62mm 油管相连接,达到普通铅模的技术要求,采用普通 ϕ32mm 或 ϕ38mm 管式泵上压帽,先对其外壁铣去一层,使外径为 85mm,然后借助一些辅助设备灌注铅液铸成,再把端面进行光洁处理,最后采用配套管材车出标准螺纹与其相连接,便形成了一只小井眼铅模。经过多次现场使用证实,该铅模可以实现小井眼内的鱼顶打印,效果较好。

2)小井眼井内各类复杂落物及成因

(1)鱼顶为断脱抽油杆。

断脱抽油杆如果没有出现变形现象,一般多为 ϕ28mm 光杆本体、ϕ19mm 或 ϕ16mm 杆本体及 ϕ36mm 空心杆本体等。如果鱼顶为弯曲抽油杆,此种情形一般为 ϕ22mm、ϕ19mm 或 ϕ16mm 抽油杆本体,使用时间往往较长,多为疲劳断,断点多半靠近接箍,多数在 ϕ114.3mm 套管或 ϕ101.6mm 套管内打捞,也有在 ϕ62mm 或 ϕ50.3mm 油管内打捞的情况,但这种情况较少。

(2)鱼顶为断脱油管。

第一种常见情况是鱼顶为断脱油管本体,断头有变形。出现此种情况的原因是油管疲劳或施工过程中操作不当等所致,井下落物鱼顶为 ϕ62mm 油管本体,断头有变形,或为 ϕ50.3mm 油管本体,断头有变形;第二种情况是鱼顶为油管上外螺纹,出现这种情况的原因是油管上接箍断脱。井下落物鱼顶为 ϕ62mm 油管上外螺纹或 ϕ50.3mm 油管上外螺纹。

(3)鱼顶为井下工具。

井下抽油泵、封隔器、配水器等工具也是小井眼井常见的井下落物,落物鱼顶为抽油泵或其组件。发生这种情况主要有两种原因,一是抽油泵本身质量问题,二是发生杆管断脱使抽油泵受到冲击所致。落物鱼顶为封隔器、配水器或其他井下工具及其组件,多数发生在注水井起原井时,落物形成主要是上提时将工具拔脱,脱开部位不定。

3)小井眼井复杂落物的打捞技术

(1)鱼顶为断脱抽油杆的打捞技术。

对于未变形杆体类落物,一般可以采用普通 ϕ62mm 油管内打捞杆体的卡瓦捞筒,主要由上接头、捞筒及引鞋等组成,用在其外壁焊接一段用 ϕ62mm 管体加工的引鞋对其外径进行加大处理,形成小井眼杆体捞筒。利用此工具直接打捞,可实现该类落物的打捞处理。

对于鱼顶为未卡弯抽油杆类落物,通常采用小井眼弯抽油杆捞钩,组成部分为上接头、钩体、弯钩和引鞋,由 ϕ19mm 抽油杆体与 ϕ62mm 螺旋形管体进行焊接制成。下井后先拨正鱼顶使之穿入工具内,对弯抽油杆下部的接箍进行打捞,能捞住并提出落物。

对于鱼顶为弯曲抽油杆且卡死在油管内的情况,使用小井眼弯抽油杆捞钩由于强度不足,不能直接解卡将落物提出。这时可将工具反转提出井筒,换成反螺旋小井眼弯抽油杆捞钩对落物倒扣,先取出上部弯曲抽油杆和倒出的部分抽油杆,形成较容易打捞的鱼顶,然后采用合适的油管捞矛对油管进行打捞。此方法适合上部抽油杆断脱的打捞处理。

对于鱼顶为弯曲严重的抽油杆情况,在采用铅模打印等方法确定鱼顶形状以后,一般使用小井眼弯抽油杆活钩,其结构主要为与油管连接的适用接头、钩杆、活钩及引鞋。其原理与常规打捞绳类用活钩类似,适用于弯曲严重甚至已经缠绕在一起的抽油杆打捞。

(2)鱼顶为断脱油管的打捞技术。

落物鱼顶为油管上外螺纹,这类事故通常有鱼顶为 $\phi 62mm$ 油管上外螺纹和鱼顶为 $\phi 50.3mm$ 油管上外螺纹这样两种情况。前面提到过采用外捞技术的可行性很小,在油田现场施工中,通常采用内捞技术,为防止落物外壁劈裂,可在工具上加带护罩。有时也采取捞住后倒扣形成正常鱼顶再进行常规打捞的方法,但究竟采取哪种方法,要根据具体情况而定。

落物鱼顶为断脱油管本体且断头有变形,这类事故通常也是有鱼顶为变形的 $\phi 62mm$ 油管本体或鱼顶为变形的 $\phi 50.3mm$ 油管本体两种情况。在 $\phi 114.3mm$ 套管井中对此类事故处理有两种方法,一是采用平底磨鞋将 $\phi 62mm$ 油管磨铣成碎屑,利用洗井液通过循环带出的办法将鱼顶处理成容易打捞的形状后,再做下一步处理;二是根据铅模打印结果制作试用打捞工具,采用直接上提或倒扣的方法处理。而在 $\phi 101.6mm$ 套管中,就只能根据侦查结果制作适用打捞工具,加上地面工具配合,采用直接打捞上提或倒扣的方法处理。

(3)鱼顶为脱开井下工具的打捞技术。

此类事故往往都伴随有管杆断脱或管柱卡阻现象。处理出上部落物后,现场发现,鱼顶多为抽油泵或其组件以及鱼顶为封隔器、配水器或其他井下工具等。对于这种情况,一是要做好落物探测工作,二是要选择研制相适应的工具,三是要根据落物具体情况采用足够强度的打捞管柱。

4)小井眼井复杂落物的打捞实例

小井眼井打捞技术与常规井打捞技术相比有其特殊性,但在很多时候问题出现与常规井相同,既有偶然性又有特殊性。只有在出现问题时才能根据井下实际情况制定施工方案,采取适当的工艺技术,选用制作适合的打捞处理工具,针对问题采取措施。下面是几个现场实例。

实例一:肇 38-17 井检泵作业,该井为 $\phi 114.3mm$ 套管,发现杆管均断,根据铅模打印鱼顶证实抽油杆弯曲,同时仅露出油管 17cm 并且靠在套管壁上。首先使用改造的反螺旋小井眼弯抽油杆捞钩拨正抽油杆,然后再使用自制开窗打捞器打捞油管,经过 5 次打捞,捞出全部井下掉落管杆,避免了上大修处理。

实例二:永 106-92 注水井重配施工,该井为 $\phi 114.3mm$ 套管,起原井管时,第一级封隔器外套被拔脱,采用原井管进行打捞,第一次、第二次打捞分别是第 137 根、第 124 根打捞管下外螺纹被拔脱。分析认为,用 $\phi 62mm$ 普通平式油管打捞管柱其抗拉强度不足。因没有适用的钻杆,经计算、研究后决定使用 $\phi 62mm$ 外加厚油管提高抗拉强度,接头连接强度从 323kN 提高到 443kN,可以满足上提负荷要求。同时为防止捞矛滑块从下部键槽处拔脱,又加焊了两道挡键,下井打捞一次成功,解决了部分 $\phi 114.3mm$ 套管井无钻杆情况下的解卡打捞问题。

实例三:芳 140-112 检泵,该井为 $\phi 101.6mm$ 套管,起原井管时发生 $\phi 50.3mm$ 油管本体断。经起出的上部断头判断鱼顶已变形为不规则扁圆形,因套管内径限制外捞无法完成。在没有成型打捞工具的情况下,根据鱼顶形状自行设计加工了一个单滑块捞矛,将捞矛的圆柱形杆体改造成扁形体(其长轴、短轴分别为 47mm 和 36mm),将捞矛牙块修形(其宽度由 50mm 减小为 36mm),可直接插入落鱼腔内,计算许用拉力为 238.5kN,能够满足现场要求。打捞工具下井后,在井口又对打捞管柱加压使捞矛充分进入落物腔内,上提负荷增加至 114kN,打捞一次成功。该井的成功处理避开了套管尺寸对外捞的限制,为今后小井眼井落物鱼顶为变形油管类的打捞问题找到了解决办法。

4. 小井眼井解卡工艺技术

管柱被卡的原因在正常生产过程中通常有套管变形、破损,井下落物,注水泥或挤堵时水泥浆返排顶替不及时导致"插旗杆",砂卡蜡卡及结盐、结垢等;在酸化、压裂施工中,由于井下工具失效,造成酸化、压裂管柱卡。此外,还有电缆、钢丝等绳类落物导致堆积卡。

根据落物情况以及受卡程度,小井眼井解卡通常采用活动解卡、震击解卡及套铣磨铣解卡等工艺技术。

1)小井眼井解卡工具

根据解卡方式的不同,需要选用不同的解卡工具,如震击解卡往往使用震击器,套铣磨铣解卡则要使用套铣头、套铣筒等。

(1)震击器。

当钻具遇卡时,可以通过震击器给卡点处向上或向下以强烈的震击力,使卡点松动,从而达到迅速解卡的目的。

由于震击器可以大大提高卡钻事故处理效率,因而在钻井和修井作业中得到了广泛应用。震击器参数如表8-4所示。

表8-4 震击器参数表

种类	型号	外径 mm	内径 mm	行程 mm	接头螺纹(API)	最大工作扭矩 kN·m	最大震击提拉载荷 kN	最大抗拉载荷 kN	闭合总长 mm
上击器	YSJ73	73	20	216	2⅜TBG	3	100	250	1724
	YSJ80	80	25.4	216	2⅜REG	3	120	300	1724
下击器	BXJ73	73	20	268	2⅜TBG	3	—	—	1837

(2)套铣头。

小井眼井套铣常用套铣头长度为200mm,最大外径为82mm,材质采用普通45号钢,端部视井况镶焊YD-8合金柱。套铣头示意图如图8-7所示。

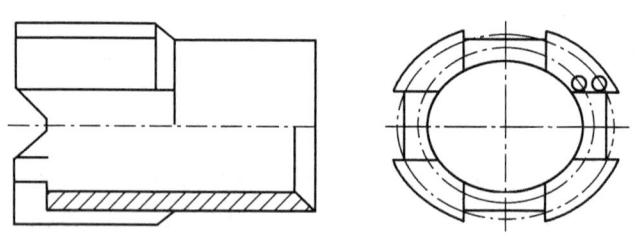

图8-7 套铣头示意图

(3)套铣筒。

小井眼井用套铣筒一般用 $\phi 89mm$ 钻杆加工,长度为9500mm,外径为81mm,内径为68mm。套铣筒示意图如图8-8所示。

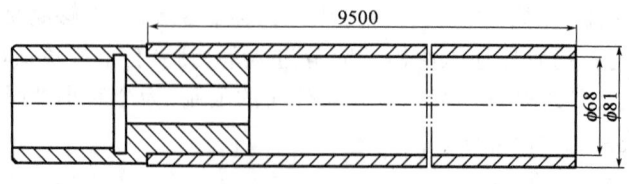

图8-8 套铣筒示意图

2)三种解卡工艺

(1)活动解卡。

钻柱组合:打捞工具+安全接头+钻杆+旋塞+方钻杆。

(2)震击解卡。

给被卡管柱施加一个瞬时的震击力,使砂、结晶粒、小件等松动或脱落,卡点被解除,从而达到解卡目的。

管柱组合:打捞工具+安全接头+震击钻具+钻铤+钻杆。

安全接头是为解卡失败后起出工具而设置的,加钻铤是为了增加震击效果。

(3)套铣解卡。

该类解卡有两种解卡方法:一种是将遇卡落物全部磨掉;另一种是将遇卡落物与套管环形空间存在的卡物套铣掉,然后再将被卡落物捞出。

管柱结构:铣鞋(套铣筒)+钻铤+钻铤扶正器+钻杆。

钻铤扶正器的作用是为了防止处理落物时损伤套管或造成套管开窗。

二、薄壁套管井修井工艺技术

完钻后下入壁厚小于5mm的套管完井的油水井称为薄壁套管井。薄壁套管一般为 $\phi 139.7mm$ 及 $\phi 168.3mm$ 有缝套管,管与管之间用钻杆作为接头连接且有一部分地质套管。薄壁套管井主要存在于开发较早的油田或区块,如新疆克拉玛依油田有类似的井150余口,井深一般在1000m左右。

1. 薄壁套管井的主要特征

薄壁套管井内径变化很大,一般相差35~40mm。存在的主要问题是:由于套管有缝且壁薄,承受压力低,在自然条件下承压在10MPa以下,加之注采过程中油(气)水的运移,受各种应力的影响极易变形、破漏,开发过程中特别是开发后期难以满足生产需要。有一大部分此类型井投产时间很短就不能正常生产或完井后就无法生产,这就是薄壁套管井的特殊性。

该类井完井方式与常规井相似,仍然采用射孔完成,固井时水泥返高到一定位置。经室内及现场试验,油层部位管外有水泥固结能承受高压,而水泥返高以上部分及固井质量不好的类似井承压不够,这是一个制约增产改造的关键技术问题。

2. 薄壁套管井修井工艺技术

由于薄壁套管井自身的特殊性,因此修井工艺技术有其特殊性,几个关键的工艺技术或步骤需要特别注意。

1)压井

对于薄壁套管井,因考虑套管本身不能承受较高压力,不能从套管进行挤压井液压井,在压井无循环通道的情况下,可从油管挤压井液压井。从油管挤压过程中对环空压力应严格控制,控制压力一般为7~8MPa,目的是防止将上部套管挤破和挤变形。从油管挤压井液后起出1~2根管柱进行循环压井,在循环压井的过程中一定要注意观察泵压,预防因泵压突变而挤毁套管。

例如,克拉玛依油田二中7-1生产井,油层套管为 $\phi 127mm$,壁厚4.5mm,人工井底为642m,井内567.8m处下有95mm锥形封隔器,因此不能循环压井。修井作业时,通过油管进行挤压井液,先挤入密度为 1.0g/cm³ 压井液 0.1m³,后挤入密度为 1.5g/cm³ 压井液 1.15m³,压力控制在 8~12MPa,挤压过程中环空平衡压力为 7MPa,起出两根油管后进行循环压井,压力保持在 4~5MPa,顺利完成压井工序。

2)打捞

薄壁套管井在固井时不能按常规方法使用胶塞,因此人工井底常超过套管底部或人工井底水泥塞过高,而修井施工过程中人工井底深度至关重要,特别是打捞过程中必须防止打捞工具对套管的挤压及磨损,因此要求井况要清,数据要准,选择工具合适。

3)修套管

由于薄壁套管井的特殊性,加上固井质量差,受地层油水运移等因素的影响,套管极易变形损坏,因此解决薄壁套管井的修整套管(简称修套)方法尤为重要。对于薄壁套管的修套方法,重点要明确井径是否有变化,盲目采用等直径工具易造成复杂事故。

采用合适的修套方法,并选择合适工具是薄壁套管井大修的重点。修套时除采用常规修套工艺外,要特别注意:

(1)薄壁套管井由于本身管壁较薄,在修套过程中,一方面容易恢复变形或产生新的变形,另一方面修套时间长极易将套管磨穿造成新的破损。因此,修套过程中不应将钻具停留在某一部位长时间磨修。

(2)钻压一般选择为 10~20kN,转速为 100r/min。采用轻压快转方式通过套管变形井段。

(3)修套过程中一般多用光面磨鞋,对井况清楚的情况下也可采用其他工具。

4)薄壁套管承压

解决薄壁套管井承压最有效的方法是下入封隔器,靠油管内加压可满足注采需要。针对薄壁套管井井身极不规则,在落实井身结构的基础上根据开采的需要,矿场实践中通常采用以下工艺措施解决承压问题:

(1)对于套管内径基本相同,管外有水泥固结的薄壁套管井或采用地质套管的薄壁套管井,可直接在此井段坐封封隔器。此类井占薄壁套管井比例大,但是因为此类井接箍处内径大,所以封隔器坐封位置应避开套管接箍。

(2)对于采用钻杆作接箍的薄壁套管井,因接头部位直径小,封隔器容易坐封,为达到密封承压的目的,必须准确落实井下管柱数据,确保封隔器在接头部位坐封。如克拉玛依二中 6-2 生产井,封隔器在接头部位坐封,经试压合格后满足了 8~20MPa 压裂施工的需要。

(3)对于封隔器要坐封在夹层及没有接头部位或尾管太长不易支撑在井底的薄壁套管井,采用在封隔器坐封井段先注水泥塞,其长度视坐封载荷而定(一般 3~5m,即可满足施工需要)。然后用略大于尾管尺寸的钻具将水泥塞钻穿,形成一个台阶,使其封隔器下支承筒坐封在水泥环上,从而达到承压目的。如克拉玛依二东 8-17 油井,采用该工艺封隔器坐封后,保证了承压为 20~30MPa 压裂增产措施的实施。

以上 3 种工艺措施适用于不同的施工及完井需要。封隔器一般采用支柱式,但为了适应薄壁套管井工艺的需要,新疆油田特制了一批锥形封隔器,即封隔器下支承筒带有一定锥度,目的是使其与坐封面更好地接触,保证进一步坐封成功,解决了薄壁套管井的承压问题。

复习思考题

1. 高温高压深井与修井作业相关的特点是什么？作业过程中需要重点考虑的问题有哪些？
2. 高温高压深井修井工作包括哪些？
3. 为什么说甲酸盐工作液是一种低伤害的工作液？
4. 优质工作液使用中需要注意哪些方面？
5. 容易出现硫化氢伤害的作业过程包括哪些？
6. 大修作业一般是如何界定深井与超深井的？
7. 常见平式油管倒扣总圈数不超过多少？外加厚油管倒扣总圈数不超过多少？钻杆倒扣总圈数不超过多少？
8. 一般情况下，ϕ73mm 油管强扭每 1000m 不超过多少圈？ϕ73mm 钻杆强扭每 1000m 不超过多少圈？
9. 导致水平井、大斜度井、大位移水平井修井难度大的主要因素有哪几点？
10. 在什么情况下容易发生黏附卡钻？
11. 发生黏附卡钻的原因是什么？
12. 什么样情况会加剧黏附卡钻的危险性？
13. 高压射流冲砂解堵的作用机理是什么？
14. 什么井称为特殊规格井？
15. 什么井称为小井眼井？
16. 什么井称为薄壁套管井？
17. 解决薄壁套管井承压最有效的方法是什么？

第九章 修井工艺新进展

第一节 膨胀管技术

一、概述

当今世界的石油勘探开发主要朝着深层系、滩海和海上发展,使得石油勘探开发的难度日益增大。当钻井作业需要通过更深的过压地层、枯竭地层或易塌易漏失地层时,现有的技术是用不同直径的钻头钻进,并以不同直径的套管以套筒的形式层层封固完成。在这种情况下,井越深,套管层次越多,井眼直径就越大;反之,如果套管直径一定,最终的井眼直径更小,有可能钻不到目的层或者即使钻至目的层,但井眼太小,满足不了开采及后续修井、增产等重入作业的要求。石油工作者一直在探寻更好的方法,以便优质快速、高效地钻达目的层。最理想的方法是用同一种直径的钻头钻进,并用同一种直径的套管完井,采用膨胀管技术就可实现这一要求。膨胀管技术可应用于钻井、完井、采油、修井等作业中,既能解决井眼变径问题,又能大量节约作业成本,被认为是21世纪石油钻采行业的核心技术之一。

膨胀管技术就是将管柱(包括实体套管和割缝管)下到井底,以机械或液压的方法由上到下或由下往上,通过拉力或压力使管柱发生永久塑性变形,从而达到扩大井眼或生产管柱内径的目的。膨胀管技术可广泛用于钻井、完井、采油、修井等作业中。膨胀管技术包括两种,一种是实体套管膨胀技术,另一种是割缝管膨胀技术。实体套管膨胀后可以用作裸眼井段的钻井尾管、下套管井段的衬管及膨胀尾管悬挂器,而割缝管膨胀技术与防砂技术结合可用来防砂完井。实体套管直径膨胀率一般可达10%~30%,而割缝管直径的膨胀率可达到300%。两种管的外形见图9-1。

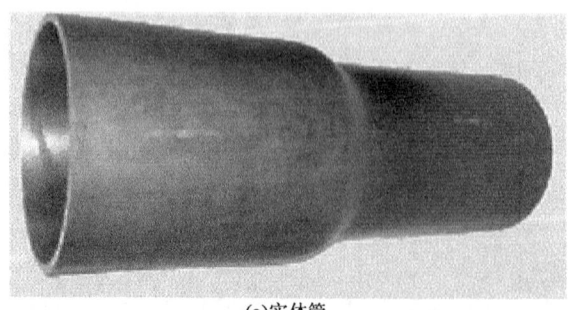
(a)实体管

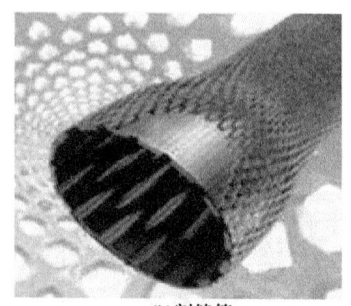
(b)割缝管

图9-1 膨胀管

膨胀管技术最初出现在20世纪80年代,最快发展在90年代中期以后。Shell公司是最初的研究和应用者,目前已成立了从事膨胀管技术服务公司。Weatherford公司开发的膨胀割缝管、膨胀防砂筛管已在现场应用,膨胀割缝管主要用于水平井完井,膨胀防砂筛管主要用于代替砾石充填完井。

二、膨胀管的主要用途

1. 钻井作业中的应用

在钻超深井或在海洋深水区作业以及需要钻穿高压地层、枯竭层或易塌易漏地层时,通常的做法是用不同直径的套管封固地层。在这种情况下,需下入多层套管导致最终的井眼很小,还有可能导致不能按计划钻达目的层。同时,由于要求最初的井眼直径很大,增加了对钻机负荷、钻井设备及钻井液处理能力的要求。采用膨胀管技术可以简化井身结构,减小套管层次,可避免这种情况的发生。膨胀管技术可以为钻井过程中出现的复杂问题提供应急方案,尤其适用于钻进高压层、漏失层、泥页岩蠕动层、盐岩蠕动层。

2. 完井作业中的应用

扩大完钻时井底的井眼直径有利于完井作业,可是在实际的钻井过程中,随着井眼的不断加深,不得不下多层套管,使完钻井眼直径太小,满足不了完井作业、采油作业和修井作业的要求。应用套管膨胀技术,套管长度增加了,但套管内径并没有减少很多,因此它可以钻达比预计还要深的目的层。膨胀管柱的直径大于常规尾管串结构的直径,便于将探井转变为具有经济效益的生产井。同时,膨胀管技术与防砂技术相结合,可提供一套更灵活的完井方式。膨胀管完井方式的最大好处就是对于井壁有很好的支撑,可以用于分支井完井、水平井裸眼完井、欠平衡井完井。割缝筛管防砂完井可以替代砾石充填完井。

3. 采油、修井作业中的应用

采用膨胀管完井方式的油井,不但其井底井眼的直径较常规井眼大,能为生产管柱的下入提供良好的条件,而且井眼的裸露面积大,能提高油井的产能。在油田的开发后期,套管损坏井越来越多,膨胀管技术为套管损坏治理提供了新的方法。它可以修补数百米的套管,这对于大段套管被腐蚀的井有特别的意义。另外,该技术还可以用来封堵炮眼和漏失层。该技术与常规的套管补贴技术相比,井眼内径的减小很少,因而受到石油公司的青睐。

4. 其他应用

膨胀管柱可用作尾管悬挂器,比常规尾管加上封隔器更简单、经济。在作业过程中,膨胀某一小段尾管而不是让整个尾管都膨胀,就可以形成尾管悬挂器。膨胀尾管悬挂器集尾管悬挂器和尾管上部的密封功能于一身,减少了尾管顶部注水泥作业,同时可以延长故障间隔时间,减少维修费用。膨胀尾管悬挂器坐放后,因环空剖面小,可以增大内部的有效流动面积;作为一种实心结构,在坐放过程中及工作期间均可以防止环空泄露。统计数据表明,多达45%~60%的常规悬挂器在坐放后都会产生这种泄露。

三、膨胀管结构及膨胀机理

膨胀管分为可膨胀式割缝管和可膨胀式实体管两大类。前者有一系列串联、互相交错的轴向割缝,割缝的布置使管柱易于膨胀;后者对选材要求更加严格,以利于膨胀。

实体套管膨胀技术与割缝管膨胀技术的原理基本相同,都是基于管材的三维塑性变形。

以割缝管膨胀技术简要说明其膨胀原理,如图9-1(b)所示,膨胀工具为膨胀锥和心轴,在裸眼井内下入割缝管,割缝管的本体上有许多交错排列且相互重叠的轴向割缝。用拉力或压力使膨胀锥从上往下或从下往上膨胀,达到使管柱膨胀的目的。实体套管膨胀技术与割缝管膨胀技术的不同之处在于前者的膨胀率较低,所需要的膨胀力大。两者所使用的管柱材料均要有利于膨胀但不容易破坏,能满足膨胀后的完整性和强度方面的要求。一般来说,实体套管施加的膨胀力是割缝管膨胀力的30~40倍,为400kN左右。割缝管的膨胀取决于套管割缝的尺寸、分布、膨胀锥的大小及膨胀工艺。

1. 可膨胀式割缝管

可膨胀式割缝管(expandable slotted tubular)的膨胀尺寸取决于外部空间尺寸、割缝排列和膨胀工具尺寸,最大可膨胀为原直径的200%,膨胀后管壁厚度基本不变,管长度减少2%左右。图9-2为可膨胀式割缝管结构示意图。

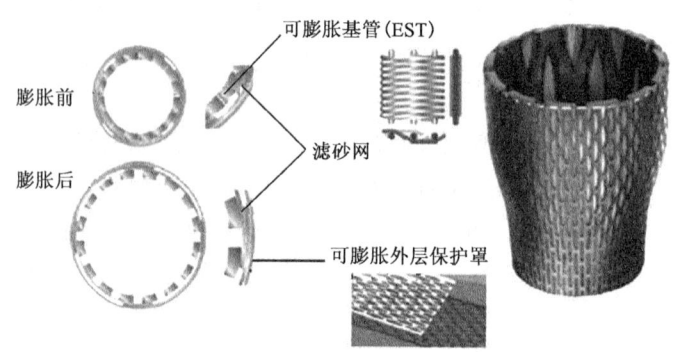

图9-2 可膨胀式割缝管结构示意图

可膨胀式割缝管主要应用在三个方面:

(1)可膨胀滤砂管ESS(expandable sand screen),可用于防砂技术。

(2)井筒代用衬管ABL(alternative borehole liner),可用于在钻井过程中暂时隔离问题层而且不损失井眼尺寸。

(3)可膨胀完井衬管ECL(expandable completion liner),可替代传统的完井衬管。

可膨胀式割缝管的优点是:膨胀性能好,直径可达原来的3倍;驱动力小,容易实施作业;选材要求不太苛刻,可借用常规套管或焊管;成本较低;可用作水平井完井的割缝筛管;可用作防砂筛管。

可膨胀式割缝管的缺点是:不能用作生产套管,只能用作技术套管或应急套管;不能用顶替方法注水泥固井,只能用平衡塞的方法;机械性能较差,抗内压主要依靠水泥环的强度和质量;为了保证水泥环的厚度必须扩眼,对水泥浆性能也有特殊要求,一般使用纤维水泥。

2. 可膨胀式实体管

可膨胀式实体管的原理是材料的三维塑性变形,所需要的膨胀力很大,大约是可膨胀式割缝管所需膨胀力的10~30倍。膨胀时实体管的厚度和长度都会发生变化,强度和屈服能力在变形的过程中会通过一些工艺得到补偿。

可膨胀式实体管应用在如下几个方面:

(1)可膨胀衬管悬挂器ELH(expandable liner hanger)。

(2)可膨胀套管修补系统。

(3)可膨胀钻井衬管。

可膨胀式实体管的优势在于以下几个方面：

(1)安全地悬挂和密封。

(2)封闭不需要的水层和气层。

(3)加强被侵蚀或磨坏的套管。

(4)改型的抗腐蚀工具。

可膨胀式实体管(solid expandable tubular)的基本概念是在井下冷拉钢管达到预定尺寸,该过程本质上具有机械不稳定性。因此,在井下进行冷拉处理需要克服许多技术和作业障碍。采用机械膨胀装置——膨胀锥,使钢管发生永久性机械变形;在液力压差和(或)直接的机械推(拉)力作用下,驱动膨胀锥在钢管内产生移动,使钢管超过弹性极限发生塑性变形,膨胀到预定的内径和外径,同时保持应力在极限屈服强度之下;通过连接膨胀锥的工作管柱(钻杆)泵送压差,机械力则由提升或下放工作管柱产生。

可膨胀式实体管的优点是:可用常规的顶替注水泥固井方法;机械性能较好,抗内压、外压及抗拉应力大,尤其抗内压的性能与未膨胀前基本一致;可用作生产套管;可用作尾管悬挂器。

可膨胀式实体管的缺点是:膨胀性能差,最大膨胀率约 25%;膨胀力大,约为可膨胀式割缝管的 30 倍;对选材的要求高;成本较高。

四、膨胀管技术的研究现状

膨胀管技术是一项富有生命力的新兴技术,所涉及的研究内容较多,是一个系统工程,其应用领域也日益广泛。膨胀管技术研究主要集中在以下几个方面。

1. 材料学研究

对于膨胀管除要求良好的膨胀性能外,还必须对膨胀后管材的综合机械性能进行研究,尤其是实体管,必要时用作生产管柱或尾管悬挂器,其材料必须具有足够的强度、良好的塑性、冲击韧性以及抗腐蚀、磨损与断裂的性能。国外在这方面做了大量的研究工作,并对 K-55 和 L-80 两种 5in 套管膨胀 20% 以后的机械性能进行了测试,其机械性能有所降低,尤其是抗外压性能下降 30%。经工艺改进后,抗外压性能大大提高,综合机械性能可满足 API Spec 5CT 钢的性能要求。

管柱膨胀后的机械性能研究是一个重点,因为管柱在膨胀以后必须具有足够的强度、良好的塑性及抗腐蚀、耐磨损等性能。国外对选定尺寸的实体套管膨胀前后的机械性能进行了比较,主要包括强度、延展性、抗冲击韧性、抗破裂性研究。所有的膨胀实验都是在室温条件下进行的,在稍高温度(超过 176℃)下膨胀性能与之相似。实验结果表明,膨胀改变了材料的耐冲击韧性。

2. 膨胀管的连接研究

要使膨胀管技术真正应用到石油钻采行业中,连接技术非常关键,尤其是实体管,必须保证膨胀前后膨胀管管柱连接及密封的完整性和可靠性,这一方面国外做了大量的工作,设计出特殊的连接螺纹,对加工制造和现场施工都做了严格的规定。

3. 驱动系统(驱动头)的研究

驱动头的作用是促使膨胀管膨胀,其作用力的大小与管柱的几何尺寸、壁厚及机械性能有关。目前研究应用的有固定式驱动头和可变径驱动头两种,固定式结构简单,但工艺性较差;可变径能保证膨胀管的膨胀,操作也简便。为减小驱动时的摩阻,驱动头上应涂覆氧化锆涂层。

4. 配套工艺研究

应根据膨胀管的具体应用情况来完善相关工艺可行性及工艺实施过程,如扩眼、注水泥、钻塞等都不同于常规的钻井技术。

无论是割缝管还是实体管,都是以常规的尺寸下到井内预定位置,固定后注入水泥,在水泥候凝时,利用驱动头驱动膨胀管产生永久变形,待水泥凝固后即完成固井或达到其他目的。在实施工艺过程中应注意以下几方面的要求:

(1)扩眼时应依据地层的压力体系、地质条件来确定扩眼工具的类型和外径。一般在异常压力地层,扩眼直径应大些,宜使用管下扩眼工具;对于一般的易漏易塌地层,扩眼直径可小些,选用双心或偏心钻头即可。

(2)膨胀管是通过驱动头及与之相连的钻柱送至井下的,驱动头与膨胀管用剪销连接。当膨胀管被送至预定位置时,加力剪断剪销就可促使膨胀管膨胀。膨胀管之间的可膨胀连接及可膨胀式套管附件是关键技术,可膨胀式套管附件包括:①可膨胀引鞋,其作用一是引导膨胀管的顺利下入;二是帮助将膨胀管膨胀到底部。②不可膨胀扶正器,其作用是在斜井中使膨胀管居中,以利于注水泥和固井。膨胀管之间为特殊螺纹连接,其基本原理是保证在膨胀前、膨胀过程中及膨胀后保持连接强度及密封的完整性,对于可膨胀式割缝管需保持连接及抗拉、抗压强度的完整性。因此,它要求驱动时从外螺纹开始,以免脱扣。

(3)在注水泥时,对于可膨胀式割缝管只能应用平衡塞注水泥技术,为保证完全顶替水泥浆,必须在可膨胀式割缝管之前注水泥,并且割缝必须预先用树脂类物质予以填充。

(4)钻水泥塞,所用的钻头必须是欠尺寸的,以免破坏膨胀管。

液压膨胀工艺流程如下:

(1)完钻后,下入膨胀管柱,膨胀管柱底部带有膨胀引鞋。

(2)采用内管注水泥替出钻井液,避免水泥浆被其他流体污染。

(3)水泥通过了内管、膨胀锥,顶替塞就会进入浮鞋,将工作管柱的底部密封。然后憋压至 $10\sim20MPa$(根据系统尺寸大小确定),该压力可憋坏底部装置里的一个圆盘片,将压力传到膨胀锥的底部,促使膨胀锥向上移动并且使套管膨胀。

(4)随着膨胀锥的上升,起出工作管柱,并将工作管柱排放好。

(5)水泥浆凝固之后,钻膨胀管内的水泥。

五、膨胀管技术典型应用

膨胀管具有很多技术优势:可减少钻井费用(钻井液、钻头);减少完井费用;减少修井费用;提高产量并保证井筒稳定性;提高安全性。其典型应用如下。

1. 可膨胀滤砂管

与传统滤砂管相比,可膨胀滤砂管 ESS(expandable sand screen)不仅在结构上有很大改进,而且其优势也更为突出。可膨胀滤砂管共有 3 层,内层是可膨胀式割缝基管,中间用覆盖片状过滤材料缠绕,外层是可膨胀式基管罩。可膨胀滤砂管膨胀后会紧贴井壁,使筛管获得良好的支撑,同时由于筛管和井壁之间没有环空,减少了砂粒的移动、微粒的运移以及与之相关的筛管堵塞,还可最大限度地减少砂粒撞击和冲蚀,增大滤砂面积,并且可对储层做进一步的作业处理和控制。图 9-3 为可膨胀滤砂管与传统滤砂管对比图。

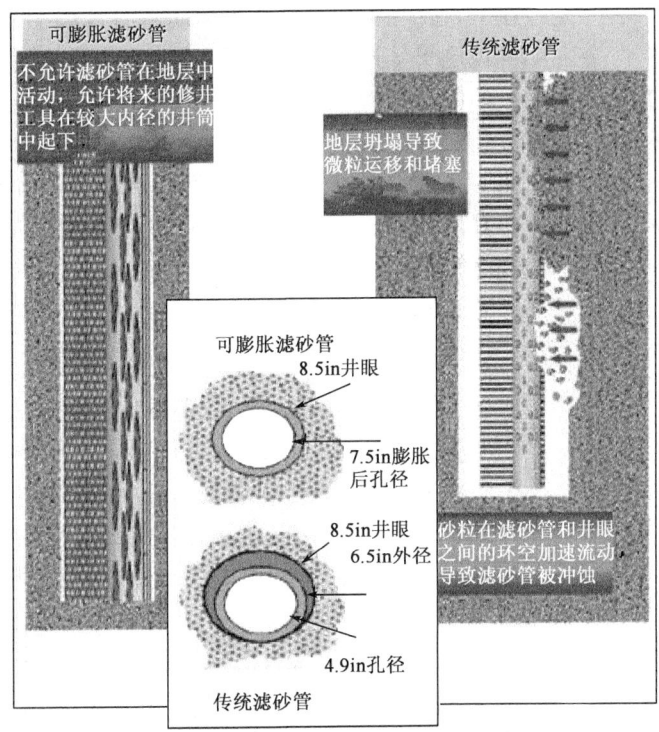

图 9-3 可膨胀滤砂管与传统滤砂管对比图

可膨胀滤砂管技术包括三个方面：可膨胀式割缝基管(the slotted, expandable base pipe)；重叠的过滤薄膜(overlapping filtration membranes)；可膨胀的外层保护套(expandable outer protection sleeve)。锥形心轴从上向下推，使得内外两层管胀开，薄膜被夹在中间。

可膨胀滤砂管的优势表现为：

(1)适合于各种尺寸的井眼。

(2)可增加有效的井筒直径，膨胀后最终内径只比井眼直径小1in。

(3)可减小表皮效应，增加产量，主要是因为减小了堵塞的可能性，表皮系数降低，接近于零或负值。

(4)减小裸眼井或套管井的压降。在裸眼井中，膨胀管支撑储层，避免了微粒剥离，也就避免了滤砂管堵塞；可支撑储层并消除环空，避免了钻井液和地层砂混合，降低了环空的渗透率。在套管井中，可减少地层到滤砂管的流动距离，并减小压降。

(5)减少投资。

2. 可膨胀式实体管用作尾管悬挂器

可膨胀式实体管用作尾管悬挂器(ELH)，比常规尾管悬挂器和尾管上封隔器更简单、经济。膨胀时，其驱动头不是让整个尾管膨胀，而仅膨胀一小段尾管(约10m)来形成尾管悬挂器，同时这一小段尾管还充当尾管上封隔器。可膨胀尾管悬挂器集尾管悬挂和尾管上密封功能于一身，因而可最大限度地减少尾管顶部的挤水泥作业。与常规尾管悬挂器和尾管上封隔器相比，可膨胀尾管悬挂器可延长平均故障间隔时间，减少维修费用。尾管悬挂器示意图见图9-4。

下入常规尾管时可采用ELH系统。ELH接头采用单棒材加工而成，没有常规尾管悬挂器的螺纹、卡瓦、J形槽和排水孔，底部有一个刮塞系统或井下释放塞。在接头内部，安装在心轴上的膨胀锥在接头长度内移动。弹性夹头将心轴锁紧在接头底部，支持尾管重量，并允许尾管在下入过程中旋转及上下活动。与常规工艺相比,由于消除了常规尾管悬挂器与封隔器,ELH 使井眼尺寸守恒,更能提供高级的压力密封。

ELH 下入步骤如下:(1)钻进井眼;(2)将带有 ELH 的常规尾管下入井中;(3)常规尾管注水泥;(4)下入闭锁塞,以促进 ELH 膨胀;(5)膨胀 ELH;(6)清除 ELH 下入工具;(7)钻穿常规尾管浮鞋。

3. 套管井可膨胀尾管系统

采用套管井可膨胀尾管(CHL)系统将可膨胀套管补贴到原有套管柱上,可以有效地修补或加固现有套管,封堵腐蚀段或者不再需要生产的老射孔段,同时内径和最大流量减小到最少。除了弹性涂层的悬挂器接头位于 CHL 系统的上部和下部外,该系统与裸眼可膨胀尾管(OHL)系统相似。CHL 系统以两种方式——开口式或封口式下入井眼。在开口模式中,该系统进入井眼定位后,需泵送一个闭锁突板。在封口模式中,该系统进入井眼后,采用闭锁突板就地定位,尾管下入过程中充满钻井液以防止坍塌。由于封口模式减少了一个作业步骤,因此减少了现场作业时间,较适于浅井和低压井。由于套管内外的侵蚀可引起套管磨损,因此下入 CHL 系统之前必须进行电缆测井,确定套管的内外完整性、内径、壁厚和椭圆度,以使 CHL 膨胀到内外都具良好完整性的套管上,这是非常关键的。

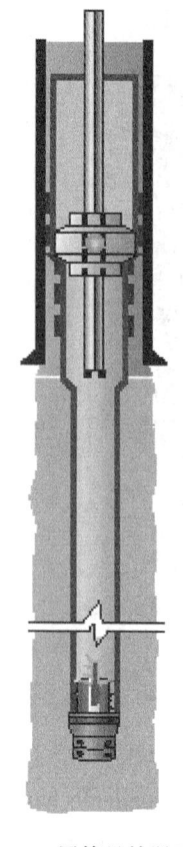

图 9-4 尾管悬挂器示意图

CHL 系统的下入步骤如下:(1)下入钻头和刮削组合,清洗结垢和腐蚀的套管;(2)评估套管,确定它的完整性、内径、壁厚和椭圆度;(3)将可膨胀尾管、膨胀组合和发射器下入井中;(4)下入闭锁突板,以促进尾管膨胀;(5)膨胀 CHL;(6)压力测试可膨胀尾管;(7)钻穿可膨胀尾管浮鞋。

4. 裸眼可膨胀尾管系统

采用裸眼可膨胀尾管(OHL)系统,可以克服与井眼不稳定性、孔隙压力、破裂梯度及盐层或含盐地层等相关的施工问题。这些施工问题最终都会导致井下套管尺寸过早变小。OHL 系统通过原有套管或尾管正常下入井眼,速度与常规尾管相同,定位在裸眼段后,液压驱动膨胀锥向上移动,从下往上膨胀尾管。当膨胀锥到达 OHL 和原有套管的重叠段时,使用膨胀锥膨胀专门的弹性涂层悬挂器接头来永久性密封这两个管柱。可膨胀系统 OHL 从下往上膨胀有两个原因:

(1)与膨胀过程中尾管的缩短有关。尾管通常难以定位在设计井深(TD),如果定位在高一点的地方,采用从上向下膨胀,就会首先将可膨胀尾管固定在原有套管柱里,后续的膨胀将从下往上缩短尾管,缩短后的可膨胀尾管就不可能封固井底适当的井段。相反,采用从下往上膨胀,首先将可膨胀尾管固定在最低深度,后续的缩短发生在重叠段,从而可以保证尾管在井底的封固。

(2)与工作管柱作业有关。与增加工作管柱重量相比,通过工作管柱泵送及提升工作管柱更容易产生较大的力。从下往上膨胀作业时,由于工作管柱正被拉出井眼,因此工作管柱受到了附加的拉力,必要时可以作为驱动膨胀的辅力。如果采用从上向下膨胀,工作管柱所受的任何向下的力或附加的重量将作为膨胀辅力,使工作管柱(钻杆)受压。钻铤和加重钻杆可作为工作管柱的一部分,提供附加的重量。但这只会增加工作管柱的连接时间,与可用的拉力相比,所受压力很小。OHL 的应用必须包括末层套管下面的井眼扩眼。根据岩性学和钻井经验,采用双心钻头或带近钻头扩眼器的常规钻头钻要求扩大的井眼。

OHL 系统的下入步骤如下:钻进井眼;将可膨胀尾管、膨胀组合和发射器下入井中;可膨胀尾管注水泥;下入闭锁塞,以促进尾管膨胀;膨胀 OHL;膨胀可膨胀尾管悬挂器接头;下入铣鞋,钻穿可膨胀尾管浮鞋。

第二节 连续油管技术

一、概述

连续油管技术(coiled tubing technology,简称 CTT)已经成为石油天然气勘探开发领域中一项日益完善的新技术,连续油管技术装备由于其应用范围广,使用方便,而被誉为"万能作业装备"。自 1962 年第一台连续油管作业设备问世以来,目前全球拥有的连续油管作业设备已超过 1400 台套。1972 年,我国从 Bowen 公司引进首台连续油管作业设备,累计引进 28 台套。连续油管技术的应用也从单纯的修井作业发展到钻井、完井、测井以及增产作业等领域,预计未来 10 年其应用将更加广泛。

连续油管是将很长的、连续的管子缠绕在滚轴上,在下入井筒之前将管子矫直,在运输和存放的时候将管子重新收回缠绕在滚轴上。连续油管的直径范围是 $1 \sim 4\frac{1}{2}$ in,连续油管的下入深度一般在 $600 \sim 4500$ m 之间,主要取决于连续油管的直径和滚轴的尺寸。

现代石油工业越来越多地将连续油管应用在修井工程中,连续油管在提高可操作性和降低成本方面有很多的优势,主要包括:

(1)不关井作业;
(2)消除压井作业中压井液对地层的伤害;
(3)减少起下管柱作业工作量;
(4)水平井修井作业;
(5)无钻机修井。

目前 CTT 作业技术已广泛应用于钻井(小井眼井、定向井、侧钻水平井、欠平衡钻井等)、完井、采油、集输等作业的各个领域,解决了许多常规作业技术和方式难以解决的问题,应用效果明显。

二、连续油管系统结构

1.连续油管

连续油管是连续油管作业机的关键部件,是连续油管作业技术得以顺利实施的核心部件,是该技术中用量最大、质量要求最高的管材。用以制造连续油管(图 9-5)的材料有碳素钢、调质钢和稀有材料3种。其中,稀有材料如钛合金有质量轻和强度高等优点,但价格贵,是普通钢制连续油管的6倍。

图9-5 连续油管

连续油管的主要参数是油管直径和抗张强度,表9-1列出了常用连续油管相关参数。

表9-1 常用连续油管相关参数

外径 mm	内径 mm	重量 kg/m	最小屈服强度 kN/m	试验压力 MPa	破裂压力 MPa
25.40	19.90	1.517	95.20	78.30	97.90
31.80	25.40	2.197	137.40	70.70	88.90
38.10	29.20	3.622	226.80	83.10	104.10
44.50	35.60	4.305	269.50	72.10	90.30
50.80	41.10	5.372	471.05	67.30	137.09
60.30	50.01	7.139	617.00	57.70	115.44
73.00	63.40	7.969	757.60	48.10	74.71
88.90	78.50	10.503	935.41	42.60	78.33
114.30	101.60	17.21	1373.20	36.20	69.40
127.00	114.30	19.22	1337	30.10	55.55

图9-6 注入头

2. 注入头

注入头(图9-6)的主要作用是提供足够的推力、拉力起下连续油管,在不同的油井条件下控制连续油管的下入速度,承受全部连续油管重力,且在起出连续油管时提供足够的拉力及速度。注入头提升能力从20世纪七八十年代的10000~40000lbf到最大为200000lbf;不同型号的注入头常常通过更换如图9-7所示的连续油管夹持块来实现,这种带有可替换嵌入件的注入头链轮可适用于不同口径尺寸的连续油管。

3. 滚筒

连续油管滚筒(图9-8)为焊接结构的钢制卷筒,其滚筒筒心直径为1.5~1.8m。滚筒的排管量主要取决于

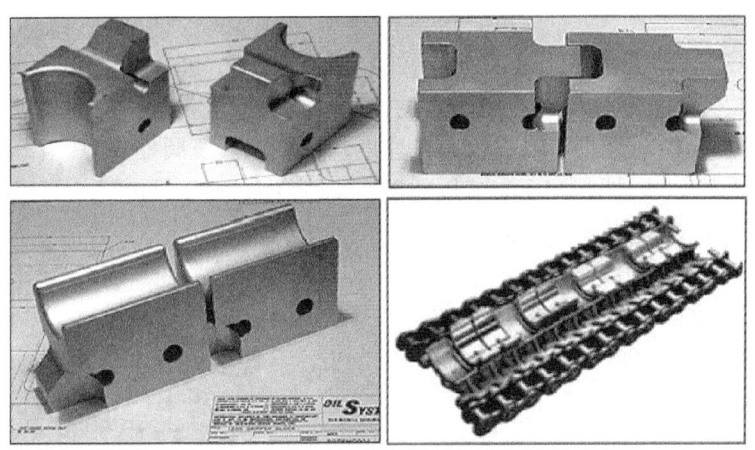

图 9 – 7　连续油管夹持块

滚筒外径、宽度和筒心直径。连续油管的一端通过滚筒空心轴与安装在轴上的高压旋转接头相连接,高压旋转接头与高压管汇组合在一起,通过外接水泥车、压裂车等设备,将各种循环液通过连续油管泵入井内,以满足各种作业的需要。

4. 防喷器组

防喷器组是安装在井口的设备,是实现连续油管不压井作业的主要设备,其组成类似于不常规不压井作业井口控制器,由五部分组成,即全封、剪切、卡瓦、压井通道、半封(图 9 – 9)。

图 9 – 8　滚筒　　　　　　　　　　　图 9 – 9　防喷器组

5. 液压动力系统

连续油管作业机的工作方式是利用液压元件控制各部件工作,其动力源由底盘发动机提供。液压机组见图 9 – 10。动力源由柴油机、液压泵、液压油箱及液压控制系统组成,它能向连续油管的注入头、油管滚筒控制系统、控制室及防喷器组提供液压动力。

6. 控制室

连续油管作业机的主要操作都集中在控制室(图9-11)进行,包括液压控制各部件运动、作业过程中主要参数的显示等。控制室内的仪表盘上安装了各式的控制阀和仪表。油管滚筒和注入头由双向开关来控制其传输的方向,速度的变化由调压阀控制,其压力显示在仪表盘上的两只压力表上。另外,控制室还有备用的手压泵,以便在液压系统失效时控制注入头和防喷盒以及在储能器失效时用于防喷器紧急关断。

图9-10 液压机组　　　　图9-11 控制室(上图为室外,下图为室内)

7. 起吊设备

与常规的修井机类似,连续油管作业机也需要起吊设备将油管或井下工具吊起,吊车或作业架均可充当起吊设备(图9-12)。

图9-12 起吊设备

三、连续油管的主要用途

1. 用于修井和井下作业

利用连续油管设备进行注液氮和泡沫工艺技术开辟了深井完井、重新完井及修井的新领域,特别是对4600m以上的深井,可选择一种或几种液氮装置与连续油管设备并用,进行常规的修井和井下作业。一般在低压地层中,若不采取一些辅助措施,地层压力不足,难以使油井自喷。采用连续油管作业机同液氮车配套作业,将氮气和泡沫注入井内可达到诱喷的目的,既经济又迅速。作业时,根据地层参数、井深等条件来确定油管下入的速度和氮气排量。当注水压力降低、地层压力相对提高时,油井即可自喷。

2. 用于斜井和水平井测井

在大斜度井和水平井中,用常规电缆起下方法已不能满足将测井仪器送入所需测试地层的要求。而连续油管具有较强的刚性,可将测井仪器送入到任何井段进行连续测井,并可循环流体以提高测井质量,同时还可消除电缆的冲击问题,连接简单,操作方便。用连续油管可进行中子测井、密度测井、伽马射线测井、超声波测井、井径测井等测井作业。

3. 用于钻井

目前连续油管主要用于小井眼钻井,可采用较大直径的连续油管进行小井眼钻井;现有井的二次钻井或加深钻井;套管开窗侧钻;对现有井筒进行开窗侧钻;欠平衡钻井。

4. 用于喷射射流作业

目前喷射射流作业是一种前沿性技术,主要是通过特制的喷射工具与连续油管配套使用,通过高压、高速液体来清除井下的结构物。喷射工具的旋转速度可达 7000r/min。

四、连续油管作业技术

1. 洗井

1) 冲砂

利用连续油管进行冲砂具有以下特点:适用于所有砂粒和地层微粒;不需要泡沫系统;水或氮气可作为工作液;快速、有效工作。图 9-13 为连续油管冲砂示意图。

2) 机械除垢

利用连续油管进行机械除垢具有以下特点:高速穿透;减少研磨时间;需要较小的工作液流速便可获得高的功率;可控转速避免切削基管;可在高温下操作。图 9-14 为连续油管机械除垢示意图。

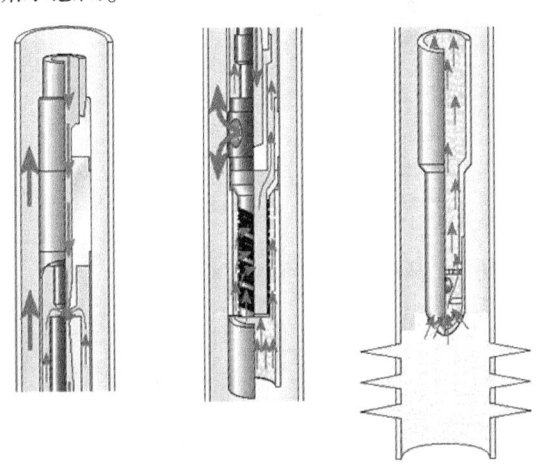

图 9-13 连续油管冲砂示意图

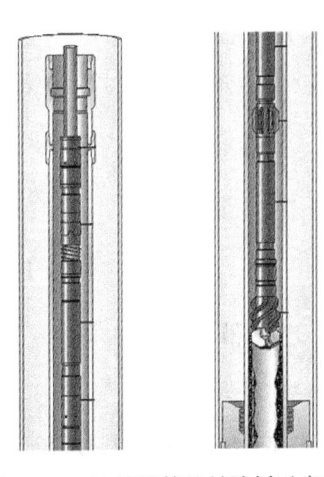

图 9-14 连续油管机械除垢示意图

3) 高速脉冲喷射

高速脉冲喷射是利用水力震荡原理进行井筒清洗或作为增产措施。在工具腔内形成涡流,并在出口处形成震荡波,其示意图见图 9-15。这种脉冲形成的应力波比一般喷嘴产生的应力波更加有效,因为没有冲洗半径的限制,可以对精细、复杂的结构(如筛管、气举工作筒、滑套等)进行无损冲洗。

(a)结构　　　　　　　(b)现场状况

图 9-15　连续油管高速脉冲喷射示意图

2. 切割

利用连续油管进行切割作业时,首先利用卡瓦将工具固定,然后利用高压动力液驱动井下的液马达,液马达带动机械割刀完成切割作业。图 9-16 为连续油管切割工具示意图。

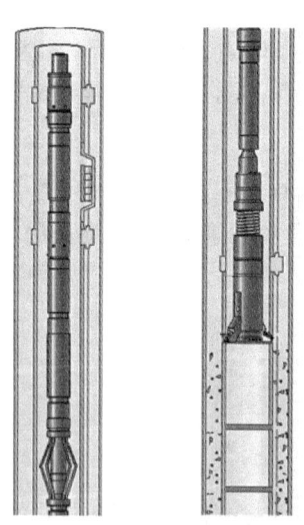

图 9-16　连续油管切割工具示意图

3. 增产措施

1) 连续油管压裂

连续油管压裂(图 9-17、视频 12)特别适用于具有多薄层的浅井。利用连续油管在这类井上进行压裂施工比用常规方法能缩短很多时间,可在一天内完成一口井的压裂工作。加拿大的一个作业队利用同一套设备,在一天的时间内压裂了两口井。这是由于连续油管能迅速地重新配置封隔器,从一个层位到另一个层位,并且能在欠平衡的条件下完成这一工作,而常规的压裂操作利用连接的油管完成一个层位的压裂后,必须在过平衡条件下移动工具到下一个层位。

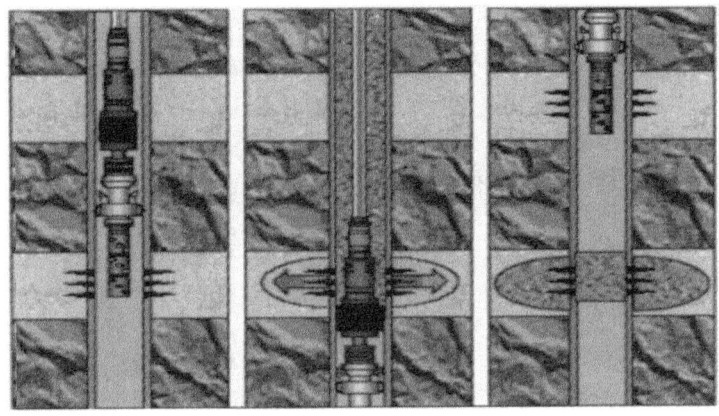

视频12

图9-17 连续油管压裂示意图

2)连续油管酸化

利用连续油管进行酸化(图9-18、视频13)作业也具有作业时间短、工作量小的优点,特别适用于多层油藏的酸化,因为工具可以很方便地由一层移到另一层进行作业。

视频13

图9-18 连续油管酸化示意图

4. 侧钻

利用连续油管进行侧钻(图9-19),特别是进行水平井侧钻具有以下优势:

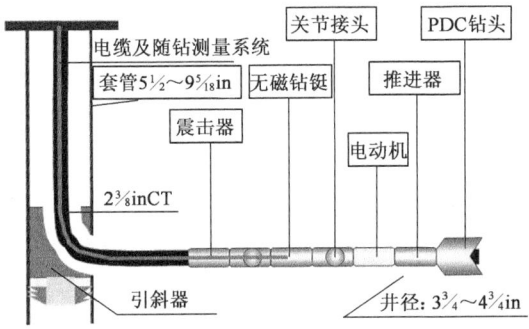

图9-19 连续油管侧钻井示意图

(1)能连续钻井,时间短;
(2)欠平衡钻井;
(3)多侧向、小井眼、短半径钻井;
(4)用人少,节约劳动力成本;
(5)钻井液溢出少,有利于保护环境;
(6)方便重进入。

复习思考题

1. 膨胀管的主要用途有哪些?
2. 膨胀管分为哪两种?
3. 膨胀管的膨胀机理是什么?
4. 可膨胀式割缝管主要应用在哪些方面?
5. 可膨胀式割缝管的优缺点?
6. 可膨胀油管应用在哪几个方面?
7. 可膨胀式实体管的优缺点是什么?
8. 膨胀管技术研究主要集中在哪几个方面?
9. 可膨胀滤砂管的优势表现在哪些方面?
10. 膨胀管技术的典型应用是什么?
11. 连续油管在提高可操作性和降低成本方面有哪些优势?
12. 连续油管设备由哪些系统结构组成?
13. 连续油管的主要参数是什么?
14. 注入头的主要作用是什么?
15. 连续油管的主要用途是什么?
16. 连续油管作业技术包括哪些?

参 考 文 献

[1] 沈琛.井下作业工程监督.北京:石油工业出版社,2005.
[2] 韩振华,曾久长.井下作业技术数据手册.东营:石油大学出版社,2000.
[3] 刘聚昌,高玉福,侯尚林.油田作业设备技术手册.济南:山东科学技术出版社,1998.
[4] 胡博仲.油水井大修技术.北京:石油工业出版社,1998.
[5] 张琪.采油工程方案设计.北京:石油工业出版社,2002.
[6] 刘万赋,吴奇.井下作业监督.北京:石油工业出版社,1997.
[7] 师世刚.潜油电泵采油技术.北京:石油工业出版社,1993.
[8] 万仁溥,罗英俊.采油技术手册(第四分册).北京:石油工业出版社,1993.
[9] 中国石油天然气集团公司人事服务中心.采油工(上、下册).北京:石油工业出版社,2004.
[10] 李文华.采油工程.北京:石油工业出版社,2004.
[11] 张继芬.提高石油采收率基础.北京:石油工业出版社,1997.
[12] 贾志芳.石油地质学.北京:石油工业出版社,1981.
[13] 王新纯.修井施工工艺技术.北京:石油工业出版社,2005.
[14] 何鲜.国外深层气藏水平井定向井完井技术.北京:石油工业出版社,2001.
[15] 李志民,周吉弟.油田注采井下作业.北京:石油工业出版社,1988.
[16] 刘合.油田套管损坏防治技术.北京:石油工业出版社,2003.
[17] 聂海光,王新河.油气田井下作业修井工程.北京:石油工业出版社,2002.
[18] 刘东升,赵国.油气井套损防治新技术.北京:石油工业出版社,2008.
[19] 秦旭文,张志宝.稠油井作业技术,2012.
[20] 王丽梅.水平井修井技术.北京:石油工业出版社,2012.
[21] 佘月明.油水井大修作业实践.北京:石油工业出版社,2005.
[22] 郑虎.修井施工工艺技术.北京:石油工业出版社,2005.
[23] 万仁溥.现代完井工程.北京:石油工业出版社,2008.
[24] 吴奇.井下作业监督.北京:石油工业出版社,1997.
[25] 崔凯华,苗崇良.井下作业设备.北京:石油工业出版社,2007.
[26] 孙树强.井下作业.北京:石油工业出版社,2006.
[27] 硫化氢环境井下作业场所作业安全规范:SY/T 6610—2017.
[28] 高压油气井测试工艺技术规程:SY/T 6581—2012.
[29] 水平井修井作业规范:Q/SY 1298—2010.
[30] 石油天然气工业用钢丝绳:SY/T 5170—2013.
[31] 解卡打捞工艺作法:SY/T 5827—2013.
[32] 套管补贴工艺作法:SY/T 5846—2011.
[33] 常规修井作业规程 第3部分:油气井压井、替喷、诱喷:SY/T 5587.3—2013.
[34] 常规修井作业规程 第5部分:井下作业井筒准备:SY/T 5587.5—2004.
[35] 石俊生,等.普光高含硫气田套管变形井的修井新工艺.天然气工业,2010,30(2):78-80.

[36] 杜志敏.国外高含硫气藏开发经验与启示.天然气工业,2006,26(12):35-37.
[37] 罗瑞振,等.高含硫气田试气作业的安全措施与管理:以普光气田为例.天然气工业,2009,29(7):112-115.
[38] 骆进,等.中坝气田高含硫雷三段气藏气井修井之对策.天然气工业,2012,32(10):67-70.
[39] 杨廷玉,黎洪.川东北高含硫气井测试作业安全控制技术浅谈.油气井测试,2012,21(3):72-78.
[40] 冯广庆,谢宇.高温高压油气井井下作业技术在迪那2气田的应用.油气井测试,2007,16(4):39-44.
[41] 王深维.现代修井关键技术手册.北京:石油工业出版社,2007.
[42] 编委会.现代石油修井工程综合新技术指导手册.北京:石油工业出版社,2009.
[43] 吴奇.井下作业大修技术交流会论文集.北京:石油工业出版社,2009.
[44] 王琪,等.油田清垢技术研究进展.化学工程师,2016,30(2):44-47.